铜冶炼砷污染净化处理技术

祁先进　著

北　京

冶金工业出版社

2024

内 容 提 要

本书共 6 章，分别介绍了铜冶炼中含砷危废的产生及危害、天然矿石去除铜冶炼废水中砷的方法、铁基固废处置含砷污酸技术、铝基固废对砷的去除作用、污酸的深度净化及含砷废渣资源化/稳定化分析。

本书可供从事处置含砷危废的技术人员、管理人员及科研人员阅读，也可作为高等院校相关专业本科生和研究生的教学参考书。

图书在版编目（CIP）数据

铜冶炼砷污染净化处理技术 ／ 祁先进著． -- 北京：冶金工业出版社，2024. 10. -- ISBN 978-7-5240-0002 -0

Ⅰ. X758

中国国家版本馆 CIP 数据核字第 2024HG0731 号

铜冶炼砷污染净化处理技术

出版发行	冶金工业出版社	电　话	(010)64027926
地　址	北京市东城区嵩祝院北巷 39 号	邮　编	100009
网　址	www. mip1953. com	电子信箱	service@ mip1953. com

责任编辑　郭雅欣　美术编辑　吕欣童　版式设计　郑小利
责任校对　范天娇　责任印制　窦　唯
三河市双峰印刷装订有限公司印刷
2024 年 10 月第 1 版，2024 年 10 月第 1 次印刷
710mm×1000mm　1/16；14.25 印张；276 千字；218 页
定价 88.00 元

投稿电话　(010)64027932　投稿信箱　tougao@cnmip.com.cn
营销中心电话　(010)64044283
冶金工业出版社天猫旗舰店　yjgycbs. tmall. com
（本书如有印装质量问题，本社营销中心负责退换）

前　　言

　　近 30 年来，在引进国外先进技术的基础上，中国有色金属冶炼技术进行了多次的吸收转化与创新，技术革新突飞猛进。目前，我国有色金属的主流工艺和装备已经处于世界先进水平，部分技术达到世界领先水平，为有色金属行业的可持续发展奠定了坚实的基础。

　　在铜冶炼过程中，砷是一种常见的污染物，砷污染治理主要包括废水除砷和污泥除砷两个方面。废水除砷广泛采用化学沉淀、离子交换和吸附等技术，其中使用铁基材料、铝基材料和吸附剂等去除污酸中的砷是一种常用且有效的方法。同时，在处理污泥除砷方面，也需要使用相应的技术手段来进行治理。常见的污泥除砷方法包括固体化、稳定化、热解和综合利用等。由于砷存在于污泥中的形态较为复杂，因此需要采用多种处理方法组合使用来达到更好的效果。总之，为了有效治理砷污染，需要结合实际情况，采取科学的处理方法，不断探索新的材料和技术手段，降低成本以提高治理效率，最终实现环境保护与可持续发展的目标。

　　本书在编写过程中得到了冶金节能减排教育部工程研究中心全体同仁的大力支持和帮助，特别感谢祝星教授对相关科技研究工作的辛勤付出和指导；同时感谢国家自然科学基金项目、云南省万人计划青年拔尖人才项目、云南省科学技术厅及相关冶炼企业给予的研究资助；李永奎、郝峰焱、李雪竹、史佳豪、王恒、闫桂枝、黄鹏娜、支岗、卢治旭、段孝旭、杨妮娜及课题组的其他研究生参与了部分研究工作，在此一并向他们致以由衷的谢意。

　　由于作者水平所限，书中不足之处，敬请读者批评指正。

作　者

2024 年 6 月

目　　录

1 绪 论

1.1 砷及砷在自然界中的分布

1.1.1 砷的发现

砷是一种化学元素，其发现可追溯到古代。早在公元前 3000 年左右的古埃及和古中国时期，就有人开始利用砷化合物来制造毒药、染料等物质，但当时对砷及其化合物的认识还十分有限。砷元素是由瑞典化学家尼古拉斯·克莱门特·冯·贝格曼（Nicholas Clement von Bergmann）在 18 世纪命名的。从此以后，砷及其化合物开始被广泛地应用于医药、农业、制药、金属加工等领域。然而，在实践中发现，砷及其化合物具有极高的毒性，并且存在毒性潜伏期等突出问题，因此长期以来都备受关注和争议。到目前为止，人们仍在努力研究和开发更安全有效的使用方法，以保证人类的健康和环境的可持续发展。

古代罗马人称砷的硫化物类矿物为 auripigmentum。"auri"表示金黄色，"pigmentum"是指颜料，两者组合起来就是金黄色的颜料。这种表述第一次出现在 1 世纪罗马博物学家普林尼的著作之中。今天雄黄的英文名称 orpiment 就是由这一词演变而来的。1 世纪，希腊医生迪奥斯科里德斯记录了通过焙烧砷的硫化物来制取三氧化二砷并用于医药中。三氧化二砷在中国古代文献中称为砒石或砒霜。这个"砒"字由"貔"而来。传说貔是一种吃人的凶猛野兽，这说明中国古代人们早已认识到砷的毒性。小剂量砒霜作为药用在中国医药书籍中最早出现在公元 973 年刘翰等人编著的《开宝本草》中。6 世纪中叶，中国北魏末期农学家贾思勰编著的农学专著《齐民要术》中记载：将雄黄、雌黄研成粉末，与胶水泥和，浸纸可防虫蠹（蛀虫）。明末宋应星编著的《天工开物》中记载了三氧化二砷在农业生产中的应用："陕、洛之间，忧虫蚀者，或以砒霜拌种子……"。

古人将硫黄、雄黄和雌黄为"三黄"，视为重要的药品。公元 4 世纪前半叶，中国炼丹家、古药学家葛洪（283—363 年）在《抱朴子内篇》中记述着："又雄黄……饵服之法，或以蒸煮之；或以酒饵；或先以硝石化为水，乃凝之；或以玄胴肠裹蒸于赤土下；或以松脂和之；或以三物炼之，引之如布，白如冰。"这是葛洪讲述服用雄黄的方法，或者蒸煮，或者用酒浸泡，或者用硝酸钾（硝石）溶液溶解。用硝酸钾溶解后会生成砷酸钾 K_3AsO_4，受热会分解生成三氧化二砷

（As_2O_3），即砒霜。或者与猪油（玄胴肠或猪大肠）共热，或者与松树脂（松脂）混合加热。猪油和松树脂都是含碳的有机化合物，受热会碳化生成炭，炭会使雄黄转变成的砒霜生成单质砷：

$$As_4S_4 + 7O_2 \longrightarrow 2As_2O_3 + 4SO_2$$
$$2As_2O_3 + 3C \longrightarrow 4As + 3CO_2 \uparrow$$

用硝石、猪油、松树脂三种物质与雄黄共同加热（或以三物炼之），就得到三氧化二砷和砷的混合物。也就是说，早在 4 世纪前半叶，中国炼丹家、古药学家已制得了单质砷。20 世纪 80 年代，中国科学院科学史研究所王奎克、北京大学化学系赵匡华、清华大学化学系郑同、袁书玉等几位研究人员、教授先后按葛洪这一讲述进行了模拟实验，结果都获得了单质砷和三氧化二砷，进一步证实了这一论述。

西方化学史学家一致认为从砷化合物中分离出单质砷的是 13 世纪德国的阿尔伯特·马格努斯，他使用肥皂与雌黄共同加热获得单质砷。肥皂是用猪油或牛油与氢氧化钠共同熬煮制成的，化学成分是硬脂酸钠。硬脂酸钠是不可能与砷的硫化物共同加热而得到单质砷的，但是肥皂中未充分皂化的猪油或牛油在受热碳化后，形成的炭可以使砷的硫化物转变成砷的氧化物并且将砷还原出来，这与葛洪取得单质砷的方法是一样的，但是比葛洪晚大约 900 年。

到 18 世纪，瑞典化学家布兰特阐明砷和三氧化二砷及其他砷化合物之间的关系。法国化学家拉瓦锡证实了布兰特的研究成果，认为砷是一种化学元素。18 世纪，德国医生、矿物学家亨克尔在 1755 年出版的著作中讲到，金属砷是在密闭容器中升华砷获得的，金属砷是砷的一种同素异形体，外表似金属，较脆，能传热。

1.1.2　砷的性质

砷的原子序数为 33，化学符号为 As。它是一种半金属，具有不同于典型金属的多种特性，如较低的延展性和脆性。砷在常温下呈灰白色固体，具有金属光泽。砷可以形成多种氧化态和化合物，其中最常见的是+3 价和+5 价。砷及其化合物广泛应用于杀虫剂、木材保护剂、半导体材料等领域，在医药和工业上也有重要作用。但由于砷的毒性较高，长期接触或摄入可导致严重健康问题，因此需要注意控制砷的使用和处理，以保障环境和人类健康安全。总之，砷是一种具有广泛应用前景但也需谨慎使用的化学物质。单质砷的密度为 5.727 g/m^3，熔点约为 817 ℃，沸点约为 613 ℃。砷主要以三种同素异形体的形式存在，即灰砷（α体）、黄砷（β体）和黑砷（γ体）[1-2]。由于三种形式的砷结构不同，因此它们的性质也有所差异。灰砷是最稳定的同素异形体，存在于明亮的银灰色三角晶体中。常压下，砷蒸气的气体温度达到 360 ℃以上时，便可获得六方晶型的金属砷固体。一般在 300 ℃的温度进行蒸镀，便可得到正方晶型的黄砷，因此，固体黄砷可在快速冷却的砷蒸气中形成。通常，黄砷暴露于过热的温度中也可迅速转化为灰砷。黑砷为玻璃状且易碎，具有低导电性，可在砷蒸气骤冷的情况下获得玻璃晶型的砷。因为自然界中砷的化学活性很低并且溶解性较差，所以砷元素很少以单质的形式存在于自然界中，一般是以氧化物的形式存在，如 As_2O_5 和 As_2O_3。

砷可以区分为有机砷和无机砷，绝大多数的有机砷有毒，有的甚至是剧毒物质。此外，有机砷和无机砷中的砷在生物体内以 As^{5+} 和 As^{3+} 两种不同的形态存在且可以相互转换。砷与汞类似，被吸收后容易跟硫化氢根或双硫根结合而影响细胞呼吸及酵素作用，甚至使染色体发生断裂。最常见的化合物为砷的氢化物（胂）、五氧化二砷和三氧化二砷，以及其对应的水化物——砷酸和亚砷酸。

砷单质很活泼，在空气中会缓慢氧化，故高纯砷是用玻璃安瓿充氩气或抽真空后出售。砷在空气中加热至约 200 ℃时，会发出光亮，温度至 400 ℃时，会有一种带蓝色的火焰燃烧，并形成白色的 As_2O_3 烟，伴有恶臭。金属砷易与氟和氧化合，在加热情况也与大多数金属和非金属发生反应；不溶于水，但溶于硝酸和王水，也能溶解于强碱，生成砷酸盐。砷可以作为还原剂与氧气、氟气发生反应，氧化成 As_2O_3 和 AsF_5。砷作为非金属，也可与 Mg 发生反应，生成 Mg_3As_2，但是 Mg_3As_2 与水发生反应会生成砷化氢（AsH_3）。AsH_3 是无色有毒气体，并且是一种强还原剂，很容易被氧化，与氧气接触会发生自燃现象。AsH_3 与氨气不同，一般不显碱性，AsH_3 可以用于制备半导体材料砷化镓。砷的+5 价卤化物只有 AsF_5 能稳定存在，AsF_5 是无色气体，发生水解反应生成氟化氢（HF）。As_2O_5 是酸性氧化物，溶于水能生成 3 种砷酸（偏砷酸、砷酸、焦砷酸）。砷酸（H_3AsO_4）与磷酸性质相似，其钾、钠、铵盐溶于水，其他盐一般不溶于水。雄黄（As_4S_4）、雌黄（As_2S_3）是两种天然的含砷矿物，可与氧气发生反应，并且雄黄和雌黄可被 Zn、C 等在加热条件下还原，得到砷单质。

1.1.3 砷的来源

砷是自然界中存在的一种普通元素，不仅存在于大气和土壤中，还存在于岩石和天然水域中，有时候也会存在于生物体中。地壳的砷浓度含量平均为 5 mg/L。一般自然界中的砷是通过风化反应、生物活动和火山爆发等地球作用和自然过程进行流动的，但是一系列的人类活动也加速了其流动速度。然而，人类活动中的采矿活动、化石燃料的开采、含砷农药和除草剂的使用及使用砷元素作为饲养家畜饲料中的添加剂，尤其是家禽饲料，导致其对人类健康产生了额外的影响。尽管在过去的几十年中，农药和除草剂等含砷产品的使用已经显著减少，但它们在木材防腐剂中的应用仍然很普遍。砷不仅是微量元素也是人体必需元素，分别排在第 20 位和第 12 位。砷不仅被应用于医药界，同时也用于冶金、农业、畜牧业和电子工业。砷的危害现如今已被人们所熟知，即使接触的砷含量很低，也有可能会诱发癌症。砷的来源可以分为自然源和人为源（人类活动）。

去除自然界中的砷元素约以 300 种不同的矿物质形式存在，其中约有 60% 的砷酸盐、20% 的硫化物和磺酸盐，其余 20% 的形式则以砷化物、亚砷酸盐、氧化物、硅酸盐及单质砷存在[3]。此外，由于自然界中微生物的作用，常常会产生 +3 价无机态和 +5 价无机态的无机砷，同时，也会合成常见的有机砷，如 MMA（甲基胂酸）、DMA（二甲基胂酸）和 TMA（三甲基胂酸）等。砷化氢衍生物是有机砷类别中毒性较弱的一种，其他有机砷则有着与无机砷一样的剧毒性，其中无机砷中的 +3 价砷比 +5 价砷的毒性约高 100 倍[4]。

人类活动的砷主要源于采矿、冶炼、玻璃工业、饲料添加剂、木材防腐剂、农业应用等行业。其中来自有色金属冶炼过程中含砷矿山的开采、冶炼加工等是砷污染的主要来源，同时在我国工、农业的生产和应用过程中也会造成砷的二次污染。虽然我国含砷矿物资源的储量十分丰富，但属于单独含砷矿床的矿产资源却不多，据统计表内单独含砷矿产的地块仅有 23 处，合计储量不到 36.2 万吨，仅占全国储量的 12.9%；而共生、伴生砷矿产的地块达到 61 处之多，总储量约 243.6 万吨，竟达到了总量的 87.1%[5]。因此，这种不纯的伴生矿组成了我国砷资源的主要部分。而在矿石开采过程中，大部分的砷又被遗弃在尾矿中，其中只有约 20% 的砷进入冶炼厂中，其余砷则被弃于选矿尾砂之中。据统计，我国有色金属冶炼过程中砷产生的总量约为 4 万吨以上，约占全国砷排放总量的一半，然而由于各种不利因素，最终只能有效回收的砷不到总量的 10%，65% 左右的砷则以中间产物的形式堆存，其余的砷则以废渣、废水、废气（"三废"）的形式排出。这"三废"若处置不当，会因自然环境中的雨淋风化作用进入周围环境，从而导致严重的砷污染问题。

1.1.4 砷在自然界的存在方式

砷是广泛分布于自然界的非金属元素，在地壳中的含量为 2~5 mg/kg，丰度为 1.7~1.8 mg/kg。由于砷属于亲硫元素，不少硫化矿都伴生有砷。自然界砷矿物约有 120 多种，主要为雄黄（AsS）、雌黄（As_2S_3）、砷黄铁矿（FeAsS）、硫砷铜矿（Cu_4AsS_3）、辉钴矿（CoAsS）、辉镍矿（NiAsS）、砒霜（As_2O_3）、水砷锌矿（$Zn_2(AsO_4)(OH)$）、臭葱石（$FeAsO_4 \cdot 2H_2O$）等。据统计，世界上有 15% 的铜矿资源其砷与铜之比为 1∶5，有 5% 的金矿资源砷金比达 2000∶1。全球范围内，智利、美国、加拿大、墨西哥、菲律宾五国砷资源储量约占世界砷资源储量的一半，其他砷资源较丰富的国家包括法国、瑞典、纳米比亚、秘鲁等。

在自然界中，砷主要以硫化物矿的形式存在，如雌黄、雄黄、砷黄铁矿等，砷也以氧化物和少量的单质形态存在。我国的砷资源相对集中，主要分布于中南及西部地区。我国拥有世界上独特的雄黄（As_4S_4）资源，广泛分布于湖南、贵州、四川、云南等地，其中湖南石门雄黄矿是国内外最大的雄黄矿。砷是金矿、铜矿与铅矿精炼的副产品，其中铜生产过程中产生的副产品是砷提取的主要来源，也有少量的砷是从铜、黄金、铅冶炼厂排出的粉尘中回收而来。从各国砷生产方式来看，中国、秘鲁和菲律宾主要从雄黄和雌黄中制取砷，智利主要从铜金矿中回收砷，加拿大主要从金矿中回收砷。

1.2 砷污染现状及危害

1.2.1 砷污染现状

砷污染是指由砷或其化合物所引起的环境污染。砷和含砷金属的开采、冶炼，用砷或砷化合物作原料的玻璃、颜料、原药、纸张的生产及煤的燃烧等过程，都可产生含砷废水、废气和废渣，对环境造成污染。大气含砷污染除岩石风化、火山爆发等自然原因外，主要来自工业生产及含砷农药的使用和煤的燃烧。各类煤中砷含量为 $3×10^{-4}\%$ ~ $4.5×10^{-3}\%$，在原油中小于 $1×10^{-4}\%$，因此金属冶炼和燃料燃烧会把砷排入环境。总而言之，砷污染主要由自然和人类活动引起，其中，人类活动带来的农业和工业污染是砷污染的主要原因。

砷污染来源除了少量来自岩石风化、火山爆发外，大部分来自砷和含砷矿物的开采、冶炼，砷化物的广泛应用及煤的燃烧等过程，其大致分为以下四类：

（1）砷化物的开采和冶炼中，特别是在我国流传广泛的土法炼砷，常造成砷对环境的持续污染；

（2）在某些有色金属的开发和冶炼中，常有或多或少的砷化物排出，污染周围环境；

（3）砷化物的广泛利用，如含砷农药的生产和使用，又如作为玻璃、木材、制革、纺织、化工、陶器、颜料、化肥等工业的原材料，均增加了环境中的砷污染量；

（4）煤的燃烧，可致不同程度的砷污染。

1.2.2 砷对人体的危害

元素砷的毒性很低，但砷的化合物均有毒，无机砷比有机砷的毒性大，+3价的砷要比+5价的砷毒性大。砷广泛分布在自然环境中，在土壤、水、矿物、植物中都能检测出微量的砷。环境中的砷通过各种途径可以污染食品，继而经口进入人体造成危害，通过食品摄入砷是普通消费者身体中砷的主要来源。

砷的毒性与其化合物有关，无机砷氧化物及含氧酸是砷中毒的常见原因。通过尿砷检测可确定是否中毒，暂行标准是尿砷含量达 0.09 mg/L 以上为中毒。检测头发中砷含量也可以了解砷中毒情况，中毒暂行标准为发砷含量达到 0.06 μg/g 以上为中毒。但受环境污染的影响，各地区应有不同的发砷含量正常标准。

自然界中的砷主要以二硫化砷（雄黄）、三硫化砷（雌黄）及硫砷化铁等硫化物的形式存在于岩石圈中。此外，在其他多种岩石中砷也伴随存在，如镍砷矿、硫砷铜矿等，这些矿石在风化、水浸和雨淋等情况下可以进入土壤和水体。自然环境中的动植物可以通过食物链或以直接吸收的方式从环境中摄取砷；食品的生产加工过程中，食用色素、葡萄糖及无机酸等化合物如果质地不纯，就可能含有较高含量的砷而污染食品，如生产酱油时用盐酸水解豆饼并用碱中和，如果使用的是砷含量较高的工业盐酸，就会造成酱油含砷量增高；环境中的砷化合物不超过人体负荷时不会对人体健康构成危害，但如果人体对砷化合物的摄入量超过排泄量，如长期饮用含砷量较高的水，则会引起慢性中毒。

+3 价砷会抑制含—SH 的酵素，+5 价砷会在许多生化反应中与磷酸竞争，由于化合键的不稳定，很快会水解而导致高能键（如 ATP）的消失。砷化氢被吸入之后会很快与红细胞结合并造成不可逆的细胞膜破坏。低浓度时砷化氢会造成溶血，高浓度时则会造成多器官的细胞毒性，如肠胃道、肝脏、肾脏毒性。肠胃道症状通常是在食入砷或经由其他途径大量吸收砷之后发生，肠胃道血管的通透率增加，会造成体液的流失及低血压，肠胃道的黏膜可能会进一步发炎、坏死造成胃穿孔、出血性肠胃炎、带血腹泻。砷的暴露会导致肝脏酵素的上升。慢性砷食入可能会造成非肝硬化引起的门脉高压。心血管系统毒性是指食入大量的砷后因为全身血管的破坏，造成血管扩张，大量体液渗出，进而血压过低或休克，过一段时间后可能会发现心肌病变。流行病学研究显示慢性砷暴露会造成血管痉挛及周边血液供应不足，进而造成四肢坏疽，称为乌脚病，在中国台湾饮用水含量为 $(10 \sim 1820) \times 10^{-9}$ 的一些地区曾有此疾病盛行。乌脚病患者之后患皮肤癌的概率会大大增高。

1.2.3　砷对环境的危害

在环境化学污染物中，砷是最常见、危害居民健康最严重的污染物之一。有色金属熔炼、砷矿的开采冶炼，以及含砷化合物在工业生产中的应用，如陶器、木材、纺织、化工、油漆、制药、玻璃、制革、氮肥及纸张的生产等，特别是在我国流传广泛的土法炼砷所产生的大量含砷废水、废气和废渣都会造成砷对环境的持续污染。环境中的砷污染主要包括以下三类。

（1）水污染。地面水中含砷量因水源和地理条件不同而有很大差异。对水源造成污染的砷主要来自采矿和冶炼的废渣及冶金、化工、农药、染料和制革、地热发电厂等部门没有经过处理便排放出来的含砷工业废水。由于砷及其化合物具有毒性，因而不仅会危害饮用者的健康，还会对水生生物产生危害。天然地下水与地表水中的砷通常以无机砷酸盐和亚砷酸盐的形式存在，如 H_3AsO_3、H_2AsO_4 和 $HAsO_4$。

（2）土壤污染。天然存在的含高浓度砷的土壤很少，一般土壤中含砷量约为 6 mg/kg。被污染土壤中的砷来自含砷农药的使用，矿山、工厂含砷废水的排放及燃煤、冶炼排出的含砷飘尘的降落。砷可以在土壤中积累并由此进入农作物的组织之中，进而对以此为食的人类或牲畜产生危害。

根据环境保护部和国土资源部 2014 年 4 月 17 日发布的《全国土壤污染状况调查公报》显示，我国砷无机污染物点位超标率为 2.7%，砷无机污染物含量分布呈现从西北到东南、从东北到西南方向逐渐升高的态势。对不同土地利用类型的调查显示，耕地、林地和草地的主要污染物均包含砷；对典型地块及其周边土壤污染状况调查显示，砷污染主要存在于化工业、矿业、冶金业等行业的工业废弃地、金属冶炼类工业园区及其周边土壤、有色金属矿区周边土壤、污水灌溉区及干线公路两侧 150 m 范围内。

（3）大气污染。大气中砷的含量为 1.5~53 $\mu g/m^3$。大气中的砷除了来自岩石风化、火山爆发等自然现象外，大部分来自工业生产。此外，含砷农药生产和砷的提炼也会造成局部地区大气的砷污染，严重影响大气环境质量。污染的大气还会影响人们的健康，低浓度空气污染的长期作用可引起上呼吸道炎症、慢性支气管炎、肺气肿等疾病，还可诱发冠心病、动脉硬化、高血压等心血管疾病，肺癌的多发也与空气污染存在密切的关系。另外，空气污染还会降低人体的免疫功能，使人对疾病的抵抗力下降，从而诱发或加重多种疾病的发生。大气污染对农业、林业、牧业生产的危害也十分严重。

1.2.4 砷污染的防治措施

矿业及冶金业是造成砷污染的主要原因。开采、焙烧、冶炼含砷矿石及生产水溶性含砷产品过程中产生的含砷"三废"是环境中砷污染的主要来源；砷污染对人类造成的影响主要是饮用水源污染及地方性砷中毒。避免砷进入食物链，是防治砷污染的关键。由于砷这种类金属元素是不能被降解的，其在地球中的含量也不能减少，只能采取一些方法把砷转移到安全的地方或者把高毒性的砷转化为低毒性的砷，甚至转化为低水溶性或不溶于水的矿化物质，使其对人类和环境的影响降到最小。砷污染的治理主要包括以下三个方面。

（1）含砷废水。对于会产生含砷废水的企业，应当采用硫化沉淀、石灰-铁盐共沉淀、硫化-石灰中等方法或组合工艺处理，实现循环利用或者达到国家排放标准要求。

（2）含砷烟尘。对于含砷烟尘应采用袋式除尘、湿式除尘、静电除尘等组合工艺进行高效净化。

（3）含砷固废。含砷污泥和含砷废渣应固化、稳定化处理，按国家要求运输、贮存和安全处置。

在生活中对砷的预防措施如下：

（1）加强卫生监督与环境卫生标准的检查，对砷作业、砷接触者加强个人防护，定期检查；

（2）对工作环境中的砷（水、空气等）定期进行监测，对含砷污水采用混凝、沉淀、过滤等工艺进行处理，避免对大气造成砷污染的最好途径是在冶金工艺过程中将砷尽可能完全地进行回收；

（3）积极开展砷的致害机理研究，为制定标准提供依据，也为受害者提供有效的治疗和保护措施。

严禁随意排放含砷"三废"，对各种工业产生的含砷废水、废渣和废气必须进行全面、严格的控制和治理，杜绝含砷废水、废渣、废气不经治理和处置，任意超标外排。对含砷废水应使废水或处理水含砷达到《污水综合排放标准》（GB 8978—1996）所规定的含砷量标准以下方可外排；对含砷废渣应先按《含砷废渣的处理处置技术规范》（GB/T 33072—2016）规定的鉴别方法先鉴别该废渣是属一般固体废物，还是属有害固体废物，然后再按有关规定进行妥善处置。控制和合理使用含砷农药，无论是有机或无机含砷农药，均应尽量少用或不用。凡能用其他低毒或无毒农药代替的，应尽量使用其他农药。对必须使用的含砷农药，应尽量减少用量并注意使用方法，将可能产生的危害降到最小。

1.3 铜冶炼中含砷危废的产生及危害

1.3.1 铜冶炼

1.3.1.1 铜的性质

铜是一种金属元素，也是一种过渡元素，化学符号为 Cu，原子序数为 29。纯铜是柔软的金属，表面刚切开时为红橙色带金属光泽，单质呈紫红色。铜的延展性好，导热性和导电性高，因此在电缆和电气、电子元件中是最常用的材料，也可用作建筑材料。铜合金力学性能优异，电阻率很低，如青铜和黄铜。此外，铜也是耐用的金属，可以多次回收而无损其力学性能。+2 价铜盐是最常见的铜化合物，其水合离子常呈蓝色，当氯做配体时则显绿色，是蓝铜矿和绿松石等矿物的颜色来源，历史上曾广泛用作颜料。

1.3.1.2　铜的基本用途

铜是与人类关系非常密切的有色金属，被广泛应用于电气、轻工、机械制造、建筑工业、国防工业等领域，在中国有色金属材料的消费中仅次于铝。古代主要用于器皿、艺术品及武器铸造，比较有名的器皿及艺术品如后母戊鼎、四羊方尊。

A　电器和电子市场

电器和电子市场约占铜总数的 28%。1997 年，这两个市场成为铜消耗的第二大终端用户，拥有 25% 的市场份额。在许多电器产品，如电线、母线、变压器绕组、重型马达、电话线和电话电缆中，铜的使用寿命都相当长，只有经过 20~50 年以后，里面的铜才可以进行回收利用。其他含铜的电器和电子产品，如小型电器和消费电子产品，其使用寿命则比较短，一般是 5~10 年。商业性电子产品和大型电器产品通常要回收，因为它们除含有铜以外，还有其他贵金属。但是，小型的电子消费产品通常因为几乎没有铜元素的存在回收率相对较低。

B　交通设备

交通设备是铜的第三大市场，约占总数的 13%。铜在交通设备中广泛应用于电动汽车的电动机和电线中。在电气系统方面，铜用于制造电气导线和连接器等关键部件。在散热器方面，铜的高导热性和耐腐蚀性使其成为制造散热器的理想材料，有助于保持发动机和其他部件在正常温度下运行。

C　工业机器和设备

工业机器和设备是另外一个主要的应用市场，这些机器和设备里的铜往往有比较长的使用寿命。在机械和运输车辆制造中用于制造工业阀门和配件、仪表、滑动轴承、模具、热交换器和泵等。在化学工业中广泛应用于制造真空器、蒸馏锅、酿造锅等。在国防工业中用以制造子弹、炮弹、枪炮零件等，每生产 300 万发子弹，需用铜 13~14 t。在建筑工业中，用作各种管道、管道配件、装饰器件等。

D　医学

医学中，铜的杀菌作用很早就被认可。自 20 世纪 50 年代以来，人们发现铜有非常好的医学用途。随着时间的推移，对铜的研究不断深入。墨西哥科学家们在对铜的进一步研究中揭示了其抗癌功能，这一发现为铜的医学应用增添了新的维度。铜能够在一定程度上抑制肿瘤的生长和发展，这可能与其能够诱导肿瘤细胞凋亡、阻断肿瘤血管生成及抗氧化性质有关。后来，英国的研究团队再次证实了铜的强大杀菌作用，这一发现不仅巩固了铜在传统医学中的地位，也为其在现代医疗科技中的应用提供了新的证据。

E 有机化学

有机铜锂化合物在有机化学中占举足轻重的位置，有机铜锂化合物由铜和有机基团组成，其中铜元素与有机分子通过共价键连接，形成具有特殊反应活性的化合物。这类化合物因其独特的化学性质和反应机制，在有机合成中被广泛用于构建碳—碳键、碳—杂原子键等重要化学结构，并且能够参与多种类型的有机反应，包括但不限于偶联反应、取代反应和加成反应。除在传统的有机合成应用外，有机铜锂化合物还在药物合成、材料科学及现代农业等领域扮演重要角色。在药物合成中，某些特定的有机铜锂试剂可用于制备具有特定生物活性的化合物，这些化合物在治疗疾病方面显示出巨大的潜力；在材料科学中，通过有机铜锂化合物的聚合反应可以制备出具有优异性能的新型高分子材料；在农业领域，这类化合物也被研究用于制备新型农药和肥料，以提高作物产量和抗病性。

F 合金

铜可用于制造多种合金，铜的几种主要合金如下。

（1）黄铜。黄铜是铜与锌的合金，因色黄而得名。黄铜的力学性能和耐磨性能都很好，可用于制造精密仪器、船舶零件、枪炮弹壳等。黄铜敲起来声音好听，锣、钹、铃、号等乐器都是用黄铜制作的。

（2）航海黄铜。航海黄铜是铜与锌、锡的合金，抗海水侵蚀，可用来制作船的零件、平衡器。

（3）青铜。铜与锡的合金称为青铜，因色青而得名，在古代为常用合金（如中国的青铜时代）。青铜一般具有较好的耐腐蚀性、耐磨性、铸造性和优良的力学性能，用于制造精密轴承、高压轴承、船舶上抗海水腐蚀的机械零件及各种板材、管材、棒材等。青铜还有一个反常的特性——热缩冷胀，用来铸造塑像，冷却后膨胀可以使眉目更清楚。

（4）磷青铜。磷青铜是铜与锡、磷的合金，坚硬，可制成弹簧。

（5）白铜。白铜是铜与镍的合金，其色泽和银一样，银光闪闪，不易生锈。常用于制造硬币、电器、仪表和装饰品。

（6）18K 金（玫瑰金）。18K 金是 6/24 的铜与 18/24 的金制成的合金。18K 金呈红黄色，硬度大，可用来制作首饰、装饰品。

1.3.1.3 铜冶炼技术

A 火法炼铜

火法炼铜是通过熔融冶炼和电解精炼生产出阴极铜，即电解铜，一般适用于高品位的硫化铜矿。火法冶炼一般是先将含铜百分之几或千分之几的原矿石通过选矿提高到 20%～30% 作为铜精矿，然后在密闭鼓风炉、反射炉、电炉或闪速炉进行造锍熔炼，产出的熔锍（冰铜）接着送入转炉进行吹炼成粗铜，再在另一种反射炉内经过氧化精炼脱杂，或铸成阳极板进行电解获得品位高达99.9%的电解铜。该流程简短、适应性强，铜的回收率可达95%，但因矿石中的硫在造锍和吹炼两阶段作为二氧化硫废气排出，不易回收，易造成污染。白银法、诺兰达法及日本的三菱法的出现使火法冶炼技术逐渐向连续化、自动化发展。当今火法炼铜技术正朝着短流程连续炼铜、高富氧、低能耗、高效率、低碳冶金、清洁生产、自动化、信息化、智能化方向发展。

以黄铜矿为例，铜矿石冶炼铜首先是把精矿砂、熔剂（石灰石、砂等）和燃料（焦炭、木炭或无烟煤）混合，投入密闭鼓风炉中，在1000 ℃左右进行熔炼。于是矿石中一部分硫成为SO_2用于制硫酸，大部分的砷、锑等杂质成为As_2O_3、Sb_2O_3等挥发性物质而被除去（$2CuFeS_2+O_2 = Cu_2S+2FeS+SO_2\uparrow$），还有一部分铁的硫化物转变为氧化物（$2FeS+3O_2 = 2FeO+2SO_2\uparrow$），而$Cu_2S$与剩余的FeS等熔融在一起而形成"冰铜"（主要由$Cu_2S$和FeS互相溶解形成，它的含铜率为20%~50%，含硫率为23%~27%），FeO与SiO_2形成熔渣（$FeO+SiO_2 = FeSiO_3$），熔渣浮在熔融冰铜的上面，容易分离，以便除去一部分杂质；然后把冰铜移入转炉中，加入熔剂（石英砂）后鼓入空气进行吹炼（1100~1300℃）。由于铁比铜对氧有较大的亲和力，而铜比铁对硫有较大的亲和力，因此冰铜中的FeS先转变为FeO与熔剂结合成渣，而后Cu_2S才转变为Cu_2O（$2Cu_2S+3O_2 = 2Cu_2O+2SO_2\uparrow$），$Cu_2O$与$Cu_2S$反应生成粗铜（含铜量约为98.5%，$2Cu_2O+Cu_2S = 6Cu+SO_2\uparrow$），再把粗铜移入反射炉加入熔剂（石英砂）并通入空气，使粗铜中的杂质氧化，与熔剂形成炉渣而除去。在杂质除到一定程度后，再喷入重油，由重油燃烧产生的一氧化碳等还原性气体使氧化亚铜在高温下还原为铜，得到含铜约99.7%的精铜。

除了铜精矿之外，废铜作为精炼铜的主要原料之一，包括旧废铜和新废铜，旧废铜来自旧设备和旧机器，废弃的楼房和地下管道；新废铜来自加工厂弃掉的铜屑（铜材的产出比为50%左右），一般废铜供应较稳定，废铜可以分为裸杂铜（品位在90%以上）、黄杂铜（电线）、含铜物料（旧马达、电路板），以及由废铜和其他类似材料生产出的铜，也称为再生铜。

B 湿法炼铜

湿法炼铜适于处理低品位的氧化铜，生产出的精铜称为电积铜。现代湿法冶炼有硫酸化焙烧—浸出—电积、浸出—萃取—电积和细菌浸出等法，适于低品位复杂矿、氧化铜矿、含铜废矿石的堆浸、槽浸或就地浸出。

1.3.2 铜冶炼中含砷污酸的产生

我国铜产量高居世界第二位，火法炼铜是生产铜的主要方法，但该过程会产生大量污酸。铜冶炼工艺烟气含有的高浓度二氧化硫一般用于制酸，制酸前需对烟气进行洗涤净化，在此过程中砷、镉、铜、铅、锌等污染物进入稀酸，且逐渐富集，为保证稀酸的洗涤效果，需要排除部分稀酸进行处理，排除的这部分稀酸称为污酸。

1.3.3　含砷污酸的危害

　　铜冶炼的含砷污酸由于特殊的生产渠道使其具有高酸度、高含砷量、成分复杂等特点，并且含有大量的非金属元素，如氟、氯等。其中砷不能被消除，只能在自然环境中进行转移，因此对含砷产物的污染危害性必须给予重视，防止砷转移到自然环境中。砷是污酸中含量最多的有毒元素，它以硫化砷阴离子或者含氧阴离子的形式存在其中，同时它又能与污酸中的铜、镉、锌等重金属离子发生反应，生成硫化物沉淀。这些硫化物沉淀的溶度积比较接近，因此很难分离，这也阻碍了污酸中有价金属的回收。由于早期的环境监管力度过低且对砷的关注力度不够，发生了多起含砷危废排放污染水源的现象，从而引发人群砷中毒事件。在孟加拉国的恒河冲积水域，由于富砷铁氧化物的还原性溶解，地下水被砷污染，水井中的砷高达 1000 mg/L，致使数百万人出现身体健康问题。在中国，也出现许多例相关的砷污染事件，位于内蒙古河套地区，发生了一起涉及 7 个县 6100 km 范围内的 18 万人的砷中毒事件，也是因为过度采矿导致的砷中毒事件。山西、新疆也发生饮水型砷中毒事件，贵州发生的燃煤型砷中毒也造成了将近 4 万人受到影响，这些中毒都是通过呼吸道吸入和食物摄入等方式引起的。在陕西秦巴山区、湖北部分地区也都出现相应的燃煤型砷中毒案例。除砷之外，污酸中氟、氯离子也具有较高的浓度（一般达到 10000 mg/L），长时间下去它们会对生产设备中的管道形成不同程度的腐蚀性损害并导致钢铁管道本身裂缝的增大和破裂，这会严重影响企业的运行和维护成本。生活中，适量的氟离子摄入对人体是有益的。但是如果水体中含有过量的氟和氯会对动植物和人类的生长、生存造成极大的危害。如人体每日氟摄入量超过 4 g，一段时间后就会造成死亡。常见的氟斑牙就是人体长期饮用含氟浓度超过 1 mg/L 的饮用水所引起的；氟骨症则是人体长期饮用含氟浓度为 8~20 mg/L 的饮用水所引起的[6]。

1.3.4　含砷污泥的产生及危害

　　含砷固废主要来自冶炼废渣、处理含砷废水和废酸的沉渣、电子工业的含砷废弃物及电解过程中产生的含砷阳极泥等[7-8]。不同含砷固废的性质略有不同，但所有含砷固废在自然界中都具有很强的迁移性。含砷固废一般包括污泥、砷酸钙、砷酸铝、臭葱石等含砷的固体化合物，不同的化合物具有不同的颜色、形貌和性质，如图 1-1 所示。这些含砷固废根据砷含量的不同对环境的危害程度也略有不同，同时这些有毒化合物的扩散与自然条件和人为活动也有密切关系。

图 1-1　含砷固废

（a）污泥；（b）砷酸钙；（c）砷酸铝；（d）臭葱石

如果企业堆存场所遇到暴雨或者酸雨，可能加速这些含砷固废的迁移；同时，如果工作人员对这些含砷固废分类不当，也可能导致这些有毒物质的泄漏，从而影响环境。因此，了解含砷固废的性质尤为重要，这能够促使有关部门在治理含砷固废的过程中可以因地制宜，处理不同的含砷固废应该使用不同的方法，从而达到事半功倍的效果。

含砷固废对环境、资源和人体都有很大的危害[9]。首先是对环境的危害，含砷固废在堆存过程中经风吹日晒后，很有可能飘散到空气中，久而久之会污染大气，一旦飘散到水中，还会对水源造成严重的污染。其次是对资源的危害，含砷固废是有可能通过科技再利用的，也就是把这些有毒的固体废弃物资源化，因此要尽量通过工艺加工等手段使含砷固废变废为宝。最后是对人体的危害，含砷颗粒飘散到空气中、水中等地方，有极大的概率被人体吸收，从而引发人类疾病，像角质化、黑变病、皮肤癌等皮肤病变都可以由砷摄入过量引起，严重的还会影响人体神经系统。砷不能被消除，只能在自然环境或体内进行转移。由此，必须重视含砷固废的污染危害性，防止砷迁移到自然环境中[10-11]。

1.4 含砷危废的处理技术现状

随着现代化进程的加快，社会发展对各种金属的需求量也在不断增大。近年来随着冶炼行业的快速发展，特别是许多铜冶炼行业都加大了企业生产的规模，这就导致大量的含砷化合物通过废水、废气、废渣的形式进入自然环境中，这些剧毒含砷化合物凭借化学作用和生物转化的形式，以不同的形态存在于天然的水体、湖泊底泥、生态土壤、绿色植物、海洋生物等，同时由于这些含砷化合物的物化性质差异很大，因此这类含砷物质在自然界中也不会凭空消失，并且会以不同的形式存在于自然系统的循环当中。

1.4.1 含砷污酸处理技术

当前，砷的处理方法大致可以分为化学法、物化法和微生物法三大类。在处理铜冶炼产生的含砷污酸时，主要目标是实现无害化处置。广泛采用的技术包括化学沉淀法、石灰中和法、化学混凝法、硫化沉淀法、吸附法、离子交换法、铁氧体法、萃取法、微生物法和光催化氧化法等。这些方法各有优势和局限性，在处理具体含砷废水时，应根据污染物的具体成分和浓度选择最合适的处理技术。

1.4.1.1 化学法

化学法是指通过外加化学试剂的方式，使其与含砷污酸中砷离子发生化学反应形成不溶于原体系的沉淀或胶体形式来达到砷分离的目的或者直接将砷离子转化为无毒物质的处理方法。化学沉淀法是当前铜冶炼行业中处理含砷污酸最普遍的方法，它不仅可以使用单一的物质来沉淀目标金属元素，而且可以利用不同离子在不同 pH 值条件下呈现不同状态这一有利因素，达到分级处理的效果，增加目标金属的去除率。如在处理铜冶炼含砷污酸时按先后顺序加入钙盐和铁盐，利用钙盐来调节适宜的 pH 值，利用铁盐去除溶液中的砷离子。这种联合分段的处理方法不仅可以大大提高去除效率，同时可以使处理后的污酸达到国家废水安全排放标准。但该方法由于原理、操作简单等因素，会产生大量的含砷固体废弃物，而这些废弃物将在后续处理和维护中耗费企业大量的资金和人力，间接提高了企业的运行成本。常见的化学法包括中和沉淀法、混凝沉淀法、软锰矿法、硫化物沉淀法等。

A 中和沉淀法

中和沉淀法是工业实践应用中较为广泛的一种方法，主要指石灰中和法。它的基本原理是通过投加石灰类药剂，使药剂中的钙离子与污酸中的亚砷酸根离子和砷酸根离子发生反应并生成难以溶解的含砷化合物（砷酸钙、亚砷酸钙、硫酸钙等），再通过固液分离的方法达到去除砷的目的。该方法工艺简单，操作简单，成本低廉，除砷率高，但是该过程中由于钙盐的溶解度较大，往往实际操作中投入的石灰类药剂的使用量远大于理论值。因此，后续过程中会产生大量的含砷石膏渣，这就造成了连续型生产企业的储存堆放问题。由于石膏渣中砷酸钙、亚砷酸钙稳定性较差，导致这类废渣在堆存的时候易在雨水和微生物等侵蚀作用下毒性浸出非常高，从而使废渣中的砷流入周围环境中，造成二次污染。

通常石灰中和沉淀法处理得到的共沉淀物，经过 TCLP 毒性浸出实验测得浸出液中砷浓度高达 600~4500 mg/L。因为含砷石膏渣长期与空气中的 CO_2 接触会发生化学反应生成碳酸钙和可溶性砷酸盐，从而影响其稳定性易释放出砷。当前的许多研究为了避免该类结果，一般将石灰和铁盐进行联合使用或者从源头上处理获得的最终含砷产物。黄自力等人[12]用 $Ca(OH)_2$ 作为沉淀剂，并用砷酸钠溶液处理模拟的含砷废水，通过研究不同 pH 值、Ca/As 摩尔比、沉淀时间和反应温度条件来探索其除砷效果。实验结果表明，当反应溶液的 pH 值为 12、Ca/As 摩尔比为 6、沉淀时间为 48 h、温度为 25 ℃时，砷去除率可达 99.05%。此外，对于高浓度的含砷废水可通过在石灰沉淀法中添加无机絮凝剂来提高总砷的去除率。Guo 等人[13]结合石灰中和沉淀法开发了一种湿法冶金工艺，其包括选择性萃取、砷沉淀、钠去除、酸溶解和三氧化二砷的回收，用于处理含砷废渣。并且该方法可根据溶液中各成分的溶解性不同选择性地向含砷烟尘中加入 $NaOH-Na_2S$ 混合液体来萃取砷离子。实验结果表明，在该体系中，砷的提取率可超过 90%，同时溶液中 Sb 和 Pb 分别以 $NaSb(OH)_6$ 和 PbS 的形式沉淀在废渣中。并且根据 As_2O_5 的溶解度建立了一种通过氧化-沉淀法从碱性浸出液中以砷酸钠形式沉淀出砷，通过向砷酸钠溶液中加入过量的 CaO，将砷酸钠转化为 Ca-As 化合物，并且将 $Ca_5(AsO_4)_3OH$ 溶解在稀 H_2SO_4 中制备出 H_3AsO_4 溶液并通过 H_2SO_4 进一步还原为 $HAsO_2$，然后将还原溶液浓缩并结晶为八面体形的 As_2O_3。整个过程可将有害物质转化为有价的物质，实现了砷的资源循环利用。

B 混凝沉淀法

混凝沉淀法是化学法中去除含砷废水的常用方法之一。该方法的反应机理是利用原溶液中的 Fe^{3+}、Fe^{2+}、Al^{3+} 和 Mg^{2+} 等通过碱（一般为氢氧化钙）控制溶液体系的 pH 值，使其在混凝的过程中形成大量的氢氧化物絮凝体。通过静电结合作用，借助氢氧化物的吸附性吸附溶液中的砷离子，最后经过滤沉淀去除。石灰-铁盐法是一种常见的混凝沉淀除砷的方法，当前已经在很多大中型企业中广泛应用。该方法主要是利用砷酸盐和亚砷酸盐可被铁、铝和镁等金属离子形成的一种稳定配合物所吸附，在重力作用下对沉淀分离，从而达到去除砷的目的。严群等人[14]利用混凝沉淀法处理某冶炼厂的高浓度含砷废水，详细研究了石灰、硫酸亚铁和六水三氯化铁这三种混凝剂对废水除砷的影响。结果表明，六水三氯化铁可作为含砷冶炼废水的最佳除砷混凝剂。其最佳除砷条件为 pH 值为 7.5、混凝剂剂量为 987 mg/L、混凝时间为 25 min、聚丙烯酰胺 (PAM) 剂量为 40 mg/L，然后再混凝 60 min，该条件下溶液中砷的去除率可达 99%，处理后溶液中砷浓度仅为 0.4 mg/L，低于《污水综合排放标准》(GB 8978—1996) 的 5 mg/L。刘桂秋等人[15]采用优化后的石灰-铁盐法处理此类含砷废水表明，当采用石灰和铁盐两种物质联合处理时，处理后的废水砷含量可快速降到 0.2 mg/L 以下。影响处理效果的主要因素为废水的 pH 值和铁盐的添加量，同时还发现溶液中添加一定量的聚丙烯酰胺混凝剂可提高沉砷效率。

相比较石灰-中和法，混凝沉淀法的工艺流程简单，操作简单，成本低廉，处理量大，处理后的废水可直接达到国家污水综合排放标准。但是混凝沉淀法也存在着一定的缺点，像铜冶炼厂中产生的这种高浓度含砷废酸，要想采用这种方法就必须调节 pH 值至一定的范围。因此，必须投入大量的混凝剂，也造成了大量固体废弃物的产生，而且长期积累的情况下会占用大量的企业用地和后续避免二次污染所产生的费用。同时，很多混凝剂的制造工艺比较复杂且有一定的毒性，如聚丙烯酰胺，会影响出水的性质。

C 软锰矿法

软锰矿法主要是利用软锰矿 (MnO_2) 的强氧化性把 As^{3+} 氧化至 As^{5+} 并通过加热来提高氧化效率，氧化完全后再向溶液中添加一定量的沉淀剂 (如石灰石)，调节 pH 值至 8~9，此时废水中的砷离子将会以砷酸钙和砷酸锰混合物的形式沉淀出去，但是该方法只适合处理低浓度的含砷废水。其主要流程可分为以下几个步骤：软锰矿 (MnO_2) 氧化 As^{3+}；调节温度至 75~85 ℃；添加石灰乳进行中和并调节 pH 值为 8~9；持续加热反应时间为 2~3 h 以上；过滤混合液并储存含砷沉淀。整个工艺流程持续 4~6 h。

D 硫化物沉淀法

污酸中砷的价态不仅有+3 价还有+5 价，它们分别以可溶性亚砷酸盐和砷酸盐的形式存在。在溶液中存在下列反应：

$$AsO_3^{3-} + 3H^{3+} \Longrightarrow H_3AsO_3 \Longrightarrow As(OH)_3 \Longrightarrow As^{3+} + 3OH^-$$

$$AsO_4^{3-} + 3H^+ \Longrightarrow H_3AsO_4 + H_2O \Longrightarrow As(OH)_5 \Longrightarrow As^{5+} + 5OH^-$$

硫化物沉淀法通常采用 Na_2S 作为沉砷剂，因其可加速硫化砷的沉淀速率。通常，为了避免在酸性条件下产生大量有毒的硫化氢气体逸出，往往需往污酸中添加一定量的混凝剂，主要反应如下：

$$5S^{2-} + 2As^{5+} \Longrightarrow As_2S_5 \downarrow$$

$$3S^{2-} + 2As^{3+} \Longrightarrow As_2S_3 \downarrow$$

$$S^{2-} + 2H^+ \Longrightarrow H_2S \uparrow$$

硫化物沉淀法是利用硫化剂与砷离子生成难溶解的硫化物沉淀并采用固液分离的方法达到去除砷离子的目的。该方法处理效果好，可使废水中的砷浓度降低至 0.05 mg/L。但在硫化物除砷时必须维持一定的 pH 值和温度，否则硫化物沉淀难以过滤，这也是达到最佳除砷率的关键因素。白猛等人[16]研究了铜冶炼厂中含砷废水的硫化沉淀和碱浸出，结果表明，在 Na_2S∶As 的摩尔比为 2.25∶1、pH 值为 0.8、反应温度为 26 ℃、反应时间为 20 min 的条件下，溶液中砷的浸出率可达 95%。整个过程必须维持 pH 值在一定的范围，否则 pH 值的变化将导致砷离子再次进入溶液。

E 臭葱石沉砷技术

臭葱石于 1817 年首次发现于德国，随后在世界各地均有发现。臭葱石化学成分为 $FeAsO_4 \cdot 2H_2O$，是含有 2 个结晶水的砷酸铁。天然的臭葱石属于磷铝石族矿物的一种，主要出现在高温和中温水热环境的富砷矿石氧化外层带，其晶体结构主要呈斜方晶状、双锥状、柱状和晶簇状，颜色一般为浅绿色、绿白色和灰绿色，高温和加热条件下会发出蒜臭味。臭葱石是含砷污酸处理行业中去除砷的一种有吸引力的介质，因为它具有较高的砷去除能力和较低的铁需求；同时，因其稳定性高，含砷量高，呈固态和含水量低等优点，臭葱石是当前世界上公认的最佳固砷矿物。作为最佳固砷矿物的最主要参考依据是该物质的溶度积和浸出稳定性，因此评价臭葱石的这两个标准具有重要意义。当前许多研究主要从两个方面进行：一方面是采用热力学计算、平衡实验和量热技术加以确定臭葱石的基本热力学数据（如生成吉布斯自由能（$\Delta G_{\theta f}$）和溶度积（K_{sp}）等数据）；另一方面是利用 TCLP 或者类似的其他方法，测量在不同条件下所制备的臭葱石样品的毒性浸出浓度，然后用来判断其能否满足长期堆存的要求。经过近十年的研究发现，实验中合成的臭葱石 K_{sp} 值基本在 $10^{-21.17} \sim 10^{-25.83}$[17-18]。这是因为不同研究人员合成臭葱石的方法、计算活度方法和计算离子夹杂方法不同，导致最终测量的溶度积的数值不同。对于臭葱石的浸出稳定性来说，研究人员也发现在不同条件下制备出的臭葱石呈现出不同的结果，基本上可以归纳成以下几种规律：

（1）当合成臭葱石的溶液 pH 值为 0~3 时，臭葱石的溶解度会随着 pH 值的升高不断地降低；

（2）当合成臭葱石的溶液 pH 值为 5~10 时，臭葱石的溶解度会随着 pH 值的升高而不断地升高；

（3）当合成臭葱石的溶液 pH 值为 3~5 时，臭葱石的溶解度趋于稳定，此时所得的臭葱石具有小于 0.5 mg/L 的最低毒性浸出浓度。

综上所述，这些基础性的研究增加了人们对臭葱石用来作为固砷矿物的新认识。

臭葱石的长期稳定性是除砷的关键。臭葱石的理论化学式组成为 $FeAsO_4 \cdot 2H_2O$，但是往往由于制备臭葱石时的方法和反应条件不同，导致合成的臭葱石沉淀组分不同。因此，就会导致臭葱石在后续堆存时易造成二次污染。如当合成臭葱石的溶液中含有 SO_4^{2-}，合成的沉淀中就会出现 $Fe(AsO_4)_{1-x}(SO_4)_x$ 或者 $Fe(AsO_4)_{1-0.6x}(SO_4)_x \cdot 2H_2O$ 掺杂在臭葱石晶体当中。又可能因采用不同合成臭葱石的方法，导致臭葱石在结晶时含水和含铁量不同，出现 $Fe_{1.22}AsO_4(OH)_{0.66} \cdot 1.77H_2O$、$FeAsO_4 \cdot 2.33H_2O$ 和 $Fe_{1.22}AsO_4 \cdot 2.43H_2O$ 等杂质[19]。以上几种条件合成的臭葱石在自然条件作用下易释放砷离子，从而造成环境污染。Rao 等人[20]利用 Fe^{3+} 和 As^{5+} 采用水热法合成臭葱石，发现沉淀的化学组成随着铁砷摩尔比和加热反应温度的不同而变化，归结起来有三种情况：

（1）当反应温度为 150~175 ℃、Fe/As = 0.7~1.87、反应时间为 2~24 h 时，得到的沉淀可能为 $Fe(AsO_4)_{1-0.67x}(SO_4)_x \cdot 2H_2O$（其中 $x \leqslant 0.20$）；

（2）当反应温度为 220~225 ℃、Fe/As = 0.69~0.9、反应时间为 10~24 h 时，可能得到的沉淀为 $Fe(AsO_4)_{0.998}(SO_4)_{0.01} \cdot 0.72H_2O$；

（3）当反应温度为 175~225 ℃、Fe/As = 1.67~4.01、反应时间为 4~24 h 时，可能得到的沉淀为 $Fe(AsO_4)_{1-x}(SO_4)_x(OH)_x \cdot (1-x) H_2O$（其中 $0.3 < x < 0.7$）。

上述不同种的沉淀物都是因为在合成臭葱石时 SO_4^{2-} 影响了臭葱石晶体的结晶，从而造成合成的 $FeAsO_4 \cdot 2H_2O$ 中结晶水的不同。由于不能很好地合成结晶的臭葱石，这就导致臭葱石结构稳定性和毒性浸出性较差，对后续堆存造成了影响。

Berre 等人[21]为了避免 SO_4^{2-} 夹杂在臭葱石的晶体结构中影响其稳定性，采用了 $Fe(NO_3)_3$ 和 As^{5+} 溶液为合成材料，在常压条件下进行臭葱石的合成。研究结果表明，获得的沉淀物中并没有产生 NO^{3-} 夹杂效应。在最初的反应阶段，溶液中易生成非结晶态 $Fe_{1.22}AsO_4 \cdot 2.33H_2O$ 或者 $Fe_{1.22}AsO_4(OH)_{0.66} \cdot 1.77H_2O$ 这种物质。但随着加热反应的进行，这些非结晶态的物质便转化为结晶态的臭葱石。但是，Berre 等人的研究结果是根据元素分析推测出来的，具体的证明还没有出来，因此其准确性有待进一步考证。

1.4.1.2 物化法

物化法是利用某些材料特殊的物理、化学和物理化学相结合的性质来安全处理含砷废水或回收利用含砷废水的技术方法。常见的物化法包括吸附法、离子交换法、萃取法、膜分离法等。

A 吸附法

吸附法是利用吸附材料的高比表面积和对溶液中砷的较强的亲和力特性，通过物理吸附或者化学吸附的方式使砷离子固定到材料的表面，从而达到废水中去除砷离子的方法。吸附法是一种技术成熟且操作简单的含砷废水处理技术，特别适用于废水量大和砷浓度低的水处理系统。一般用来作为吸附剂的材料有活性炭、活性氧化铝、软锰矿、黏土、沸石、硅石灰、铁氧化物等，这些材料都具有大的比表面积及单位比表面积上有效吸附位点多、热稳定性好等特点。常用的吸附法不仅工艺流程简单，而且具有成本低廉和操作简单等特点，同时这些吸附材料大都是可再生和可循环利用的。

通常为了达到最大的除砷效率，往往在实际操作中会选择复合材料或多种吸附材料共同处理。陆梦楠等人[22]研究发现活性炭上负载铁离子或者亚铁离子可以得到一种较好的除砷材料。作者在制备负载铁离子活性炭的方法中，通过调节溶液 pH 值、搅拌时间、反应温度和离子强度等条件，得到了具有大吸附容量的吸附材料。Payne 等人[23]研究结果表明，当 pH 值为 7 ~ 10、沸石 pH 值为 4 ~ 5时，负载铁离子活性炭要比单纯的活性炭和沸石除砷率高约 15%。Zhu 等人[24]通过将蜂窝状的煤渣（HBC）与 Fe_3O_4 和 MnO_2 相结合，合成了一种新型复合吸附材料（HBC-Fe_3O_4-MnO_2）。该吸附剂充分利用了 MnO_2 的氧化性能和磁性 Fe_3O_4 的吸附能力，增强了从水溶液中去除 As^{3+} 和 As^{5+} 的能力，同时对该吸附剂进行连续吸附-再生循环实验，实验结果表明这种新型吸附剂可以重复用于砷处理。

金属纳米粒子是最常用的吸附材料之一，表面的不饱和键和晶格氧通常是吸附和反应中心。一般来说，金属纳米粒子对目标污染物的吸附程度与吸附剂表面吸附位点的类型和数量密切相关。研究人员发现，具有水解特性的金属氧化物对重金属具有良好亲和力这一现象引起了人们对重金属氧化物去除领域的探索。目前，已经获得了越来越多的金属纳米粒子，并取得了一定的研究成果，如钴纳米颗粒有望对去除废水中的 As^{5+} 具有特定的效果。离子交换树脂指具有离子交换基团的聚合物化合物，它由骨架、官能团和可交换离子三部分组成。根据交换基团的性质，阳离子树脂可以分为强酸型、中酸型和弱酸型三种类型，阴离子交换树脂可以分为强碱型和无效碱型两种类型。阴离子交换树脂显示出去除镉离子的高潜力，这主要是因为聚合物主体对镉的非特异性吸引、固定在树脂基体上的氨基的静电吸引，以及通过置换镉介导的离子交换。考虑到阴离子树脂的特性和去除镉离子的效果，阴离子树脂也可能有效去除废水中的砷。

分子筛广泛应用于能源催化行业，还被用于砷污染水源的修复。Wang 等人[25]通过用 Fe^{3+} 改性 13X 分子筛制备了 As 吸附容量为 1.16 mg/g 的吸附剂。Goyal 等人[26]成功制备了纳米壳聚糖/4A 分子筛杂化物，用于吸附废水中的 Cs^+ 和 Sr^{2+}，吸附容量分别为 44.35 mg/g 和 44.87 mg/g。然而，ZSM-5 分子筛对砷的吸附尚未见报道。ZSM-5 分子筛主要由 SiO_2 和 Al_2O_3 组成，它的比表面积大、孔径大，优于许多吸附剂。

B　离子交换法

离子交换法的基本原理是利用树脂上的可交换基团将含砷废水中的砷离子置换出来以达到除砷的目的。该方法在去除和净化含砷废水方面具有高效性、流程简单、处理量大和目标性强等特点。但是，离子交换树脂去除砷离子的能力主要取决于树脂中相邻电荷的空间距离、官能团的流动性、伸展性及亲水性，这就导致该种方法只对处理 As^{5+} 溶液有效果，而在处理 As^{3+} 溶液时几乎没有效果。Korngold 等人[27]进行了两种强碱性树脂（Purolite-A-505 和 Relite-490）对不同价态砷的去除效果的研究，发现这两种树脂所带的官能团不同（Purolite-A-505 连有 3 个甲基，Relite-490 连有乙基和丙基），导致这两种树脂只对 H$_2$AsO$_4^-$ 和 H$_2$AsO$_4^{2-}$ 离子有亲和力。当前生产实践中由于制备离子交换树脂的技术复杂、投资成本高和处理砷的局限性等条件，导致无法在工业上广泛应用。

C 萃取法

萃取法是指采用具有特殊选择性和高效分离性的萃取剂来萃取低浓度溶液中砷离子的方法。基本原理是在溶液中加入萃取剂使其富集成高浓度的含砷废水，再利用电解沉积或水合肼的方法把砷离子固定成单质砷。对于硫酸体系中的砷，一般选择磷酸三丁酯（TBP）和双二-乙基己基磷酸（D2EDTPA）作为萃取剂来处理废水。而当砷离子处于碱性条件下，一般则采用铵盐类作为萃取剂，该萃取法不仅具有处理量大，萃取率高，成本低廉，操作简单（通常常温常压下即可操作）等优点，而且萃取过程中无环境污染与可连续作业，同时，萃取剂的选择也具有广泛性、可再生性、无毒性、高效性和特效地选择萃取性等特点。

D 膜分离法

膜分离法是利用不同膜具有选择透过性性能，并根据污染物质粒径的大小和废水中砷离子在膜中传质时选择渗透性差异，借助外部压力的作用或化学位差使大于膜孔粒径的污染物质去除，它属于物理分离法。依据分离膜的孔径大小，可分为超滤膜（UF）、微滤膜（MF）、纳滤膜（NF）和反渗透膜（RO）四类。该法的主要特征是室温下可操作，耗能低，不添加任何试剂，节能环保，无二次污染等，但是一般只应用于小型污水处理厂，不适合处理工业上大规模的含砷废水。并且，由于该法通常在处理时需要大量的回流水，因此在水资源匮乏的地区不适用。

Agarwal 等人[28]发现改性聚丙烯腈超滤膜（UF）对砷的排斥非常高，并且在砷溶液中存在常见的污垢影响膜性能。通过研究常见的污垢如异戊二酸、腐殖酸和蛋清发现，该膜排斥 As^{5+} 主要受蛋白质总量的影响，而不受溶液中存在的蛋白质种类的影响，同时还发现 pH 值是蛋清溶解和膜对 As^{5+} 排斥的非常重要的因素。Walker 等人[29]通过研究反渗透膜（RO）处理浓度仅为 40~1900 μg/L 的低浓度含砷废水发现，该法处理 As^{5+} 和 As^{3+} 的效率分别为 98%~99% 和 46%~75%，这对一些家庭中装入反渗透膜（RO）水处理系统净化饮用水中的砷是可行的。

1.4.1.3 微生物法

微生物法主要是利用植物和微生物可对废水中的砷离子进行储积、修复、吸收和转化，达到含砷废水的净化和环境修复的技术。常用的微生物通常属于自然环境中存在的或者人为培养特定的微生物菌种。它的基本原理是利用培养过程中特定的菌种产生类似于活性污泥这种特殊的物质来去除砷。因为活性污泥一般具有絮凝作用，所以该物质会与废水中的砷离子结合并形成絮状物沉淀，从而达到去除砷的目的。常用的方法主要有活性污泥法、菌藻共生体法、生物膜法等。微生物法与传统的化学法相比，它不需要添加任何的化学剂，造成大量的含砷废渣和处理费用等缺点。如微生物中的细菌和真菌，它们具有种类多，适应性强、对特定的金属有较强的亲和力和基因改造等优点。Katsoyiannis 等人[30]利用铁氧化细菌协同铁氧化物处理含砷废水发现，该细菌不仅能氧化铁氧化物中的 Fe^{2+} 而且可把废水中的 As^{3+} 氧化成 As^{5+}，从而提高除砷效率。Su 等人[31]发现青霉菌、尖孢镰刀菌和木霉菌三种真菌菌株能够控制和修复被砷污染的土壤、沉积物或水。研究结果表明，青霉菌和木霉菌对砷的生物积累能力较强，尖孢镰刀菌不仅对砷生物积累而且还能在体内将砷转化为有机砷，挥发到大气中。对于这些新兴的微生物法，有望成为含砷废水处理的主要方法。

A 活性污泥法

活性污泥法是微生物法中应用最广泛的一种。该法的基本原理为利用活性污泥中的特殊菌种对砷进行吸附，最后通过固液分离达到去除砷的目的。因为废水中的砷离子能被活性污泥中含有大量的胞外多聚物（ECP）大量吸附。向雪松[32]采用铁盐-剩余活性污泥法处理某冶炼厂含砷废水时发现，当 pH 值为 7、反应时间为 1 h、污泥投加量为 10 g/L 时，废水中的砷含量可从 10 mg/L 降至 0.98 mg/L。该工艺克服了传统工艺除砷效果差、处理渣量大、含砷废渣不稳定等缺点，并且该处理剂价格低廉，来源广泛，无二次污染。此外，投菌活性污泥法（LIMO）目前在国内外已经取得了良好的应用效果。

B 菌藻共生体法

菌藻共生体法是一种类似于活性污泥法吸附砷的方法，它不但可以去除废水中残留的一些富营养物质而且不会造成二次污染。其基本原理为利用菌藻表面的羧基（—COOH）、氨基（—NH₂）及羟基（—OH）等官能团与水体中的砷离子进行共价结合，随后被细菌与藻类表面的官能团所吸附的砷进入细胞内原生质中，从而达到去除砷的目的。王亚等人[33]通过研究带菌盐藻对不同价态砷的富集和转化发现，该类藻对砷离子的耐受性极强，但是芽孢杆菌单独处理含砷废水的能力不强，实验结果表明仅达到 6.1%～19.9%。但是当带菌盐藻和共生菌（芽孢杆菌）协同处理含砷废水时，其富集砷离子的能力明显增强，分别提高了将近 50%左右[33]。

C 生物膜法

生物膜法是将膜分离技术和生物处理技术彼此相结合形成生物膜反应器

（MBR）这种特殊装置来处理含砷废水的新型处理技术。其主要是利用生物滤池中的滤料或生物转盘上的厌氧微生物黏膜，含砷废水在透过该黏膜时，黏膜上的微生物对砷离子进行吸附作用，达到去除砷的效果。当前该方法未广泛使用的主要原因是在寻找合适的微生物细菌。Chung 等人[34]通过研究一种以氢气为底物的生物膜反应器来去除废水中的砷离子，发现该生物膜由于具有反硝化作用，可使溶液中的 As^{5+} 还原成 As^{3+}，H_2SO_4 还原成 H_2S，从而使低价的 As^{3+} 与 H_2S 反应生成 As_2S_3 沉淀；或者外部以添加铁盐的形式达到去除砷的目的。一系列实验证明在没有硫酸根离子的影响下，废水中的 As^{3+} 去除率可达 65%。随后，Oehmen 等人[35]通过添加一种新的底物方法研究出一种具有更高效率的离子交换膜生物反应器（IEMB）工艺。该离子交换膜生物反应器通过与废水中的砷离子进行离子交换达到去除砷的目的。

1.4.2 含砷固废处理技术研究现状

由于砷产品的市场需求小，企业对含砷固废回收利用的积极性低，除个别厂家以 As_2O_3 的形式回收少量砷外，大量含砷废物以堆存或含砷废气（烟尘）、废渣、废水的形式进入环境。有色金属冶炼过程中回收的砷不足进厂总砷量的10%，其余 20% 以上的砷进入冶炼渣，60%～70% 的砷以中间产物的形式堆存。目前大部分冶炼企业对于含砷固废的处理是将含砷固废与冶炼原料混合配料，返回生产流程中，尽可能地回收含砷固废中的有价金属，而砷元素在此循环中得到积累，最终形成砷含量较高的含砷固废进行贮存。目前磷化工业的硫化砷渣也主要以贮存的方式处置，还没有能够对砷做到最终的无害化处理。传统固化危险废物的水泥固化工艺对于砷渣的固化还存在一些不足，关键在于砷渣在强酸性条件下会发生反溶，并且固化需要消耗大量的水泥，成本过高。

本书研究的含砷固废以冶金固废为主，冶金固废包含高炉渣、赤泥、钢渣、铁合金渣、轧钢、烧结、冶炼废物及含高砷的重金属污泥等。处理不同的固体废弃物要使用不同的处理方法，目前，处理固废的方法主要包括火法处理、湿法处理、焚烧法、填埋法、固化/稳定化技术等。

火法处理工业固废方法简单，高效便捷，但会产生二次污染。火法富集的主要过程是熔炼和燃烧。湿法处理冶炼废渣的方法有碱浸法、酸浸法和各种盐溶液浸出法。湿法处理具有能耗低、污染低、效率高等优点，但是其操作步骤繁琐。焚烧法是一种高温焚烧处理技术，其机理就是废弃物中的有毒有害物质在高温下氧化、热解后被破坏。目前我国一些大城市也在采用焚烧技术。

国内外对危险固废处置最常用的方法是固化/稳定化处理，然后再考虑综合利用，固化/稳定化技术已广泛应用于处理砷渣、汞渣、电镀污泥、镉渣和铬渣等。目前国内外危险废物固化/稳定化技术主要包含水泥固化、塑性固化、石灰固化、自胶结固化和熔融固化等方法。固化/稳定化处理技术能够有效处理高砷和重金属污泥，工艺简单、操作方便，但周期较长。

1.5 有色金属冶炼废渣用作脱除高砷废水中的砷

1.5.1 铁基固废沉砷技术

1.5.1.1 钢渣作为原位铁源沉砷技术

钢渣是炼钢生产过程中产生的，属于工业生产过程中的一种工业副产品。其组成包括炉料中的各种金属氧化物和硫化物、被侵蚀的炉衬材料、炉料掺杂和为调整钢渣性质而加入的铁矿石、石灰石等。在冶金工业生产中产生的钢渣产量为粗钢产量的 10%~15%，不同的钢渣、不同的炉型和不同的冶炼阶段产生的钢渣组分也大不一样，但其主要成分基本一致，如 CaO、SiO_2、FeO、Fe_2O_3、MgO、MnO、Al_2O_3、P_2O_5 等氧化物，有的钢渣成分中还含有 TiO_2、V_2O_5 等氧化物。特别需要注意的是，在冶炼过程中铁水的完全或者不完全氧化使铁以氧化亚铁和三氧化二铁的形态存在。

钢渣在水处理领域的应用越来越受到关注。钢渣具有碱度高、热稳定性好、耐酸碱性较好、成分独特，还具有较大的比表面积和过滤性较佳的特点，很多环保科研人员将钢渣应用于水体治理，改善江河、海洋的水体环境。赵桂瑜等人[36]将钢渣作为水处理材料处理水溶液中的磷，去除率可达 95% 以上；魏玲红等人[37]将钢渣进行改性处理，可处理废水中的染料，脱色率达到 98.9%；高瑾等人[38]利用钢渣吸附处理苯酚废水，当苯酚的浓度为 500 mg/L 以内，用粒径为 0.08~0.12 mm（120~180 目）的钢渣对废水中的苯酚进行吸附，可达到较好的吸附效果；夏娜娜[39]对钢渣进行改性，用于去除海水中的汞和砷，最大去除效率分别达到 91.9% 和 90.9%。国外研究学者对钢渣性能进行了研究，利用钢渣作为吸附剂去除水体中的重金属，取得了较好的效果。Viang Kumar 等人[40]利用钢渣作为吸附剂，探索出在温度和 pH 值适合的条件下处理水体中 Pb^{2+} 的可行性。Cha 等人[41]用氧气顶吹转炉渣去除土壤含水层中的有机物与无机物，取得了较好的去除效果。

采用钢渣去除污酸中的砷时，因为污酸酸性很强，钢渣中的氧化物会溶解形成大量的 Ca^{2+} 和 Fe^{2+}，它们会与不同价态的砷离子反应形成沉淀，如钙离子形成的砷酸钙盐沉淀物为棒状，铁离子形成的砷酸铁盐沉淀为圆颗粒状，它们相互堆叠，有些会黏附在棒状的砷酸钙盐上。钢渣作为一种低成本的吸附剂，Oh 等人对其去除水中砷的机理和可能发生的二次污染进行了研究，将含 36% 的 Fe 元素和 35% 的 Ca 元素组成的钢渣对水体中的砷离子进行吸附，当初始 pH 值小于 3 时，水体中的钙离子会形成非晶态的 $CaCO_3$，它能将 As 离子共沉淀或吸附从而去除，含有 As 的 $CaCO_3$ 也会与钢渣中的非晶态铁氧化物相结合，从而达到去除砷的目的。

钢渣主要由钙的氧化物和铁的氧化物组成，铁的氧化物可为 As、Cr、P 等阴离子提供吸附位点，钙的氧化物可以溶解于水体中，从而增加溶液的 pH 值，促进重金属离子形成沉淀去除。钢渣用于水体除砷的技术兼具中和沉淀法和吸附法的优势，具备砷吸附并进一步稳定化的技术特点。同时，钢渣也可作为重金属的吸附剂和沉淀剂。

1.5.1.2 铜渣作为原位铁源沉砷技术

铜渣中含有丰富的铁氧化物和其他少量的碱性氧化物，铁氧化物有望为砷及其他重金属离子提供有效的吸附位点，因为铁氧化物和碱性氧化物可与酸反应起到中和沉淀作用，促进重金属离子的吸附与沉淀。目前，铜渣作为污酸吸附剂和沉淀剂尚未研究，但其特性决定了铜渣具有中和沉淀和吸附重金属离子的优势。因此，开展铜渣与污酸反应行为及除砷机理研究，对于突破污酸处置和铜渣综合利用具有重要意义。

1.5.1.3 锌渣作为原位铁源沉砷技术

锌渣是有色金属冶炼工业产生的固体废物，产量大，利用率低，其主要成分为硫化亚铁、长石（$Ca_2Al_2SiO_7$）和铁橄榄石（Fe_2SiO_4）。铁基材料被认为是实现废水中砷分离的有效材料，因为硅胶和铁结合去除砷可能会产生积极的化学效应。利用锌渣从铜冶炼废水中去除砷和固定砷，具有成本低，周期短，工艺简单，防止二次污染等特点。锌渣作为原位铁供体使提供的 Fe^{2+} 被 H_2O_2 氧化为 Fe^{3+}，大部分砷酸盐与 Fe^{3+} 共沉淀，少量砷和铁氢化物通过络合吸附固定；含砷沉淀物被硅酸凝胶包裹，以便于分离和稳定铜冶炼中的砷，进一步改善含砷沉淀物的环境稳定性。

1.5.1.4 天然铁矿石作为原位铁源沉砷技术

黄铁矿、褐铁矿、磁铁矿、赤铁矿是自然界中常见的天然含铁矿石，它们在常压下都可以与污酸反应释放一定的铁离子。同时，在反应中会消耗一定的 H^+ 减少后续实验中中和剂的使用。理论上赤铁矿（Fe_2O_3）、褐铁矿（$FeO(OH) \cdot nH_2O$）和磁铁矿（Fe_3O_4）都可与污酸反应释放铁离子合成臭葱石，但在实际操作中由于这三种铁矿石的化学成分不同，导致铁矿石与污酸反应释放铁离子的难易程度、速率和持续性不同，影响污酸中臭葱石的合成。

常见铁的硫化矿物含有丰富的铁和硫离子，其主要成分是二硫化铁（FeS_2）。根据已有研究报道，在厌氧或高酸性条件下，黄铁矿通过形成硫化砷矿物有效地去除砷。黄铁矿溶解过程中的硫化物离子对砷的脱除和固化起着关键作用，硫化物离子与 As 的反应需要先将 As^{5+} 还原为 As^{3+}，以加速 As 的去除。As_2S_3 沉淀溶解度低、稳定性高，有利于沉淀的运输和储存。

有色金属冶炼废水中砷和硫酸含量高，由于处置技术不足或在运输到长期储存设施过程中可能泄漏，威胁人类健康和生态环境。化学沉淀法是通过形成砷稳定矿物来脱除和固定砷的重要途径之一。本书提出了一种新的方法，以黄铁矿为原位和铁源，制备对环境友好的臭葱石和 As_2S_3 沉淀。在高酸性废水中，溶解的黄铁矿释放出 S^{2-} 和 Fe^{2+}，两者都促进了砷的沉淀。当 Fe^{2+} 和 As^{3+} 被 H_2O_2 氧化为 Fe^{3+} 和 As^{5+} 时，Fe^{3+} 和 As^{5+} 在黄铁矿表面以成核位点发生反应，形成非晶态砷酸铁，最终转化为结晶性臭葱石。

为了改善臭葱石的合成，为脱砷提供更加灵活的反应途径，提出了将褐铁矿作为一种环境稳定的新型固体铁源，以臭葱石的形式从含砷冶炼废水中脱砷。新提出的方法不仅继承了砷快速沉淀和合成高结晶度臭葱石的优点，而且还具有以下优点：

（1）在酸性废水溶解过程中，褐铁矿作为中和剂，可以将 pH 值调节到合适的范围，以便后续砷沉淀；

（2）褐铁矿为臭葱石的非均相成核提供了种子，为砷酸铁的沉淀和高结晶度臭葱石的形成提供了大量的附着位点；

（3）褐铁矿作为可溶性固体铁源，并通过反应时的溶解特性提供铁离子，预计 H^+ 的消耗与砷酸铁形成 H^+ 的产生是一致的，溶液 pH 值的动态平衡会使 pH 值趋于稳定，直到沉淀出最多的砷。

1.5.2 铝基固废沉砷技术

赤泥是氧化铝在生产过程中产生的废渣，因含有大量氧化铁而呈红色。赤泥是一种不溶性残渣，主要由细颗粒和粗颗粒的砂组成。赤泥大量堆存既占用土地，浪费资源，又易造成环境污染和安全隐患。目前，人们日益关注赤泥堆放给环境带来的危害。随着铝工业的日益发展，生产氧化铝排出的赤泥量迅猛增加，现在全世界每年产生的赤泥约 7000 万吨，而利用率仅为 5% 左右，随着铝产业的扩大和铝矿石品位的降低，赤泥的产量将会逐年增加。目前国内赤泥的处理方法主要为露天筑坝、露天堆放，不仅占用大量的土地资源，还会对周围大气、水、土壤、微生物等环境造成严重污染，而且长期的堆积处理为当地环境埋下安全隐患。根据铝矿石品位及生产工艺不同可将赤泥分为烧结法赤泥、拜耳法赤泥和联合法赤泥。烧结法是将铝土矿、纯碱和石灰按照一定的比例混合后进行焙烧，混合物在高温烧结后获得氧化铝，剩余物即是烧结法赤泥，该方法一般用于从低品位铝土矿（铝硅比小于 7）提炼氧化铝。拜耳法是将铝土矿与氢氧化钠溶液在高温高压下反应得到的铝酸钠溶液与氢氧化铝晶种混合解析出氢氧化铝，氢氧化铝在洗涤焙烧后便得到氧化铝，剩余物即是拜耳法赤泥，该方法一般用于从高品位铝土矿（铝硅比大于 9）提炼氧化铝。联合法是烧结法与拜耳法联用，剩余物即是联合法赤泥，该方法一般用于从中低品位铝土矿提炼氧化铝。由于烧结法单位能耗大，流程复杂，目前烧结法生产的氧化铝仅占氧化铝生产总量的 2.5%左右。

赤泥为一种弱渗透性材料，其渗透系数与黄土的渗透系数相近，一般为 $(2.57 \sim 3.62) \times 10^{-5}$ cm/s。一方面由于它是一种高含水、高孔隙的松软砂质材料，因此在堆放时，随着堆放厚度不断增大，赤泥液不断发生排水固结，造成赤泥的压密；另一方面由于赤泥的特殊化学矿物成分，长期陈化会使赤泥压缩性大幅降低，成为一种特殊的欠压密的非金属矿物材料。尽管赤泥的含水量较高且密度较低，但其抗剪强度并不低，黏聚力变化较大，内摩擦角在 30°左右，通常是细的赤泥黏聚力较大。赤泥在干燥失水的过程中并不会发生体积的收缩，而且随着赤泥干燥程度的增加，使其具有明显的硬化现象。硬块的赤泥在水中不会发生任何崩解破坏现象。由于赤泥中含有大量的强碱性物质，因此会对一些金属、玻璃制品产生一定的腐蚀，用手直接触碰赤泥还会有明显的烧手感。

赤泥的主要成分和化学性质复杂，金属氧化物含量丰富，本身还具备颗粒分散性良好、比表面积大等特征，而且在水溶液中的稳定性好，这些特点一方面对赤泥的处理及周围环境状况不利，另一方面促使它们在建筑、冶金、环保等工业领域用途较广，所以实现赤泥利用资源化，无论是在经济发展还是社会环境各个方面，都有着十分重要的意义。而在资源化的研究中，赤泥自身的高碱性及被浸出时的毒性，也是制约其在工业中的应用和安全处理的一个关键因素。英国、法国和日本均已经采取了排海方式将其排入深海，但是大多数国家还是采用了露天储藏方式存放，并在向传统的干法堆储方式之间进行过渡。另外有些国家则是继续发展采用湿法堆存的方式，在堆场的下部通过构筑一个防水渗层的方法来进行工业生产堆存。国内外大量的实践证明，赤泥可以广泛地用来制造多种类型的水泥，生产出的水泥具有较高的抗折、耐压等优点，适用于大规模抢修施工及预制构件的生产。

鉴于赤泥的吸附性能有限，目前直接使用赤泥作为含重金属的废水吸附剂的研究还比较少。曾佳佳等人以拜耳法工艺生产氧化铝和赤泥所产生的氧化铝赤泥为主要原料，通过焙烧方法将其进行改性，并广泛地应用于含铬污酸中 Cr 的吸附，探索了氧化铝赤泥的改性温度、粒径、投入量、反应时间和污酸 pH 值对改性赤泥吸附 Cr 的直接影响及其吸附机理。安文超等人以赤泥土为主要原料，采用铁盐改性工艺进行处理，制备了一种新型羟基铁钛作为吸附剂，用于吸附水中的磷酸盐。罗旭等人使用动态吸附技术研究了赤泥用量、pH 值、反应时间与温度对减少污酸中镉的影响。陆爱华等人将这种赤泥广泛应用于对含铜污酸的吸收和处理，一定条件下，它的吸附率最高可达 99.73%，吸附量可达 90.9 mg/g。从上述研究中可以清楚地看出，由于赤泥富含金属矿物，颗粒的分散性相对较好，比表面积和孔隙大等优势，研究人员一直尝试使用赤泥去除水中的一些重金属，从而达到一定的净水效果。

参 考 文 献

[1] 李勋. 磁性 Fe_3O_4 处置铜冶炼污酸技术研究 [D]. 昆明：昆明理工大学，2019.

[2] THAKUR B K, DE S. A novel method for spinning hollow fiber membrane and its application for treatment of turbid water [J]. Separation and Purification Technology, 2012, 93：67-74.

[3] 魏大成. 环境中砷的来源 [J]. 国外医学（医学地理分册），2003, 4：173-175.

[4] 熊如意，宋卫锋. 环境砷污染及其治理技术发展趋势 [J]. 广东化工，2007, 11：92-94.

[5] 肖细元，陈同斌，廖晓勇，等. 中国主要含砷矿产资源的区域分布与砷污染问题 [J]. 地理研究，2008, 1：201-212.

[6] 卢宁，高乃云，徐斌. 饮用水除氟技术研究的新进展 [J]. 四川环境，2007, 4：119-122, 126.

[7] NAZARI A M, RADZINSKI R, GHAHREMAN A. Review of arsenic metallurgy：Treatment of arsenical minerals and the immobilization of arsenic [J]. Hydrometallurgy, 2017, 174：258-281.

[8] LIU L, WANG L, SU S M, et al. Leaching behavior of vanadium from spent SCR catalyst and its immobilization in cement-based solidification/stabilization with sulfurizing agent [J]. Fuel, 2019, 243：406-412.

[9] 柯平超，刘志宏，刘智勇，等. 固砷矿物臭葱石组成与结构及其浸出稳定性研究现状 [J]. 化工学报，2016, 67（11）：4533-4540.

[10] 刘志宏，杨校锋，刘智勇，等. 制备方法对臭葱石浸出稳定性的影响 [J]. 过程工程学报，2015, 15（3）：412-417.

[11] ZHAO L, SHANGGUAN Y, YAO N, et al. Soil migration of antimony and arsenic facilitated by colloids in lysimeter studies [J]. Science of The Total Environment, 2020, 728：138874.

[12] 黄自力，刘缘缘，陶青英，等. 石灰沉淀法除砷的影响因素 [J]. 环境工程学报，2016（3）：734-738.

[13] GUO X Y, SHI J, YI Y, et al. Separation and recovery of arsenic from arsenic-bearing dust [J]. Journal of Environmental Chemical Engineering, 2015, 3（3）：2236-2242.

[14] 严群，桂勇刚，周娜娜，等. 混凝沉淀法处理含砷选矿废水，环境工程学报 [J]. 2014, 8（9）：3683-3688.

[15] 刘桂秋，张鹤飞，赵振华. 采用石灰-铁盐混凝沉淀法去除废水中的 As（III）[J]. 化工环保，2008（3）：226-229.

[16] 白猛，刘万宇，郑雅杰，等. 冶炼厂含砷废水的硫化沉淀与碱浸，铜业工程 [J]. 2007（2）：19-22.

[17] LANGMUIR D, MAHONEY J, MACDONALD A, et al. Predicting arsenic concentrations in the porewaters of buried uranium mill tailings [J]. Geochimica et Cosmochimica Acta, 1999, 63（19）：3379-3394.

[18] ROBINS R G, DOVE P M, RIMSTIDT J D, et al. Solubility and stability of scorodite, $FeAsO_4 \cdot 2H_2O$；discussions and replies [J]. American Mineralogist, 1987, 72（7/8）：842-855.

[19] OKIBE N, KOGA M, MORISHITA S, et al. Microbial formation of crystalline scorodite for

treatment of As（Ⅲ）-bearing copper refinery process solution using acidianus brierleyi［J］. Hydrometallurgy, 2014, 143: 34-41.

［20］ RAO V K, NATARAJAN S. Hydrothermal synthesis, structure and magnetic properties of a new three-dimensional iron arsenate ［$C_6N_4H_{21}$］［$Fe_3(HAsO_4)_6$］［J］. Materials Research Bulletin, 2006, 41（5）: 973-980.

［21］ LE BERRE J F, GAUVIN R, DEMOPOULOS G P. A study of the crystallization kinetics of scorodite via the transformation of poorly crystalline ferric arsenate in weakly acidic solution ［J］. Colloids and Surfaces A: Physicochemical and Engineering Aspects, 2008, 315（1）: 117-129.

［22］ 陆梦楠, 张利波, 李玮, 等. 负载铁离子活性炭除砷的研究进展［J］. 化工科技, 2011, 19（6）: 65-70.

［23］ PAYNE K B, ABDEL-FATTAH T M. Adsorption of arsenate and arsenite by iron-treated activated carbon and zeolites: Effects of pH, temperature, and ionic strength ［J］. Journal of Environmental Science and Health, Part A, 2005, 40（4）: 723-749.

［24］ ZHU J, BAIG S A, SHENG T, et al. Fe_3O_4 and MnO_2 assembled on honeycomb briquette cinders（HBC）for arsenic removal from aqueous solutions ［J］. Journal of Hazardous Materials, 2015, 286: 220-228.

［25］ HOU J T, SHA Z J, HARTLEY W, et al. Enhanced oxidation of arsenite to arsenate using tunable K^+ concentration in the DMS-2 tunnel ［J］. Environmental Pollution, 2018, 238: 524-531.

［26］ GOYAL N, GAO P, WANG Z, et al. Nanostructured chitosan/molecular sieve-4A an emergent material for the synergistic adsorption of radioactive major pollutants cesium and strontium ［J］. Journal of Hazardous Materials, 2020, 392: 122494.

［27］ KORNGOLD E, BELAYEV N, ARONOV L. Removal of arsenic from drinking water by anion exchangers ［J］. Desalination, 2001, 141（1）: 81-84.

［28］ AGARWAL G P, KARAN R, BHARTI S, et al. Effect of foulants on arsenic rejection via polyacrylonitrile ultrafiltration（UF）membrane ［J］. Desalination, 2013, 309: 243-246.

［29］ WALKER M, SEILER R L, MEINERT M. Effectiveness of household reverse-osmosis systems in a western U.S. region with high arsenic in groundwater ［J］. Science of The Total Environment, 2008, 389（2）: 245-252.

［30］ KATSOYIANNIS I A, ZOUBOULIS A I. Application of biological processes for the removal of arsenic from groundwaters ［J］. Water Research, 2004, 38（1）: 17-26.

［31］ SU S M, ZENG X, BAI L, et al. Bioaccumulation and biovolatilisation of pentavalent arsenic by penicillin janthinellum, fusarium oxysporum and trichoderma asperellum under laboratory conditions ［J］. Current Microbiology, 2010, 61（4）: 261-266.

［32］ 向雪松. 铁盐-剩余活性污泥法处理高浓度碱性含砷废水［D］. 长沙: 中南大学, 2007.

［33］ 王亚, 张春华, 王淑, 等. 带菌盐藻对不同形态砷的富集和转化研究［J］. 环境科学, 2013, 34（11）: 4257-4265.

［34］ CHUNG J, LI X, RITTMANN B E. Bio-reduction of arsenate using a hydrogen-based membrane biofilm reactor ［J］. Chemosp Here, 2006, 65（1）: 24-34.

［35］ OEHMEN A, VIEGAS R, VELIZAROV S, et al. Removal of heavy metals from drinking water supplies through the ion exchange membrane bioreactor ［J］. Desalination, 2006, 199 （1）: 405-407.

［36］ 赵桂瑜, 周琪, 谢丽. 钢渣吸附去除水溶液中磷的研究 ［J］. 同济大学学报 （自然科学版）, 2007 （11）: 1510-1514.

［37］ 魏玲红, 李俊国, 张玉柱. 新型钢渣水处理剂去除水体污染物的研究现状 ［J］. 环境科学与技术, 2012, 35 （2）: 73-78, 101.

［38］ 高瑾, 刘盛余, 羊依金, 等. 钢渣吸附处理苯酚废水的研究 ［J］. 环境工程学报, 2010, 4 （2）: 323-326.

［39］ 夏娜娜. 改性钢渣对海水中汞和砷的吸附性能研究 ［D］. 青岛: 中国海洋大学, 2013.

［40］ JHA V K, KAMESHIMA Y, NAKAJIMA A. Utilization of steel-making slag for the uptake of ammonium and phosphate ions from aqueous solution ［J］. Journal of Hazardous Materials, 2008, 156 （1）: 156-162.

［41］ CHA W, KIM J, CHOI H. Evaluation of steel slag for organic and inorganic removals in soil aquifer treatment ［J］. Water Research, 2006, 40 （5）: 1034-1042.

2 天然矿石去除铜冶炼废水中的砷

2.1 黄铁矿作为原位铁、硫双供体除砷

2.1.1 黄铁矿剂量的作用

反应后黄铁矿的用量和最终溶液酸碱度对于监测铁和硫的浓度水平是很重要的。如图 2-1（a）所示，随着 FeS_2/As 摩尔比的增大，As 浓度先减小后逐渐增大。当 FeS_2/As 摩尔比为 1.4 时，砷浓度降至最低，为 67 mg/L，砷去除率为 99.4%；当 FeS_2/As 摩尔比过高时，从黄铁矿中释放出来的 Fe^{2+} 被氧化成 Fe^{3+}，导致铁离子过饱和，不利于臭葱石的形成。此外，在有氧条件下，S^{2-} 和 As^{3+} 被氧化成 S^{6+} 和 As^{5+}，阻碍了 S^{2-} 和 As^{3+} 的沉淀。S 和 Fe 离子浓度对 FeS_2/As 摩尔比的依赖性进一步说明了反应途径[1]。

如图 2-1（b）所示，随着 FeS_2/As 摩尔比的增加，残余 S 和 Fe 离子浓度也逐渐增加。有趣的是，增加 FeS_2/As 摩尔比增大了黄铁矿和废水之间的接触表面积，并提供了大量的砷沉淀成核位点，同时形成 H^+，进一步促进黄铁矿溶解，释放更多的 Fe 和 S 离子。图 2-1（d）显示了 XRD 结果，该结果表明未溶解的黄铁矿和新生成的臭葱石是沉淀物中的主晶相。随着 FeS_2/As 摩尔比的增加，臭葱石的特征峰逐渐减弱，可能是由于 Fe^{3+} 过饱和所致。浸出砷的浓度随 FeS_2/As 摩尔比的增加而增加（见图 2-1（c）），这意味着过量的黄铁矿不利于形成砷稳定的沉淀物[2]。

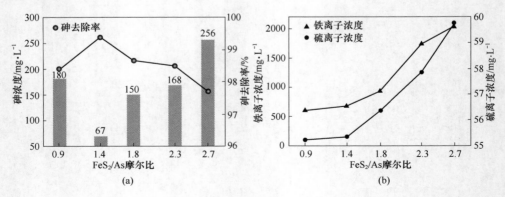

(a)   (b)

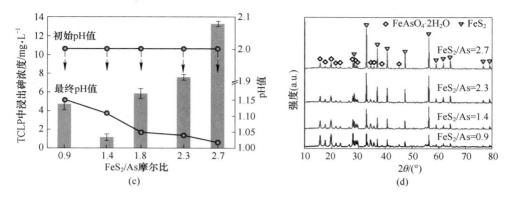

图 2-1 黄铁矿的用量和最终溶液酸碱度对铁和硫浓度的水平影响
（初始溶液 pH 值为 2、H_2O_2/As 摩尔比为 0.01、反应温度为 90 ℃、反应时间为 12 h）
（a）砷残留量和去除率；（b）废水中铁离子和硫离子残留量；（c）TCLP 中浸出砷浓度和溶液 pH 值随
FeS_2/As 摩尔比的变化；（d）不同 FeS_2/As 摩尔比条件下的 XRD 谱图

2.1.2 pH 值的影响

初始溶液 pH 值在臭葱石和 As_2S_3 的合成中起着重要作用。新形成的无定型砷酸铁在较低的初始 pH 值水平下重新溶解，并容易转化为结晶的臭葱石。可溶性 S^{2-} 与 H_2SO_4 反应生成硫单质，硫单质附着在黄铁矿表面，阻止了 Fe^{2+} 和 S^{2-} 的持续溶解和释放。类似地，来自黄铁矿的可溶性铁离子在高 pH 值时可水解并形成氢氧化铁（如 FeOOH 和 Fe(OH)$_3$），抑制了臭葱石的形成。此外，在有氧条件下，由于高氧化还原电位和高 pH 值可抑制 S^{2-} 和 As^{3+} 的沉淀。如图 2-2（a）所示，当初始酸碱度从 1.17 变为 2 时，砷浓度从 243 mg/L 降至 67 mg/L，对应于砷去除效率从 97.83% 增加到 99.40%。相比之下，当初始溶液的酸碱度从 2 增加到 5 时，砷浓度从 67 mg/L 逐渐增加到 499 mg/L。在 pH 值大于 7 的水平下，铁水解产生的氢氧化铁会抑制臭葱石的合成，此外，还会影响黄铁矿对铁和硫离子的溶解。值得注意的是，氢氧化铁的形成有利于将废水中的砷吸收。如图 2-2（b）所示，铁浓度随着初始溶液 pH 值的增大而逐渐减小，而硫浓度最初减小，然后随着初始溶液 pH 值的增大而略有增大。当溶液 pH 值小于 2 时，可溶性硫离子直接与 As^{3+} 反应形成 As_2S_3，然而，S^{2-} 和 As^{3+} 之间的反应并不是好氧除砷的主要机制。随着初始溶液 pH 值的增加，可溶性 S^{2-} 被 H_2O_2 氧化成 SO_4^{2-}，这导致溶液中 SO_4^{2-} 的累积。从含砷沉淀物中浸出的砷含量随初始溶液 pH 值的增加而增加，在初始 pH 值为 2 时，浸出砷的浓度为 1.78 mg/L（见图 2-2（c）），低于国家规定的阈值水平，同时观察到臭葱石的特征峰，其峰强度随初始 pH 值的增加而逐渐降低（见图 2-2（d））。然而由于其无定型性质，在含砷沉淀物中没有发现氢氧化铁的特征峰[3-4]。

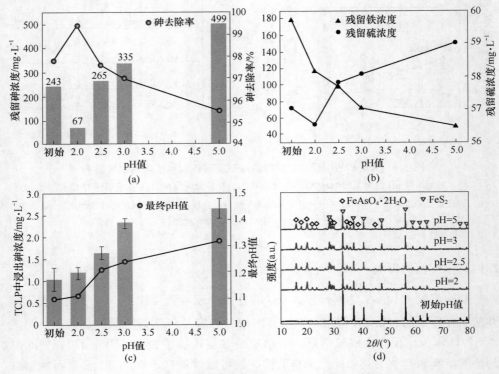

图 2-2　初始溶液 pH 值对臭葱石和 As_2S_3 的合成影响

（所有实验均在 FeS_2/As 摩尔比为 1.4、H_2O_2/As 摩尔比为 0.01，90 ℃反应 12 h 的条件下进行）

（a）残留砷浓度及砷去除率；（b）废水中残留铁和硫浓度；（c）TCLP 中浸出砷浓度及最终 pH 值；

（d）不同溶液 pH 值下常压反应析出相的 XRD 图谱

2.1.3　H_2O_2 用量的影响

H_2O_2 投加量影响 As_2S_3 的沉淀，并控制了 Fe^{2+} 和 As^{3+} 的氧化速率。既往研究发现，S^{2-} 与 As^{3+} 形成 As_2S_3 的反应主要发生在厌氧和/或高酸性溶液中。如图 2-3（a）所示，随着 H_2O_2/As 摩尔比的增大，残余砷浓度显著降低，然后缓慢增加。当 H_2O_2/As 的摩尔比为 0.01 时，砷的去除率最高。在 H_2O_2 缺失的情况下，砷的浓度最初由 11200 mg/L 下降到 5434 mg/L，主要归因于强酸性废水中可溶性 S^{2-} 和 As^{3+} 形成 As_2S_3。溶液中产生好氧环境随着 H_2O_2 的增加，可溶性 S^{2-} 和 As^{3+} 对 SO_4^{2-} 和 As^{5+} 的氧化作用增强，同时 H_2O_2/As 的摩尔比也随之增加，使累积的 H_2SO_4 降低了最终溶液的 pH 值（见图 2-3（c））。有趣的是，黄铁矿溶

解过程中 Fe^{2+} 在好氧除砷过程中起重要作用，可溶性 Fe^{2+} 被氧化为 Fe^{3+}，并提供了丰富的 Fe^{3+} 用于合成臭葱石。当 H_2O_2/As 摩尔比（小于 0.01）较低时，Fe 浓度随着 H_2O_2/As 摩尔比的增加而逐渐降低，这可能是由于 Fe^{3+} 与 As^{5+} 逐渐发生氧化反应形成臭葱石所致。当 H_2O_2/As 摩尔比大于 0.01 时，Fe 浓度也随之增加（见图 2-3（b）），这可能是由于过量的 H_2O_2 导致 Fe^{3+} 的过饱和，限制了臭葱石的合成，XRD 图谱进一步证实了这些结果（见图 2-3（d））。

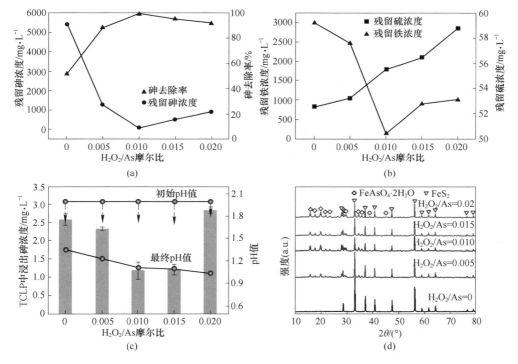

图 2-3　H_2O_2 投加量对 As_2S_3 的影响

(所有实验均在 FeS_2/As 摩尔比为 1.4、初始溶液 pH 值为 2、反应温度为 90 ℃、反应时间为 12 h 的条件下进行)
（a）残留砷浓度的变化及砷去除率；（b）废水中残留铁和硫浓度；（c）TCLP 中浸出 As 浓度和溶液 pH 值；
（d）不同 H_2O_2/As 摩尔比下，常压反应析出相的 XRD 图谱

2.1.4　温度的影响

反应温度影响臭葱石的晶体生长和二次成核。较高的反应温度缩短了臭葱石的诱导期，产生了大颗粒的臭葱石[5-6]。如图 2-4（a）所示，随着反应温度的升高，砷浓度从 6549 mg/L 急剧下降到 67 mg/L，砷去除率从 41.5% 提高到 99.4%。如图 2-4（b）所示，铁的浓度随温度的升高而降低，而硫的浓度则相反，这可能是因为随着反应温度的升高，促进了黄铁矿中 S 和 Fe 离子的释放，

加快了 Fe 和 As 之间的反应形成臭葱石,但阻碍了 As_2S_3 的形成。释放出的硫化物离子被氧化成 H_2SO_4,最终溶液 pH 值较低,同时,随着反应温度从 25 ℃升高到 90 ℃,浸出浓度由 24.45 mg/L 逐渐降低到 1.17 mg/L。如图 2-4 (c)(d) 所示,析出物的 TCLP 和 XRD 结果表明,较高的反应温度可以得到结晶良好、环境友好的臭葱石。在 75 ℃以下,生成的无定型砷酸铁和析出物中没有观察到臭葱石和 As_2S_3 的峰;在 75 ℃以上,析出物中观察到典型的臭葱石峰,其峰强度随着反应温度的升高而增加,此外,随着反应温度的升高,沉淀的稳定性也有所提高。

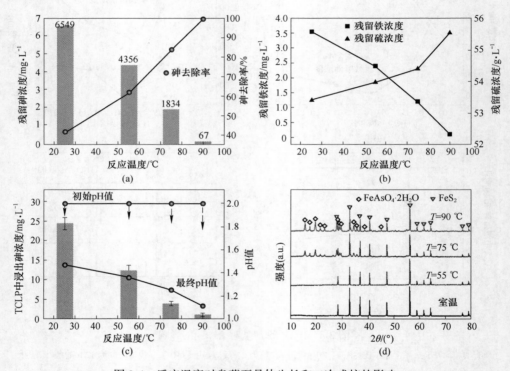

图 2-4 反应温度对臭葱石晶体生长和二次成核的影响
(所有实验均在 FeS_2/As 摩尔比为 1.4,初始溶液 pH 值为 2、H_2O_2/As 摩尔比为 0.01 的条件下反应 12 h)
(a) 不同反应温度下残留砷浓度的变化及除砷率;(b) 温度对废水中铁和硫浓度影响;
(c) TCLP 中浸出砷浓度和溶液最终 pH 值;(d) XRD 图谱

2.1.5 反应时间的影响

图 2-5 (a) 为含 As 沉淀物溶液中 As、Fe 和 S 浓度随反应时间的变化。砷浓度的变化曲线分为 Ⅰ 期 (约 6 h) 和 Ⅱ 期 (6~12 h) 两个阶段。在第一阶段,随着反应时间的增加,砷浓度从最初的 11200 mg/L 逐渐降低到 1711 mg/L,砷的去

除率为 84.72%。随后，随着反应进入第二阶段，砷浓度缓慢降低或保持不变，这可能是由于砷与可溶性铁和硫离子的初始反应形成无定型砷酸铁和 As_2S_3，并导致砷显著减少，随后砷和 Fe/S 之间的反应随着砷水平的降低而减弱。值得注意的是，铁浓度也观察到了类似的趋势，铁浓度始终低于初始砷浓度，这意味着黄铁矿作为原位铁源的溶解有利于并确保铁离子的低过饱和度并用于臭葱石合成。随着反应的进行，铁和砷浓度的梯度变化逐渐减小，12 h 后，砷浓度降至 67 mg/L，低于铁浓度（116.4 mg/L），表明铁与砷的反应不是黄铁矿和废水固液反应中脱除砷的唯一途径。相反，硫浓度保持稳定，并随着反应的进行缓慢增加（见图 2-5（b）），这可能是由于可溶性 S^{2-} 在酸性溶液中与 As^{3+} 反应形成 As_2S_3 并伴随形成硫沉淀，随着反应的进行，大部分 As^{3+} 和 S 氧化成 As^{5+} 和 SO_4^{2-}，H_2SO_4 的增加导致溶液 pH 值降低，并通过释放新的 Fe 和 S 离子促进黄铁矿溶解，进行除砷和固定。

图 2-5（c）为不同反应时间在含砷沉淀物中观察到的几个特征峰。XRD 最初只观察到黄铁矿（FeS_2），由于沉淀物中得到无定型砷酸铁和 As_2S_3，因此在沉淀物中未观察到砷晶体。随着反应的进行，6 h 后析出物中出现特征性臭葱石峰，且峰强度逐渐增大。同时，As_2S_3 的晶体结构在沉淀物的 XRD 图中未检测到，这可能是由于 As_2S_3 被大颗粒的臭葱石包裹。图 2-5（b）表明，随着反应时间的增加，TCLP 过程中沉淀物的浸出砷浓度逐渐降低。12 h 后，浸出砷浓度为 1.18 mg/L，低于危险废物的阈值。这表明较长的反应时间有利于沉淀物的去除和稳定。

图 2-5（d）为新鲜黄铁矿和不同反应时间下含砷沉淀物的 FTIR 光谱。3525 cm^{-1} 和 2993 cm^{-1} 处的振动带归因于—OH 的拉伸振动，而在 1634 cm^{-1} 的谱带是由于砷酸铁和/或臭葱石中水的 O—H 伸缩振动。834 cm^{-1}、721 cm^{-1} 和 481 cm^{-1} 处的峰分别被指定为 As—O 结合振动、Fe—As—O 拉伸振动和 O—As—O 反对称拉伸振动。随着反应时间的增加，特征带逐渐增强，表明由无定型砷酸铁转变为结晶良好的臭葱石，并与 XRD 结果吻合。此外，FTIR 观察到的其他振动带可以描述为已知的硫的氧化产物，如亚硫酸盐（1397 cm^{-1}）和硫酸盐（1125 cm^{-1} 和 1039 cm^{-1}）。582 cm^{-1} 处的振动带归因于配位引起的 Fe—O 的拉伸振动，即 As—O—Fe。随着反应的进行，该峰强度也逐渐增加，进一步意味着额外的时间有利于生成结晶良好的臭葱石。然而，在沉淀物中未观察到 As—S 带，这可能是由于其电价特性和 As_2S_3 的 FTIR 光谱不表现出与 As—S 拉伸和弯曲振动相关的强带。

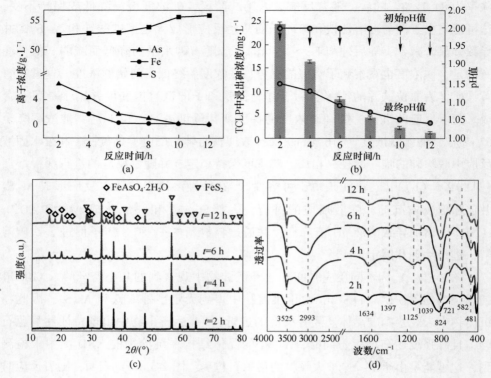

图 2-5 不同反应时间对含砷沉淀物的影响

（所有实验均在 FeS_2/As 摩尔比为 1.4、初始溶液 pH 值为 2、H_2O_2/As 摩尔比为 0.01、
反应温度为 90 ℃的条件下进行）

（a）含 As 沉淀物溶液中 As、Fe 和 S 浓度随反应时间的变化；（b）浸出 As 浓度和溶液 pH 值随反应
时间的变化；（c）不同反应时间下新鲜黄铁矿和含砷沉淀物的 XRD 图谱；（d）FTIR 图谱

2.1.6 反应机理

如前所述，在高酸性溶液和/或厌氧条件下，S^{2-} 通过形成 As_2S_3 对 As^{3+} 表现出很强的亲和力，而 Fe^{3+} 与 As^{5+} 有效结合，在常压下合成臭葱石。在砷沉淀过程中，S^{2-} 和 Fe^{2+} 双向驱动，同时促进铜冶炼废水中砷的沉淀，成功实现了砷的固定化和黄铁矿的有效利用。在最佳条件下，研究了黄铁矿作为 S^{2-} 和 Fe^{2+} 的原位来源，转化为 As_2S_3 和臭葱石对废水除砷效果。实验条件为：FeS_2/As 的摩尔比为 1.4、初始 pH 值为 2、H_2O_2/As 的摩尔比为 0.01、反应温度为 90 ℃。

如图 2-6 所示，新鲜黄铁矿中未发现 As 3d 峰，而图 2-6（a）中含 As 析出物经过 6 h 和 12 h 后出现了强烈的 As 3d 特征峰。结果表明，砷能有效地从废水中去除，并在沉淀中富集。As 3d 峰显示了两个主要的峰，这两个峰来源于 As^{3+}

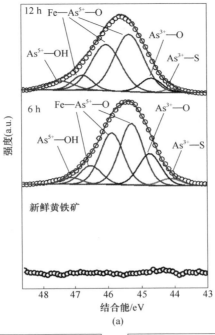

(a)

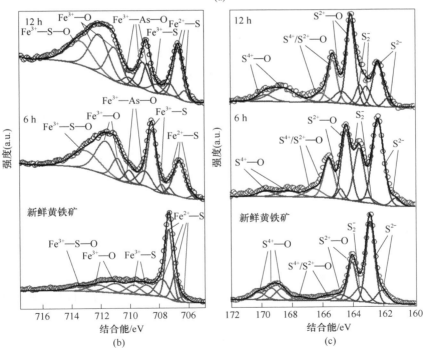

图 2-6 含砷沉淀的 XPS 谱图

(a) 高分辨率 As 3d 峰；(b) 高分辨率 Fe 2p 峰；(c) 高分辨率 S 2p 峰

和 As^{5+} 的相互重叠，进一步说明了沉淀物中 As 的配位和氧化态的存在。As_2S_3 的结合能为 44.12 eV 和 44.08 eV，吸收砂质岩的结合能为 44.75 eV 和 44.70 eV，臭葱石的结合能分别为 45.29 eV、45.89 eV、46.53 eV 和 45.36 eV、4.06 eV、46.78 eV，吸收砷酸的结合能为 47.13 eV 和 47.44 eV，由此可知，As_2S_3 的存在进一步得到了卷积 S 2p 光谱中 S^{2-} 的支持。同样，As 3d 峰中的 Fe—As^{5+}—O 和 Fe 2p 峰中的 Fe^{3+}—As—O 也证明了臭葱石的形成，这与 XRD 和 FTIR 结果一致。值得注意的是，随着反应的进行，Fe—As^{5+}—O 含量增加，As^{3+}—S 含量减少，说明较长的反应时间有利于臭葱石的生成，但抑制了 As_2S_3 的沉淀。另外，在旋绕的砷三维光谱中分别得到了归属于被吸收的砂岩和砷酸盐的 As^{3+}—O 和 As^{5+}—OH 的特征峰，其含量相对较低，说明砷主要是通过化学沉淀法去除和固定的。

用非线性方法拟合新鲜黄铁矿和含砷析出物的 Fe 2p 和 S 2p 的 XPS 谱图如图 2-6（b）和（c）所示。新鲜黄铁矿结合能为 706.48 eV、707.04 eV、707.43 eV 和 707.88 eV 的峰对应于黄铁矿的 Fe^{2+}—S，而 708.96 eV、709.83 eV、711.04 eV、712.22 eV 和 713.68 eV 的峰对应 Fe^{3+}，这些峰表明了氧化黄铁矿、铁-氢氧化物、铁-硫酸盐配合物的存在，也是大气中黄铁矿表面氧化物的产物。有趣的是，黄铁矿表面那些 Fe^{3+} 物质最初可以溶解在废水中，并提供合成臭葱石所需的 Fe^{3+}，但在黄铁矿与废水反应后，在沉淀的高分辨率 Fe 2p 峰中观察到一个新的峰。随着反应的进行，12 h 后沉淀物中 Fe^{2+}—S 的水平从新鲜黄铁矿中的 58.26% 下降到 20.47%，而臭葱石的 Fe^{3+}—As—O 的水平从 0 上升到 12.77%，这进一步说明臭葱石的形成同时伴随着黄铁矿的溶解，然后是 As^{3+} 和 Fe^{2+} 的氧化及 As^{5+} 的沉淀，这都有利于避免铁的过饱和。同时，析出物中也有 Fe^{3+}—S—O、Fe^{3+}—O 和 Fe^{3+}—S 的峰，其总量远高于新鲜黄铁矿，说明 H_2O_2 有效地将溶解的 Fe^{2+} 氧化成 Fe^{3+} 沉淀砷。同样，析出相中高分辨率 S 2p 的特征峰相对于新鲜黄铁矿也表现出明显的差异。S_2^- 是不溶的黄铁矿，而 S^{2-} 则是新生成的 As_2S_3 沉淀，其他的特征峰（如 S^{4+}—O、S^{4+}/S^{2+}—O 和 S^{2+}—O）被认为是中间的硫氧阴离子，表明黄铁矿的氧化经历了一系列基本的单电子步骤。

通过 SEM-EDS 分析了不同反应时间下含砷析出相的特征形貌和元素组成，如图 2-7 所示。在初始阶段（2 h），黄铁矿表面出现了一些新生成的絮凝体，呈细片状颗粒状，这是由于黄铁矿的溶解，黄铁矿的棱角被磨圆，EDS 结果表明，这些细小的片状颗粒主要由 O、Fe、S 和 As 组成，这意味着形成了 As_2S_3、非晶态砷酸铁、硫酸铁配合物和氢氧化铁。4 h 后，片状颗粒逐渐由非晶态亚微米颗粒长成微米片状颗粒，并像煎饼一样堆积在一起。随着反应时间的增加，片状颗粒逐渐消失，析出相中出现了一些规则的块状颗粒，并结合成大的球状颗粒，结合 XRD 分析结果可知，这些规则块状颗粒为臭葱石颗粒。形貌变化表明，黄铁矿表面以无定型砷酸铁为成核点，然后生长结晶为正交双锥–斜方晶臭葱石（见图 2-7（d））。在 12 h 后，由于黄铁矿表面形成了臭葱石，阻止了黄铁矿的继续溶解和 Fe、S 离子的释放。

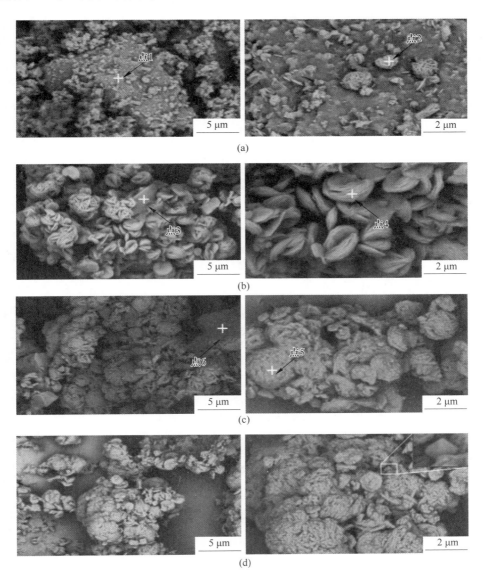

图 2-7 含砷析出相的 SEM-EDS 图

（a）2 h；（b）4 h；（c）8 h；（d）12 h

2.2 褐铁矿除砷

2.2.1 褐铁矿转化为臭葱石的热力学分析

为了探究褐铁矿的溶解行为和酸性水溶液中砷酸铁的沉淀，绘制了 Fe-As-H_2O 体系的 E-pH 值图[8]，如图 2-8 所示。在这个系统中，褐铁矿的成分被简化为 Fe_2O_3。在酸性溶液中，褐铁矿将与 H^+ 反应，释放出大量的 Fe^{3+}，Fe^{3+} 化合物的种类取决于 pH 值。在 0~0.8 的 pH 值范围内，Fe^{3+} 以离子状态存在，在 0.8~2.4 的 pH 值范围内，它将与砷酸盐结合形成 $FeAsO_4$，随后在 pH 值大于 2.5 时转化为 $Fe(OH)_3$。根据 Fe^{3+} 的形式，褐铁矿的溶解可以在 pH 值小于 2.5 时为砷的沉淀提供离子铁源，其形式为砷酸铁。在褐铁矿溶解和砷沉淀阶段，残留的 Fe^{3+} 将与 OH^- 结合形成 $Fe(OH)_3$，作为砷的吸附剂用于深度除砷。砷沉淀和砷吸附将结合起来去除砷和其他重金属，生成无重金属水。基于这一现象，通过在 pH 值小于 2.5 的高砷水溶液中进行砷酸铁沉淀和在低砷水溶液中进行 $Fe(OH)_3$ 吸附以深度去除砷，控制溶液的 pH 值对于两阶段的砷去除非常重要。

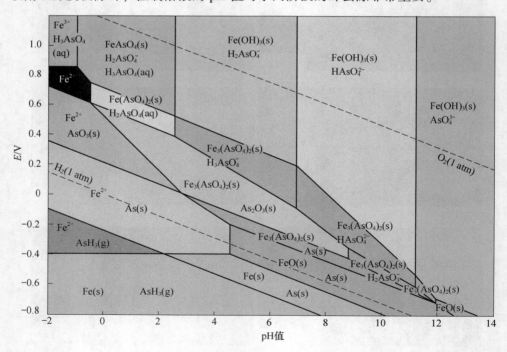

图 2-8 90 ℃、常压下 As-Fe-H_2O 体系 E-pH 值图

图 2-8 中纵坐标的氧化还原电位反映了水溶液中所有物质的宏观氧化还原特

性，电位从正到负对应于从氧化到还原的环境，这决定了 Fe 和 As 物质的现有状态。高价态的 Fe 和 As 只存在于氧化气氛中，在 pH 值为 1.5~2.4 的范围内，位于高氧化还原电位的区域在热力学上有利于 $FeAsO_4$ 的合成和臭葱石的进一步结晶。

2.2.2 褐铁矿的特征及其对砷的吸收能力

图 2-9 (a) 中的褐铁矿颗粒显示出块状或片状的外观，颗粒大小从 1~8 mm 不等，大颗粒有一个松散的结构，附着在小颗粒上。由图 2-9 (b) 可知，褐铁矿主要由 FeO(OH) 组成，铁含量高达 59% (见表 2-1)，表明它可能是合成臭葱石的良好固体铁源。

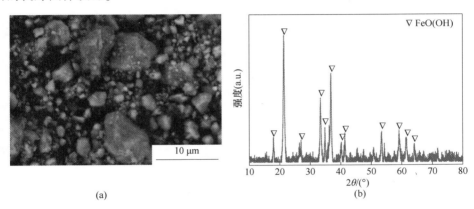

(a)   (b)

图 2-9 褐铁矿的 SEM 图 (a) 和 XRD 图谱 (b)

表 2-1 褐铁矿化学元素组成

褐铁矿成分	Fe	Al	Si	As	S	Zn	K	Ti	O
含量/%	59.0	1.4	1.0	0.4	0.3	0.2	0.2	0.2	平衡

如图 2-10 (a) 所示，As 浓度从 6100 mg/L 下降到 3600 mg/L 左右，而 Fe 浓度保持在低于 50 mg/L 的极低水平，随着反应时间的增加，As 浓度逐渐下降到 2500 mg/L。除砷过程可以分为快速加速期和缓慢平衡期，在加速期，褐铁矿中丰富的 Fe—OH 位点在吸附砷的过程中与砷酸盐和/或亚砷酸盐结合，形成 Fe—As—O 配合物，这也是快速去除废水中砷的原因。之后，由于活性吸附位点的缺乏或褐铁矿弱溶解过程中吸附位点的损失，吸附达到平衡。由于小部分褐铁矿在室温下已经溶解在废水中，因此以砷酸铁形式的化学沉淀也可能促进砷的去除。在缓慢平衡的第二个时期，褐铁矿继续溶解在酸性废水中，铁浓度和 pH 值增加，化学沉淀对砷的去除占主导作用，整个过程包括褐铁矿的溶解和砷的沉淀。为了探索利用褐铁矿从废水中去除砷的常温动力学特性，对实验结果进行线性拟合，并分别用一阶和二阶动力学方程进行分析。

$$\ln(q_e - q_t) = \ln q_e - k_1 t$$

$$\frac{t}{q_t} = \frac{1}{k_2 q_e^2} + \frac{t}{q_e}$$

式中，q_e 为平衡时褐铁矿的吸附量，mg/g；q_t 为一定反应时间 t 内褐铁矿的吸附量，mg/g；t 为反应时间，min；k_1 和 k_2 分别为一阶和二阶动力学吸附速率常数，g/(mg·min)。

如图 2-10（b）和（c）所示，与准一阶动力学模型相比，准二阶动力学模

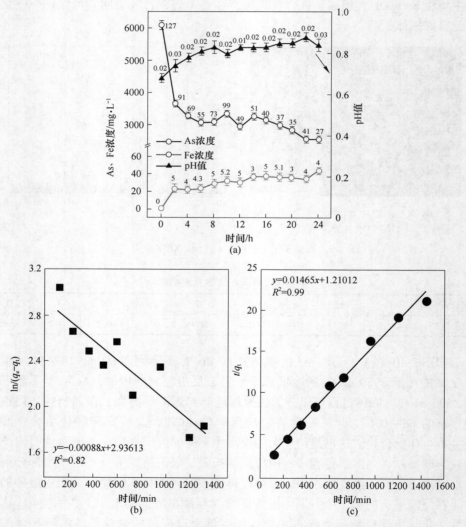

图 2-10 As、Fe 浓度和 pH 值变化及动力学模型拟合图
（a）As、Fe 浓度和 pH 值随吸附时间的变化；（b）拟合准一阶动力学拟合图；
（c）拟合准二级动力学拟合图

型比准一阶动力学模型更适合。准二阶动力学线性拟合的最大吸附量的拟合值与实验测得的最大吸附值一致，相关系数（$R_2 \approx 0.99$）接近于1。实验表明，褐铁矿具有良好的吸附性，其吸附能力达到68.28 mg/g。

2.2.3 褐铁矿对废水中砷的去除行为

褐铁矿的用量会影响初始铁浓度和预溶解阶段后废水的最终 pH 值。当褐铁矿被溶解在酸性废水中释放出 Fe^{3+} 时会形成无定型的砷酸铁"种子"，作为褐铁矿的前体。此外，当褐铁矿颗粒足够小时，也可以被视为"种子"，两者都为臭葱石的合成提供了一个"种子"背景[9]。预溶解后，废水的 pH 值从0.8增加到1.0，然后进一步调整到1.5。如图2-11（a）所示，砷的去除效率随着 Fe/As 摩尔比的增加而增加，在 Fe/As 摩尔比为5时达到98.3%，相应地，砷浓度从10300 mg/L 下降到170 mg/L，而铁浓度从0增加到733 mg/L。更高的褐铁矿剂量导致更高的铁浓度，但仍不能与砷浓度相提并论。这可能意味着砷沉淀的途径与利用液体铁源合成臭葱石的途径不同，因为在 Fe/As 摩尔比为2的褐铁矿用量下，废水中实际的 Fe^{3+}/As 摩尔比低于1:10。如图2-11（b）所示，TCLP 测试中浸出 As 的浓度随着 Fe/As 摩尔比的增加而逐渐下降。这一现象可以归因于褐铁矿用量的增加有利于 Fe^{3+} 的释放及臭葱石的合成，从而使 As 的去除率提高。尽管图2-11（c）中所有样品中的臭葱石相都结晶良好，当溶液中残留的砷浓度很高时，沉淀物仍含有一定量的可溶性砷化合物。特别是由于褐铁矿具有较好的吸附性，砷会在其表面富集，因此浸出的砷浓度随着溶液中残留砷浓度的增加而增加。

如图2-11（c）所示，所有的沉淀物主要由新形成的臭葱石相和未反应的褐铁矿相组成，沉淀物的臭葱石衍射峰强度随着 Fe/As 摩尔比的增加而减少。图2-11（d）所示为沉淀物的拉曼光谱，其中在184 cm^{-1}、481 cm^{-1}、806 cm^{-1} 和852 cm^{-1} 的频带是可以区分的；806 cm^{-1} 和852 cm^{-1} 处的高强度频带分别归因于

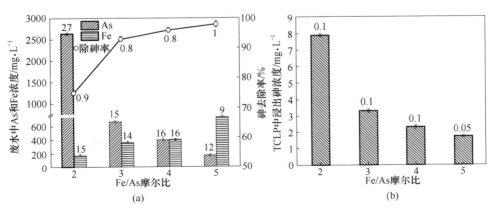

(a)   (b)

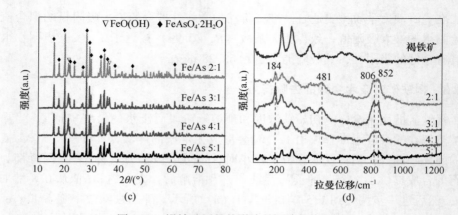

图 2-11　褐铁矿用量的影响及沉淀物表征图

（a）废水中 As 和 Fe 的浓度；（b）不同 Fe/As 摩尔比在 90 ℃下反应 12 h 得到的析出物的 TCLP；

（c）XRD 图谱；（d）拉曼光谱

As—O—Fe 的不对称拉伸和 As—O 的非桥接氧。这个非桥接氧可能与颗粒的边缘或缺陷有关，因为结晶性的臭葱石没有与 As 相关的非桥接氧。184 cm^{-1} 和 481 cm^{-1} 处的光谱归因于 As—O 的不对称弯曲，其他峰（200~400 cm^{-1}）与 Fe—O 键有关。结合 XRD 的结果，拉曼光谱证实了沉淀物中存在臭葱石。在 Fe/As 摩尔比为 4 和 5 时，可以实现超过 96% 的 As 去除效率。然而，考虑到溶液的过饱和度和原材料的不可回收性，在接下来的研究中使用的最佳 Fe/As 摩尔比为 4。

2.2.4　pH 值对臭葱石合成的影响

由于 pH 值对臭葱石的合成及砷沉淀过程中褐铁矿的同时溶解具有重要意义，因此研究了 pH 值对臭葱石合成的影响。在室温下预溶解废水中的褐铁矿后，将固液混合物加热到 90 ℃之前，将溶液的初始 pH 值从 0.8 调整到 1.5、2.0、2.5 和 4.0。作为固体铁源，砷沉淀可以驱动褐铁矿的溶解，因为砷沉淀积累了 H$^+$，而褐铁矿的溶解消耗了 H$^+$ 并释放了 Fe^{3+}，两者相互促进，直到大部分砷被去除。由于这种相互促进的反应机制，褐铁矿可以通过向溶液中原位释放 Fe^{3+} 来提供低的铁过饱和度，因此有利于促进褐铁矿表面的异质成核。一般来说，液体铁源（FeSO$_4$·7H$_2$O，Fe(NO$_3$)$_3$）或 FeCl$_3$·6H$_2$O 在实验开始时直接引入含砷水溶液中，使溶液中的 Fe 和 As 离子都达到了较高的饱和度。在这种条件下，均质成核在砷沉淀中占主导地位，不仅受到高铁过饱和度的限制，而且在某些情况下还需要"种子"来进行臭葱石结晶。显然，与均相成核法相比，异相形核法合成臭葱石大大缩短了反应时间，提高了效率。固体铁源还可以将溶液环境控制在低铁过饱和度水平，并在砷沉淀过程中保持稳定的 pH 值[10]。

图 2-12 结果表明，砷的去除效率受 pH 值的影响很大。砷的沉淀和臭葱石的结晶主要取决于溶液的 pH 值。一方面，低 pH 值有利于褐铁矿的溶解，但会导致砷酸铁"种子"的重新溶解，阻碍了臭葱石的结晶；另一方面，较高的 pH 值会抑制褐铁矿溶解中 Fe^{3+} 的释放，并导致 Fe^{3+} 以碱性化合物和硫酸盐的形式沉淀，从而抑制了臭葱石的结晶。实验结果表明，在 pH 值为 1.5 的情况下，无定型砷酸铁的积累和褐铁矿的原位 Fe^{3+} 释放有利于臭葱石的形成，可获得最高的 As 去除效率。相应地，在 TCLP 测试中，pH 值为 1.5 的沉淀物具有最低的 As 浸出浓度和最强的臭葱石特征峰。图 2-12（d）中的拉曼光谱在 481 cm^{-1}、852 cm^{-1} 和 806 cm^{-1} 处对应于 As—O—Fe 的不对称拉伸振动和 As—O 的不对称弯曲，进一步证明了该沉淀物中存在臭葱石结构。在 pH 值为 2.5 和 4 的沉淀物中没有观察到臭葱石的特征光谱，因为 Fe^{3+} 主要以硫酸盐和水合物的形式沉淀，代替了砷酸铁。由于硫酸和水合物的形成及砷沉淀的抑制使 As—O 拉伸振动带随

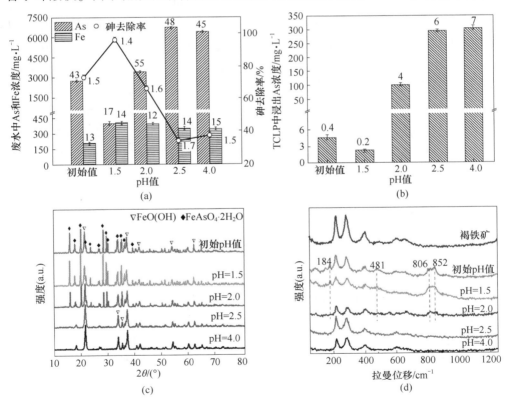

图 2-12　pH 值对臭葱石合成的影响及析出物表征

（a）废水中 As 和 Fe 的浓度；（b）在 Fe/As=4、不同 pH 值条件下反应 12 h 得到的析出物的 TCLP；

（c）XRD 图谱；（d）拉曼光谱

着 pH 值的增加而逐渐减少。184 cm^{-1}的峰值在初始 pH 值和 pH 值为 1.5 时存在，但在 pH 值为 2 时没有出现，这可能是由于在高 pH 值下获得的沉淀物中的化学作用降低了 AsO$_4$ 四面体的对称性。在 200~400 cm^{-1} 的峰值归因于 Fe—O 键，对应于褐铁矿的结构。这一现象与第 2.2.1 节中的热力学特性一致，即 Fe^{3+} 在 pH 值大于 2.5 时以 Fe(OH)$_3$ 的形式沉淀，不能有效地去除高砷废水中的砷。

2.2.5 反应时间对臭葱石合成的影响

如图 2-13 (a) 所示，随着反应的进行，As 浓度急剧下降，Fe 浓度逐渐增加，As 去除效率也随之提高。经过 24 h 的反应，As 的去除率达到 99.6%，废水中残留的 As 浓度降低到 10 mg/L。考虑到第 2.2 节中探讨的褐铁矿的吸附能力，新鲜的褐铁矿可以用来降低砷浓度，使其低于 0.5 mg/L，甚至更低。在沉淀物的 TCLP 测试中，浸出的 As 浓度明显下降到 2 mg/L，低于危险废物鉴定标准的管理限制。如图 2-13 (c) 和 (d) 所示，经过 10 h 的反应，沉淀物中出现了臭葱石相。由于 10 h 反应后废水中的铁浓度为 120 mg/L，远低于 As 的浓度，且在 10 h 反应后得到的沉淀物中检测到了臭葱石相，这进一步证实了在砷沉淀过程中，通过原位 Fe^{3+} 捐赠形成了砷酸铁和臭葱石的异质成核。在酸性冶炼废水和褐铁矿的固液反应中，从褐铁矿预溶解中释放的少量 Fe^{3+} 通过形成吸附在褐铁矿上的无定型砷酸铁 "种子" 引发了砷沉淀，然后从砷沉淀中积累的 H$^+$ 继续溶解褐铁矿，释放出 Fe^{3+} 用于砷沉淀。当褐铁矿的表面被完全覆盖或大部分砷从溶液中去除时，褐铁矿的进一步溶解和 Fe^{3+} 的释放将被阻止。同时，附着点的数量将大大减少。因此，新形成的臭葱石晶体和残留的褐铁矿颗粒会留在沉淀物中[11]。

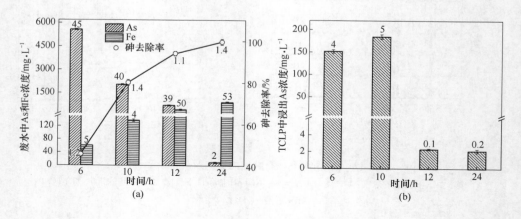

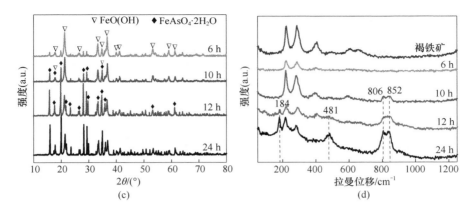

图 2-13 反应时间的影响及产物表征图

（a）剩余废水中 As 和 Fe 的浓度；（b）反应温度在 90 ℃、pH 值为 1.5 下得到的沉淀物的 TCLP 浸出 As 浓度；

（c）XRD 图谱；（d）拉曼光谱

2.2.6 温度对臭葱石合成的影响

在褐铁矿和废水的固液反应中，褐铁矿的溶解、砷的沉淀和臭葱石的结晶都可以通过提高反应温度来加强，尤其是人们普遍认为臭葱石的合成需要高于70 ℃ 的温度[12]。图 2-14（a）所示为温度对使用褐铁矿合成臭葱石的影响。随着温度的升高，As 的去除效率逐渐增加，直到温度达到 90 ℃ 以上，最高的 As 去除率增加到 96%，相应的残留 As 浓度降低到 389 mg/L。铁的浓度也随着温度的升高而增加，这表明高温增强了褐铁矿的溶解度。如图 2-14（b）所示，较高温度下沉淀物在 TCLP 测试中浸出的 As 浓度低于 5 mg/L，这是由于臭葱石的结晶效果较好。拉曼光谱显示，在合成温度低于 90 ℃ 时，砷酸铁趋向于无定型，说明高于 90 ℃ 的温度有利于褐铁矿的溶解，加速砷的沉淀和结晶。

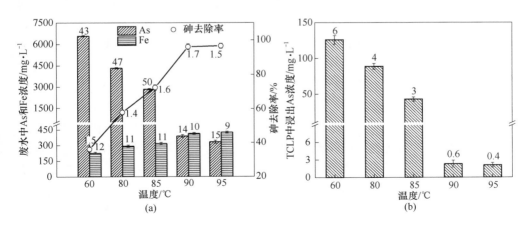

(a)　　　　　　　　　　　　(b)

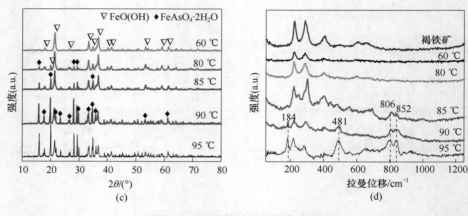

图 2-14　温度影响及沉淀物表征

（a）废水中 As 和 Fe 的浓度；（b）在 pH=1.5、Fe/As=4、不同反应温度下反应 12 h 得到沉淀物的
TCLP 浸出 As 浓度；（c）XRD 图谱；（d）拉曼光谱

2.2.7　褐铁矿对废水中含砷沉淀物的结晶处理

2.2.7.1　形态转变

如图 2-15 所示，在使用褐铁矿的废水中反应 6 h 后，在片状和块状的褐铁矿颗粒表面出现了一些新形成的松散和絮状颗粒，表明一些无定型的砷酸铁附着在表面上。由于在酸性废水中的溶解，褐铁矿颗粒的边缘和角落被磨圆了，经过 10 h 的反应，在沉淀物中可以清楚地观察到附着在褐铁矿颗粒表面的八面体臭葱石颗粒（见图 2-15（d）），最后，在反应 24 h 后，观察到了结晶良好的微细臭葱石颗粒。此外，EDS 光谱也证实了大的褐铁矿颗粒（点 2）表面的细小颗粒（点 1）由砷酸铁组成，并随着八面体晶体的出现而变大。从含砷沉淀物的形态变化中可以得出这样的结论：砷酸铁吸附在褐铁矿的表面，然后在这些吸附点上生长，同时褐铁矿本身溶解也会导致 Fe^{3+} 的生成从而促进吸附。这种吸附成核是所谓的异质成核，通常是指分子吸附在固体杂质表面形成晶核的过程。褐铁矿释放的"种子"作为异质成核的杂质，"种子"的加入有利于形成臭葱石。在异质成核过程中，臭葱石颗粒无序生长，粒度分布不均匀，但这种生长方式下的臭葱石生长速率均匀，可以得到晶体完美、晶格缺陷少的臭葱石颗粒。然而，均质成核是一个由于离子键相互作用而产生的自发成核过程，这种成核主要依赖于内生核。臭葱石的生长是先慢后快的，这就导致晶体的完美性差。与均质成核相比，异质成核对于合成更好的晶质臭葱石具有明显的优势。从图 2-15（f）（h）中观察到的这种异质成核现象表明，晶体大多是以八面体结构聚在一起的。Fe^{3+} 和 As^{5+} 的团聚成核可以通过使用基于密度的溶液模型来解释键能，并揭示出与均质成核相比，

异质成核需要更低的能量和更低的成核障碍，更容易形成晶体。

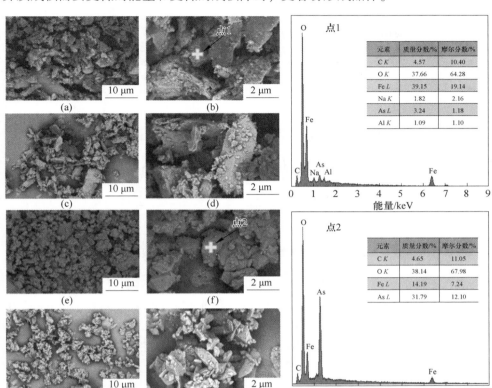

图 2-15 含砷沉淀物的 SEM-EDS 图

(a) (b) 6 h；(c) (d) 10 h；(e) (f) 12 h；(g) (h) 24 h

2.2.7.2 褐铁矿溶解和砷沉淀动力学研究

褐铁矿从废水中去除砷的动力学曲线如图 2-16 所示，这一异质成核过程可分为三个时期，诱导期、加速期和减速期，砷离子和铁离子的浓度呈现出 S 形曲线。在诱导期（启动阶段），褐铁矿提供了足够的附着点，但只向废水中释放少量的 Fe^{3+}，导致砷去除效率低。在加速期，大量的 Fe^{3+} 被释放到废水中，在溶解过程中大的褐铁矿颗粒被还原成小的形成更多的吸附点，因此，反应速度加快，更多的砷以砷酸铁的形式沉淀下来，这对臭葱石的结晶是有利的，这个阶段是去除砷的关键时期。在减速期，由于缺乏砷沉淀的驱动力，大部分砷被去除，褐铁矿的溶解也受到抑制。

2.2.7.3 工艺设计

通过使用新鲜的褐铁矿可以进一步去除臭葱石合成阶段获得的滤液中的砷，

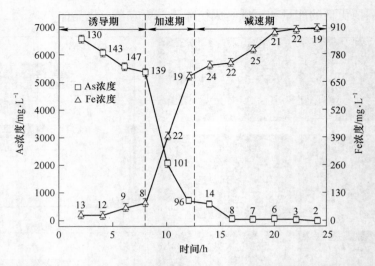

图 2-16 在 pH=1.5、90 ℃条件下褐铁矿溶解过程中 As 和 Fe 的浓度随反应时间的变化

从而获得无砷的滤液。在室温下，评估了新鲜褐铁矿对臭葱石合成阶段获得滤液的除砷性能。如图 2-17 所示，滤液中残留的砷浓度可以从 389 mg/L 降低到 0.1 mg/L，这表明褐铁矿不仅适用于高砷溶液的除砷，也可用于处理低砷溶液，如地下水和饮用水。随着褐铁矿用量的增加，残留的砷浓度将降低到 ICP-OES 的检测极限。凭借高砷吸附性设计了一个冶炼废水处理工艺，如图 2-18 所示。使用褐铁矿除砷可分为三个阶段：第一阶段是从高砷浓度（大于 0.5 g/L）的废水中以臭葱石形式沉淀砷；第二阶段是在吸附阶段使用新鲜褐铁矿从上一阶段得到的

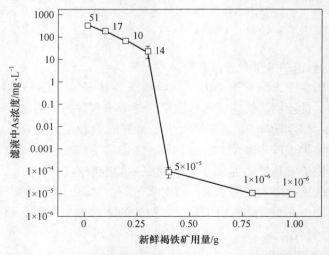

图 2-17 在室温条件下，用新鲜褐铁矿处理后的滤液中 As 浓度随褐铁矿投加量的变化

滤液中除砷，此外，带砷的褐铁矿可以作为砷沉淀的铁源在臭葱石合成阶段重新使用，在吸附阶段，其他重金属也将被去除；第三阶段是将不含砷的废水引入中和阶段产生清洁的水。

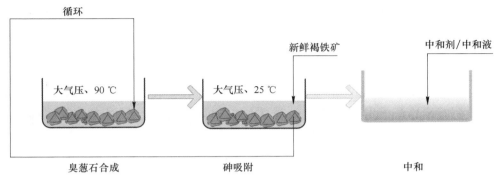

图 2-18 褐铁矿除砷的工艺流程

将提出的工艺与文献中报道的其他工艺进行比较发现，通过臭葱石的合成去除砷需要高温和高压。在这些反应中，很难控制铁和砷的过饱和度低于其平衡（饱和）浓度，以产生高结晶度的臭葱石，且通过液态铁源合成臭葱石的酸积累特性导致反应溶液的 pH 值将下降。与其他工艺相比，所设计的工艺可以克服这些缺点，在常压下进行异质成核形成臭葱石。首先，它可以确保完美的晶体形态和臭葱石的一致性，其次，溶液的过饱和度可以通过溶解和硬化的特性来控制，这就提供了一个更稳定的有利于臭葱石结晶的 pH 值。

2.3　磁铁矿除砷

2.3.1　磁铁矿沉砷合成臭葱石

利用磁铁矿作为铁源，通过形成臭葱石来去除废酸中的砷。磁铁矿作为砷沉淀的初始中和剂、铁源和砷沉淀中累积 H^+ 的中和剂，在臭葱石合成前，Fe_3O_4 在磁铁矿中的预溶解通过 $2Fe_3O_4 + 9H_2SO_4 + H_2O_2 = 3Fe_2(SO_4)_3 + 10H_2O$ 反应中和了废酸中的硫酸，为最初的砷沉淀提供了铁离子。

在此，磁铁矿中砷的沉淀和溶解形成了臭葱石循环，使废酸中的砷高效脱除。这个脱砷过程的总反应为 $2Fe_3O_4 + 6H_3AsO_4 + H_2O_2 = 6FeAsO_4 + 10H_2O$，确保了溶液的 pH 值稳定而没有 H^+ 的积累。利用离子铁源将水溶液中的砷转化为臭葱石需要 Fe/As 摩尔比为 1~4，pH 值为 1~3，在大气压条件下温度达到 70 ℃。本节研究了以磁铁矿为铁源，在 Fe_3O_4/As 摩尔比为 1.33、pH 值为 2、温度为 90 ℃的最佳条件下，不同反应时间下砷沉淀过程中的特征演化，如图 2-19 所示。

图 2-19（a）为废酸中砷和铁离子的浓度及砷的去除率。随着反应时间的延长，废酸中砷的浓度迅速降低，磁铁矿与废酸反应 12 h 后，砷去除率由 10300 mg/L 降至 10.01 mg/L，去除率达 99.90%，此后，砷的浓度保持稳定。与砷浓度明显下降相反，铁浓度随着反应时间的延长逐渐增加，表明磁铁矿颗粒在不断溶解，最终在反应 12 h 后，水溶液的组成达到平衡。值得注意的是，铁浓度保持在一个较低的水平（300~1000 mg/L），远低于使用离子铁源的传统合成中脱砷所需的量。这是因为磁铁中大约 2% 的总铁以 Fe^{2+} 和/或 Fe^{3+} 的形式存在于水溶液中，这使得铁离子的过饱和率很低。磁铁矿溶解后合成臭葱石，砷沉淀产生的 H^+ 将溶解磁铁矿并释放铁离子，持续反应合成臭葱石，直到大部分砷耗尽。废酸中新产生的铁离子可以及时与周围的砷发生反应，而不会在水溶液中积累铁离子。磁铁矿溶解和砷沉淀之间的相互改善和循环，使得在水溶液中铁浓度很低的情况下，利用磁铁矿作为原位铁剂持续从废酸中除去砷，并生成结晶良好且环境稳定的臭葱石。如图 2-19（b）所示，TCLP 中浸出 As 浓度在 6~12 h 大大降低，在 12 h 的浸出 As 浓度为 1.2 mg/L，远低于规定的危险废物限制（5 mg/L）。

如图 2-19（c）所示，Fe_3O_4 仍然是主要相的特征峰，未反应的 $FeSO_4 \cdot 2H_2O$ 也在图中显示，这是由于某些 Fe^{2+} 的溶解，使 Fe^{2+} 聚集在磁铁矿表面，缺乏臭葱石结晶的反应时间所导致。当反应时间达到 12 h 后，臭葱石和磁铁矿便成为沉淀中的主要相，$FeSO_4 \cdot 4H_2O$ 特征峰的强度也降低了，以至于看不到其衍射峰。

FTIR 光谱给出了不同反应时间析出物的表面信息，如图 2-19（d）所示。当羟基的伸缩振动在 822 cm^{-1} 处为 As^{5+}—OH 或 As^{5+}—O—Fe，在 1124 cm^{-1} 的 SO_4^{2-} 伸缩振动带表明 $FeSO_4 \cdot 2H_2O$ 的存在，$FeAsO_4$ 的形成和结晶过程中溶液里有足够的 Fe^{3+} 和 SO_4^{2-}。

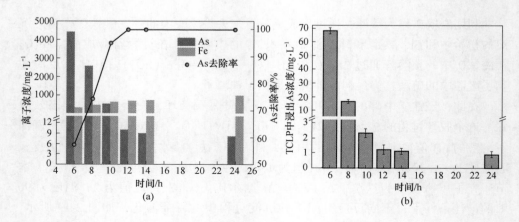

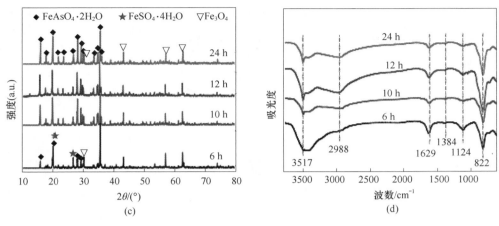

图 2-19 砷沉淀过程中的特征演化

(a) 废酸中 As、Fe 离子的变化及 As 去除率；(b) TCLP 中浸出 As 浓度；

(c) 沉淀的 XRD 图谱；(d) FTIR 光谱

图 2-20 所示为沉淀物形态随反应时间的变化，沉淀物中可见明显的斜方石-双锥体臭葱石晶体，EDS 结果进一步证实了该矿物的组成。由图 2-20 可知，在 6 h 的短时间内即可合成臭葱石晶体，且随着反应时间的延长晶体会变大。反应 6 h 后，磁铁矿颗粒表面仅稀疏分布少量亚微米级不规则多面体或片状结构，说明沉淀中仍有大量未反应的磁铁矿。随着反应时间的延长，磁铁颗粒表面密集分布着更多的微米级八面体。这是由于磁铁矿不断溶蚀，周围的铁离子含量丰富，导致臭葱石在磁铁矿表面生长。当反应 12 h 以后，磁铁矿表面附着了大量的臭葱石，阻止了磁铁矿继续溶解和释放铁离子。同时，由于水溶液中砷的缺乏，较

图 2-20 沉淀物形态随反应时间变化的 SEM-EDS 图像

(a) ~ (c) 6 h；(d) ~ (f) 10 h；(g) ~ (i) 12 h；(j) ~ (l) 24 h

大的臭葱石颗粒表面被次生亚微米级臭葱石所覆盖。完全覆盖的磁铁矿表面也可能防止形成较大的晶体，因为附着点的数目大大减少。当没有更多的臭葱石时，磁铁矿溶解得更少。

如图 2-21 所示，As^{3+} 和 As^{5+} 的 As $3d_{5/2}$ 峰分别设置为 44.00 ~ 45.50 eV 和 45.2 ~ 46.8 eV，As^{3+} 和 As^{5+} 的结合能分别为 45.08 eV、44.17 eV、44.68 eV、45.03 eV 和 46.00 eV、45.39 eV、45.36 eV、45.54 eV。采用非线性方法拟合析出相的 Fe $2p$ XPS 谱图如图 2-22 所示，Fe^{2+} 和 Fe^{3+} 的结合能分别为 709.98 eV、709.48 eV、709.48 eV、710.18 eV 和 712.38 eV、711.68 eV、712.68 eV、712.28 eV。

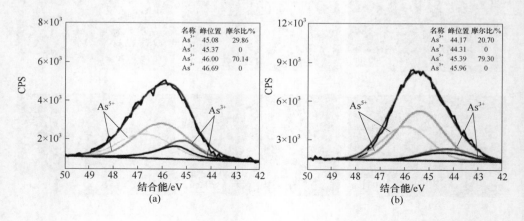

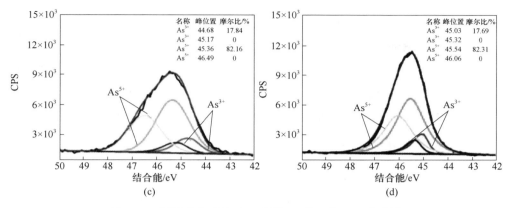

图 2-21 不同反应时间下 As 沉淀 3d 的三维 XPS 光谱图

(a) 6 h；(b) 10 h；(c) 12 h；(d) 24 h

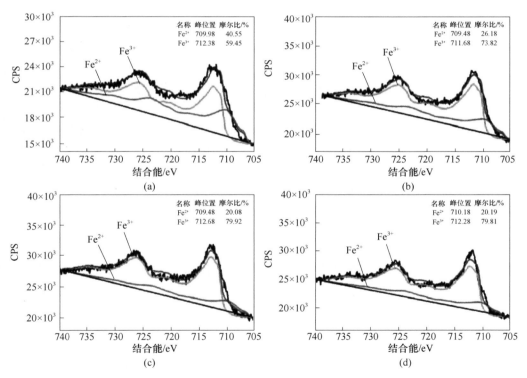

图 2-22 不同反应时间下得到的析出物的 Fe 2p XPS 光谱

(a) 6 h；(b) 10 h；(c) 12 h；(d) 24 h

图 2-21 中 As^{5+} 的峰和图 2-22 中 Fe^{3+} 的峰随反应时间的进行从 6 ~ 12 h 逐渐增加，然后随着反应时间的增加保持相对稳定。相应地，As^{5+}/As^{3+} 和 Fe^{3+}/Fe^{2+}

的摩尔比随着反应时间的增加先增加后趋于平缓。这说明臭葱石的结晶生长由磁铁矿的溶解所导致，因为 Fe^{2+} 和 As^{3+} 的氧化及 As^{5+} 以无定型的 $FeAsO_4$ 的形式析出，导致 As^{5+} 和 Fe^{3+} 的累积增加。此外，Fe^{3+}/Fe^{2+} 和 As^{5+}/As^{3+} 比值也可能受到 Fe^{3+} 和 As^{3+} 氧化还原的影响。反应 12 h 后，砷和铁的价态分布稳定，砷的沉淀和磁铁矿的溶解都可能在很低的反应速率下进行，砷以 $FeAsO_4$ 的形式沉淀，$FeAsO_4$ 的溶解达到平衡，不再形成臭葱石。

2.3.2 磁铁矿在废酸中的反应行为

2.3.2.1 预溶时间的影响

利用磁铁矿在废酸中的常温预溶，在废酸中加入适量的铁引发砷沉淀，并将废酸中和到适宜的 pH 值范围内，为合成臭葱石做好准备。预溶后，废酸的酸度大大降低，pH 值可降低到 1~2。从经济的观点来看，室温的大气溶解更可取。

由图 2-23 可知，预溶后废酸中砷的浓度从 10300 mg/L 下降到 8144 mg/L，但随着溶出时间的延长，其下降速度缓慢。随着预溶时间的延长，废酸中铁的浓度和 pH 值逐渐升高。如图 2-24 所示，反应后的磁铁矿比新鲜的磁铁矿粒度小，颗粒变得光滑，新生成的白色颗粒黏附在表面。磁铁矿的溶解导致预溶过程中砷的损失约为 2200 mg/L，这应归因于非晶态砷酸铁的形成。同时，由于磁铁矿粉的强吸附作用，部分砷离子吸附在磁铁矿表面，可以促进砷的沉淀，进而促进臭葱石的结晶。增加溶解时间不会增加铁离子溶液的浓度或 pH 值，预溶解后的废酸 pH 值接近 1.2，这是由于 H^+ 耗尽水溶液的平衡限制，导致溶解驱动力微弱。磁铁矿在废酸中预溶解 6 h，对于随后的臭葱石合成是足够的。

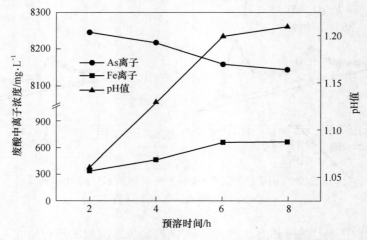

图 2-23 不同预溶时间后废酸中 As、Fe 离子浓度及 pH 值

图 2-24 新鲜磁铁矿和预溶磁铁矿在室温下溶解 6 h 后的 SEM-EDS 图

（a）~（c）新鲜磁铁矿；（d）~（f）预溶磁铁矿

2.3.2.2 磁铁矿用量的影响

磁铁矿的用量影响废酸中铁的初始浓度和预溶后的初始 pH 值，磁铁矿与废酸的接触表面积也取决于磁铁矿的用量。从图 2-25 可以看出，随着磁铁矿用量的增加，砷的浓度逐渐降低，而铁的浓度从 154 mg/L 急剧增加到 688 mg/L，pH值从 0.85 增加到 1.22。这可能是由于磁铁矿用量的增加使废酸中磁铁矿与反应物（H^+ 和砷）的接触表面积增大，提供了更多的铁离子和更高的初始 pH 值，有利于砷的沉淀。在随后的臭葱石合成中，当磁铁矿加入适量时，合成了结晶良好的臭葱石，即 Fe_3O_4/As 摩尔比为 1.33 适合于砷的去除，当 Fe_3O_4/As 摩尔比高于 1.33 时，由于磁铁矿在较高 pH 值水溶液中的溶解度较弱，对砷的去除效率影响不显著。

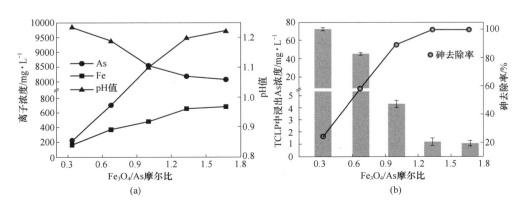

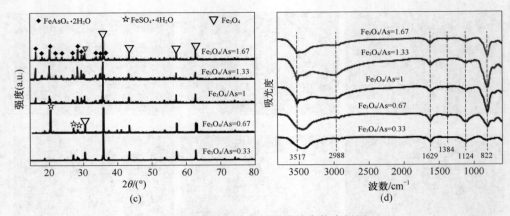

图 2-25　磁铁矿用量的影响及产物表征图

(a) Fe_3O_4/As 摩尔比对预溶解后离子浓度和 pH 值的影响；(b) Fe_3O_4/As 摩尔比对砷的浸出影响；

(c) 沉淀物 XRD 图谱；(d) 红外光谱谱图

通常，臭葱石是由高 Fe/As 摩尔比为 3~4 的离子铁源合成的。传统的方法由于存在非晶态砷酸铁共存，导致沉淀物结晶度差。为了获得大尺寸且结晶良好的臭葱石，必须通过添加种子晶体和控制氧化气氛来避免水溶液中铁和砷的过饱和。有趣的是，发现在废酸中以磁铁矿为原位铁源，在 Fe/As 摩尔比（1/12）很低的条件下，通过磁铁矿溶解和砷沉淀相互改善的循环过程合成了臭葱石。此外还注意到，当铁浓度很低时，非晶态砷酸铁和臭葱石晶体都生长在磁铁矿颗粒表面。该现象的反应途径如下：

（1）磁铁矿颗粒溶解在废酸中，释放铁离子，中和 H^+，磁铁矿有助于吸附砷，富集表面砷离子；

（2）富含铁离子的磁铁矿表面很可能通过形成非晶态砷酸铁沉淀周围的砷离子；

（3）由铁砷酸盐形成产生的 H^+ 反过来会改善磁铁矿的溶解，为随后的砷沉淀提供更多的铁离子；

（4）步骤（2）和步骤（3）以相互改善的方式交替或同时发生，直到砷耗尽并达到热力学极限。

2.3.2.3　pH 值的影响

在使用离子铁源的高压和大气反应中，臭葱石的合成对 pH 值非常敏感。研究了 pH 值在 1.2（初始值）~4.0 范围内对磁铁矿废酸合成臭葱石的影响，如图 2-26 所示。预溶后，将部分初始 pH 值为 1.2 的废酸样品用 NaOH 溶液调至 1.5、2.0、2.5、4.0。从图 2-26（a）可以看出，在 pH 值为 2 的条件下，反应后废酸中砷的浓度最低。图 2-26（b）和（c）表明，pH 值为 1.5 和 2 时，可以生成结晶良好的臭葱石。pH 值为 2 时，沉淀物的浸出砷浓度最低，砷的去除率最高。结果表明，在 1.5 ~ 2 的 pH 值范围内，有利于非晶态砷酸铁的形成，进而有利于非晶态砷酸铁向臭葱石的转变。臭葱石的结晶来源于非晶态砷酸铁在酸性溶液中形成和溶解的竞争，在合适的 pH 值范围下，非晶态砷酸铁的积累有利于臭葱石的结晶。较低的 pH 值（pH<1.5）会加速非晶态砷酸铁的溶解，而较高的 pH 值（pH>2）会导致碱性化合物（针铁矿和黄钾铁矾）与硫酸盐（硫酸铁）共沉淀，抑制臭葱石的结晶。此外，较高的 pH 值还会使磁铁矿难以溶解，不会释放更多的铁离子。结合图 2-26（d）中析出相的红外光谱分析，所有析出相都有一条 As^{5+}—OH 或 As^{5+}—O—Fe 的伸缩振动吸收带，波数为 822 cm^{-1}。当 pH 值为 2 时，振动吸收谱带最强；当 pH 值为 1.5 和 2 时，在 3517 cm^{-1} 和 2988 cm^{-1} 处发现了两个峰，分别对应于晶体中水的羟基键。结果表明，在初始 pH 值为 2.5 和 4 时，砷酸盐形成了无定型砷酸盐，但未转化为臭葱石。

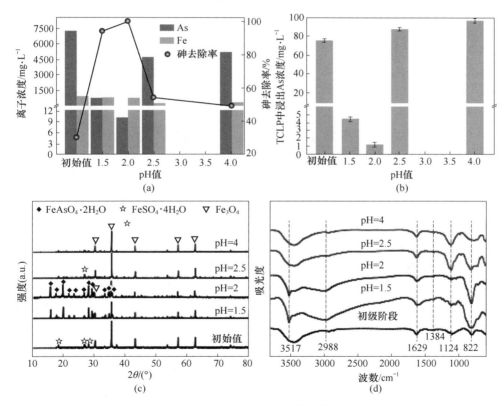

图 2-26 pH 值的影响及产物表征图

（a）废酸中 As 和 Fe 离子浓度的变化及 As 去除率随 pH 值的变化；（b）TCLP 中浸出 As 浓度；
（c）不同 pH 值下大气反应得到的沉淀物的 XRD 图谱；（d）FTIR 谱图

2.3.2.4　反应温度的影响

臭葱石的稳定性是评价石钠矿中砷固定化效率的重要指标。环境稳定的臭葱石的形成通常需要接近溶液沸点或更高的温度，较高的温度往往会产生更稳定、更大的臭葱石颗粒，具有较高的除砷效率。

从图 2-27 可以看出，提高温度可以强化无定型材料中砷的析出和转化动力学砷酸铁形成臭葱石。在 90 ℃ 以下可能发生了诱导期，从而导致新鲜臭葱石的初始成核。这是由于在 80 ℃ 的诱导下得到了结晶不良的臭葱石，其砷含量达到 68 mg/L，而在较高温度（不小于 90 ℃）下，由于诱导期缩短，除砷率可达 99.90%，并且臭葱石沉淀的浸出毒性仅为 1.2 mg/L。对于上述分析的这种在较高温度下其反应速率和臭葱石结晶性的增加可归因于过饱和（热力学）和活化（动力学）效应。因为较低的反应温度导致磁铁矿溶解释放铁离子的速率降低和与沉淀动力学相关的过饱和度降低，过饱和度降低又导致晶核形成不是沉淀反应中的主要步骤，从而在 90 ℃ 之前产生的臭葱石结晶度会较弱。结晶度差可能是

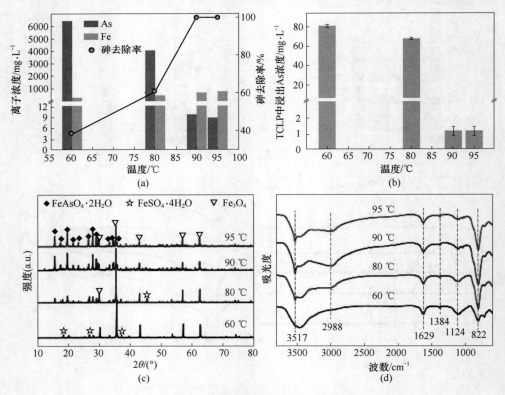

图 2-27　反应温度的影响及产物表征图

（a）废酸中 As 和 Fe 离子的变化及 As 去除率随温度的变化；（b）不同温度下 TCLP 中浸出 As 浓度；
（c）不同加热温度下大气反应得到的沉淀物的 XRD 图谱；（d）FTIR 谱图

由于臭葱石前驱体三价铁酸盐（$FeAsO_4 \cdot (2+x)H_2O$）的形成。显然，当反应温度高于 90 ℃时，获得了高结晶度的臭葱石沉淀物。因为温度的增加不仅有利于磁铁矿粉末的溶解和释放更多的铁离子，同时也增强了动力学（消除诱导期）。因此，在该实验背景下，污酸中合成臭葱石的最低温度是 90 ℃。

参 考 文 献

[1] DU M, ZHANG Y, HUSSAIN I, et al. Effect of pyrite on enhancement of zero-valent iron corrosion for arsenic removal in water: A mechanistic study [J]. ChemospHere, 2019, 233: 744-753.

[2] TABELIN C B, CORPUZ R D, IGARASHI T, et al. Acid mine drainage formation and arsenic mobility under strongly acidic conditions: Importance of soluble pHases, iron oxyhydroxides/oxides and nature of oxidation layer on pyrite [J]. Journal of Hazardous Materials, 2020, 399: 122844.

[3] LANGMUIR D, MAHONEY J, ROWSON J. Solubility products of amorpHous ferric arsenate and crystalline scorodite ($FeAsO_4 \cdot 2H_2O$) and their application to arsenic behavior in buried mine tailings [J]. Geochimica et Cosmochimica Acta, 2006, 70 (12): 2942-2956.

[4] ZHANG X, FAN H, YUAN J, et al. The application and mechanism of iron sulfides in arsenic removal from water and wastewater: A critical review [J]. Journal of Environmental Chemical Engineering, 2022, 10 (6): 108856.

[5] GOMEZ M A, BECZE L, CUTLER J N, et al. Hydrothermal reaction chemistry and characterization of ferric arsenate pHases precipitated from $Fe_2(SO_4)_3$-As_2O_5-H_2SO_4 solutions [J]. Hydrometallurgy, 2011, 107 (3): 74-90.

[6] MIN X B, PENG T Y, LI Y W J, et al. Stabilization of ferric arsenate sludge with mechanochemically prepared FeS_2/Fe composites [J]. Transactions of Nonferrous Metals Society of China, 2019, 29 (9): 1983-1992.

[7] YAO W, MIN X, LI Q, et al. Dissociation mechanism of particulate matter containing arsenic and lead in smelting flue gas by pyrite [J]. Journal of Cleaner Production, 2020, 259: 120875.

[8] HUANG L, DANAEI A, THOMAS S, et al. Solvent extraction of phosphorus from Si-Cu refining system with calcium addition [J]. Separation and Purification Technology, 2018, 204: 205-212.

[9] WANG C, LU W, WU W, et al. Mechanical grinding of FeNC nanomaterial with Fe_3O_4 to construct magnetic adsorbents for desulfurization [J]. Separation and purification Technology, 2023, 306: 122574.

[10] CAI G, ZHU X, LI K, et al. Self-enhanced and efficient removal of arsenic from waste acid using magnetite as an in situ iron donor [J]. Water Research, 2019, 157: 269-280.

[11] WANG Y, RONG Z, TANG X, et al. Mechanism analysis of the synthesis and growth process of large spindle-shaped scorodite as arsenic immobilization materials [J]. Materials Letters, 2019, 254: 371-374.

[12] JAHROMI F G, GHAHREMAN A. In-situ oxidative arsenic precipitation as scorodite during carbon catalyzed enargite leaching process [J]. Journal of Hazardous Materials, 2018, 360: 631-638.

3 铁基固废处置含砷污酸技术

3.1 铜渣高效去除铜冶炼废水中的砷

3.1.1 铜渣性质

磁铁矿[1]、褐铁矿[2]和黄铁矿[3]已被证明是以臭葱石形式去除或稳定砷的原位铁源，尽管这些铁源以臭葱石形式从废水中去除砷是有效的，但对于大量含砷酸性废水的大规模处理，有必要找到一些廉价易得的替代品来替代铁源。因此，开发一种低成本、高效的铁基材料作为处理含砷废水中的固体铁源和中和剂具有重要的意义和价值。巧合的是，铜渣、钢渣和锌渣作为冶炼厂的副产品，主要含有大量的铁、硅和钙等元素，可作为原位固体给铁剂，通过生成富砷沉淀物来去除废水中的砷。同时，在这些冶炼渣溶解过程中沉淀的硅胶可对含砷沉淀物进行有效包裹，冶炼渣中的一些碱性氧化物也会被溶解和中和，从而为砷沉淀创造合适的酸碱度。因此，通过使用廉价的冶炼废渣作为铁基材料去除废水中的砷，不仅减少这类铁基固废的堆存问题，还将实现这类固废的增值利用，有利于实现可持续发展的目标。

实验中使用的含砷废水和铜渣均来自中国西南部的一家铜冶炼厂，废水的化学成分见表 3-1。表 3-2 中的化学组成显示，铜渣含有丰富的铁氧化物，质量分数为 56.25%，碱金属氧化物如 MgO、K_2O 和 CaO 的总含量为 5.15%。显微观察和晶相分析的结果表明，铜渣主要由表面磨光的宏观聚集硅酸盐玻璃相（Fe_2SiO_4）和磁铁矿（Fe_3O_4）组成（见图 3-1）。实验中所有样品风干，过筛，并通过 75 μm 筛，以确保其均匀性。整个实验采用分析试剂级 NaOH 测定废水中 H_2SO_4 的浓度，30% H_2O_2 作为氧化剂。

表 3-1 含砷废水的化学成分

元素	As	Cu	Fe	Mg	Pb	Zn	Cr	H_2SO_4
浓度/mg·L^{-1}	10230	21	5.6	11.9	4.2	17.3	0.5	72000

表 3-2 XRF 分析铜渣的化学组成

化学组成	Fe_2O_3	SiO_2	Al_2O_3	CuO	SO_3	CaO	MgO	K_2O	其他
质量分数/%	56.25	27.32	3.74	0.7	2.28	1.95	2.52	0.68	4.56

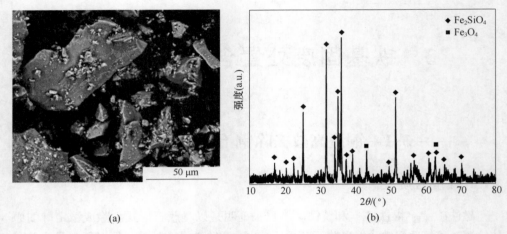

(a)

(b)

图 3-1　铜渣的 SEM 图 （a） 和 XRD 图谱 （b）

3.1.2　铜渣用量和反应温度的影响

如图 3-2 （a） 所示，随着 Fe/As 摩尔比的增加，处理后废水的砷浓度从
10230 mg/L 下降到 70~100 mg/L 的较低浓度，相当于砷去除率接近 100%。值得
注意的是，图 3-2 （b） 显示随着 Fe/As 摩尔比的增加，Fe/As 摩尔比超过合成臭
葱石所需的理论值 1，过量的铁离子会导致废水中铁体系过饱和，抑制臭葱石的
结晶。一般来说，较低的 pH 值 （1~2） 适合以稳定的臭葱石形式沉淀砷，而较
高的 pH 值 （不小于 2） 和过量的 Fe^{3+} （Fe^{3+}/As^{+5} 摩尔比不小于 3） 有利于形成
无定型的水合氧化铁 （FeOOH） 以促进砷的吸附[5]。因此，在 Fe/As 摩尔比为 3
时，砷的去除率达到 99.32%，但是沉淀物的浸出砷浓度达到 6.6 mg/L。图 3-2
（d） 的 XRD 结果表明，沉淀物的主要晶相仍然是臭葱石 （$FeAsO_4 \cdot 2H_2O$），其
特征峰随着 Fe/As 摩尔比的增加而逐渐减弱，进一步表明过饱和铁离子阻碍了

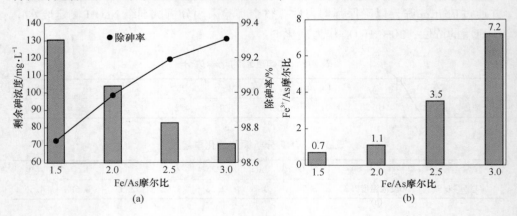

(a)

(b)

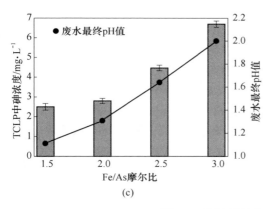
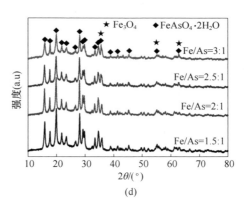

(c)　　　　　　　　　　　　　　　　(d)

图 3-2　钢渣用量和反应温度影响图

（a）不同 Fe/As 摩尔比时剩余砷浓度及相应的除砷率；（b）废水中 Fe^{3+}/As 的摩尔比；

（c）TCLP 中浸出砷浓度及废水最终 pH 值；（d）含砷沉淀物的 XRD 图谱

臭葱石的结晶。此外，未反应的 Fe_3O_4 的特征峰也显示在图中。考虑到经济和环境因素，在以下研究中选择 Fe/As 摩尔比为 2。

反应温度是影响合成臭葱石过程中晶体生长的热力学和动力学控制因素之一[6]。较高的温度有利于生成形状规则且稳定性高的大颗粒臭葱石，此外，高温可以促进铜渣中铁离子的释放和 Fe^{2+} 的加速氧化，缩短诱导期。如图 3-3 所示，随着反应温度的升高，砷浓度从 2684 mg/L 迅速降低到 103.8 mg/L，当反应温度从 60 ℃提高到 80 ℃时，除砷效率从 73.76%提高到 98.98%。TCLP 和 XRD 结果均表明，在较高温度（不小于 70 ℃）下可得到结晶良好、环境稳定的臭葱石，且随着反应温度的升高，晶体和稳定性得到增加。结合 XRD 结果可以得出，在 824 cm[-1] 处观察到 As—O—Fe 的拉伸振动带，这主要来源于在较高温度下（不小于 70 ℃）获得的沉淀物中的结晶臭葱石和在 60 ℃获得的沉淀物中的无定型砷酸铁。这些结果表明，较高的温度会增强铜渣的溶解，并加速臭葱石的结晶。反应温度为 80 ℃对于铜渣从冶炼废水中去除砷是足够的。

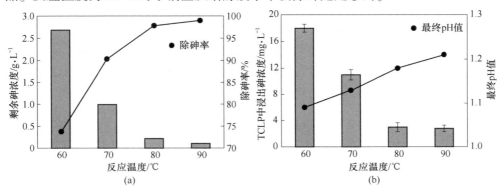

(a)　　　　　　　　　　　　　　　　(b)

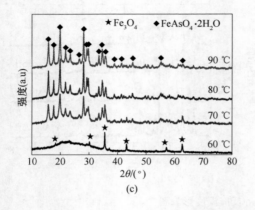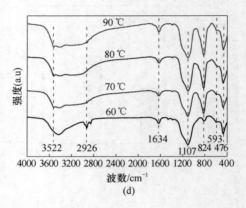

图 3-3　不同温度影响砷浸出及表征图

(a) 不同反应温度下的剩余砷浓度及相应的除砷率；(b) 含砷沉淀物在废水中浸出的砷浓度和最终 pH 值；
(c) 含砷沉淀物的 XRD 图谱；(d) FTIR 谱图

3.1.3　铜渣转化为稳定含砷沉淀物

如图 3-4 所示，研究了废水的组成演变和沉淀物的稳定性随反应时间变化的规律。图 3-4 (a) 中的 As、Fe 和 Fe^{3+} 浓度的曲线分别对应诱导期、加速期和老化期的三个阶段[7]。在诱导期 (0~2.5 h)，随着反应时间的增加，砷浓度从初始浓度 10230 mg/L 缓慢下降到 6267 mg/L。与砷浓度下降相反，Fe^{3+} 和 Fe 的总浓度逐渐增加到最大值，可能是由于铜渣被溶解在酸性溶液中释放出铁离子，且溶解速度大于砷酸铁的沉淀速度。Fe^{3+} 浓度的增加主要归因于 Fe^{2+} 的氧化，很少来自磁铁矿的溶解。同时，由于铜渣中碱性氧化物的溶解，废水的 pH 值增加（见图 3-4 (c)）。在加速期，随着反应时间的不断增加，砷浓度急剧下降，砷浓度由 6267 mg/L 降至 1341 mg/L，对应砷去除效率由 38.73% 提高至 86.89%。同时，Fe 和 Fe^{3+} 浓度的一致变化趋势如图 3-4 (a) 所示，这是由于通过砷酸盐和 Fe^{3+} 的连续共沉淀形成了臭葱石及其前体 $FeAsO_4 \cdot (2+x)H_2O$ (0<x<1)。在老化期 (4~12 h)，As 和 Fe 的浓度保持相对稳定，因为砷浓度降低到较低水平，不能驱动加速期观察到的以臭葱石形式的连续砷沉淀，但这一时期有利于含砷沉淀物的稳定性，因为 $FeAsO_4 \cdot (2+x)H_2O$ 随着反应时间的增加转化为结晶臭葱石。如图 3-4 (d) 所示，TCLP 试验中的浸出砷浓度随着反应时间的增加而显著降低，12 h 反应中获得的沉淀物的浸出砷浓度达到 3 mg/L，低于危险废物鉴别确定的限值。

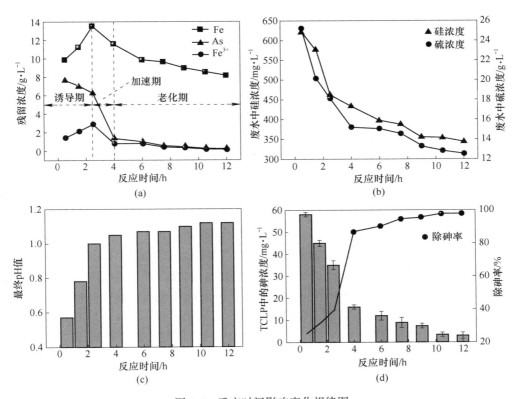

图 3-4 反应时间影响变化规律图

（a）不同反应时间下 残留的砷、铁及 Fe^{3+} 的浓度；（b）废水中硅和硫的浓度；
（c）废水的最终 pH 值；（d）TCLP 中的砷浓度及除砷率

如图 3-4（b）所示，残留废水中的 Si 浓度从 650 mg/L 逐渐降低到 350 mg/L。由于铜渣主要由 Fe_2SiO_4 组成，并且铜渣的溶解导致废水中的理论 Fe/Si 摩尔比为 2，但实际并没有观察到 Si 浓度以相同的比例增加，这暗示着 SiO_4^{4-} 从铁橄榄石结构中释放出来，然后通过快速沉淀（$SiO_4^{4-} + 4H^+ \Longrightarrow SiO_2 \cdot 2H_2O$（凝胶））形成硅胶。此外，硫酸根离子很可能与铁离子共沉淀形成一系列硫酸盐络合物[8]，如 $FeSO_4$ 和 $Fe_2(SO_4)_3$。

反应过程中沉淀物的相变如图 3-5(a)所示，来自铜渣的 Fe_2SiO_4 和 Fe_3O_4 的主要晶相保留在 2.5 h 反应获得的沉淀物中。此后，随着反应时间的增加，两个主相的特征峰逐渐消失。这可能揭示了铜渣是通过 $Fe_2SiO_4 + 2H_2SO_4 \Longrightarrow 2FeSO_4 + H_4SiO_4$ 和 $Fe_3O_4 + 4H_2SO_4 \Longrightarrow FeSO_4 + Fe_2(SO_4)_3 + 4H_2O$ 的溶解反应溶解在废水中的。由于含砷废水经 H_2O_2 氧化产生丰富的 Fe^{3+}，砷将通过共沉淀反应（$Fe_2(SO_4)_3 + 2H_3AsO_4 \Longrightarrow 2FeAsO_4 + 3H_2SO_4$）被去除，形成无定型砷酸铁，一种

具有高浸出性的臭葱石前体，产生的硫酸反过来有助于溶解铜渣，为砷沉淀释放更多的铁离子。溶液中 Fe^{3+} 的减少也会加速 Fe^{2+} 的氧化。根据之前利用磁铁矿去除冶炼废水中砷的研究可知，铜渣溶解和砷沉淀相互促进，直到废水中大部分砷被去除，整个反应可以描述为 $Fe_2SiO_4 + 2H_3AsO_4 + H_2O_2 = H_4SiO_4 + 2FeAsO_4 + 2H_2O$ 和 $2Fe_3O_4 + 6H_3AsO_4 + H_2O_2 = 6FeAsO_4 + 10H_2O$。随着反应时间的增加，$FeAsO_4 \cdot 2H_2O$ 相的特征峰强度增强，而铜渣相的特征峰强度降低。反应 9 h 后，沉淀物中检测不到无定型砷酸铁相转变为 $FeAsO_4 \cdot 2H_2O$ 相，随后铜渣中的主要相消失。综上所述，高结晶度臭葱石的存在需要足够的反应时间，以利于晶体生长。

图 3-5（b）为不同反应时间下沉淀物的红外光谱（FTIR）图。3522 cm^{-1} 和 2926 cm^{-1} 的波段归因于 O—H 的拉伸振动，而 1634 cm^{-1} 处的振动带被认为是来自臭葱石及其前体（砷酸铁）的结晶水的 O—H 弯曲模式[9]。824 cm^{-1} 的波段归因于与铁原子配位的 As—O 的拉伸振动，即臭葱石及其前体的 As—O—Fe。有趣的是，824 cm^{-1}、1634 cm^{-1}、2922 cm^{-1} 和 3522 cm^{-1} 处的峰值强度随着反应时间的增加而增加，因为富含砷的沉淀物以无定型砷酸铁和臭葱石的形式积累。这一现象进一步证实了砷从无定型砷酸铁到臭葱石的演化过程。593 cm^{-1} 的波段可能归因于未反应的 Fe_3O_4，以及 476 cm^{-1} 处的 Si—O—Si 非对称弯曲振动由 H_4SiO_4 的生成引起。此外，振动带在 1107 cm^{-1} 的振动可能来源于 SiO_4^{2-} 和 SO_4^{2-}，这与凝胶和一系列硫酸盐配合物等次生矿物的组成有关[10]。如图 3-5（c）所示，对应于重量损失的热重曲线轮廓在不同温度下对结晶度的亲和力都较高。平滑和连续的失重曲线显示了两个阶段：第一阶段是低于 147 ℃ 时的物理吸附引起的间隙水损失；第二阶段是在 147~600 ℃ 时从砷酸铁和可能的一些硫酸盐配合物相中损失结晶水。随着反应时间的延长，失重量从 0.5 h 的 4.94% 增加到 12 h 的 16.2%，结晶水的损失成为失重的主要原因，对应于无定型前驱体向结晶臭葱石的转化，这与 XRD 和 FTIR 的结果非常一致。

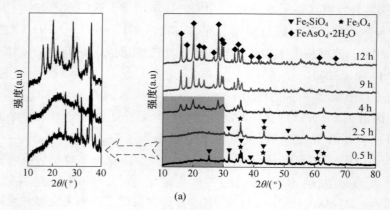

(a)

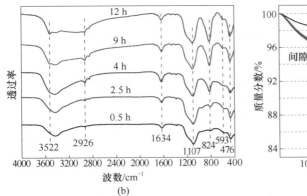
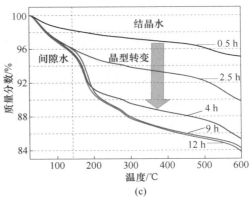

图 3-5 沉淀物的相变图

（Fe/As 摩尔比为 2、温度为 80 ℃）

（a）铜渣与冶炼废水在不同反应时间下固–液反应得到析出相的 XRD 图；（b）FTIR 图谱；（c）TG 图

沉淀物的形态随反应时间的变化如图 3-6 所示。在初始反应阶段，一些新鲜的粗细颗粒以玻璃状和菱形块的形式沉淀并团聚在未溶解的铜渣表面，这些细颗粒主要由 O、Si、S 和 Fe 元素及少量的 Al、Ca 和 As 元素组成，其 EDS 分析结果（见表 3-3）显示，大颗粒块状玻璃相主要是未溶解的 $FeSiO_4$ 相（点 1），细小颗粒主要是新形成的 H_4SiO_4、$FeSO_4$ 和 $Fe_2(SO_4)_3$（点 2）。在 4 h 反应中，获得的沉淀物表面上新形成的亚微米大小的不规则片或条由结晶臭葱石组成，并且这些亚微米大小的颗粒间隙中的细颗粒应该由 Si 和 S 化合物的共沉淀产生（见表 3-3 中点 4）。随着反应时间的进一步增加，臭葱石颗粒的形态由聚集的片状变为单核型颗粒。当反应时间延长至 12 h 时，结合无标记边界观察到大颗粒不规则的臭葱石颗粒（由 5 号点的 EDS 鉴定），其不同于磁铁矿为供铁剂在 90 ℃ 和大气压下合成的正八面体臭葱石。可能是由于细小的次生矿物颗粒附着在臭葱石颗粒表面，阻碍了斜方石–双锥形臭葱石晶体的二次成核和生长。

(a)

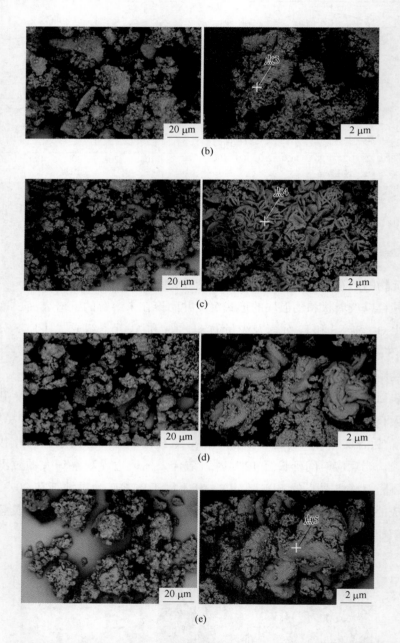

图 3-6 在 Fe/As 摩尔比为 2 和 80 ℃的条件下，不同反应时间的析出相 SEM 图

(a) 0.5 h; (b) 2.5 h; (c) 4 h; (d) 9 h; (e) 12 h

表 3-3 析出相的 EDS 分析及相关物相

样点	元素含量（质量分数）/%							相关物相
	O	Fe	As	Ca	Al	Si	S	
点 1	31.2	20.0	2.3	—	1.9	34.6	10.0	H_4SiO_4、$FeAsO_4$、Fe_2SiO_4、Fe_3O_4、$FeSO_4$、$Fe_2(SO_4)_3$
点 2	44.5	8.5	—	—	1.3	34.2	11.5	Fe_2SiO_4、Fe_3O_4、$FeSO_4$、$Fe_2(SO_4)_3$、H_4SiO_4
点 3	37.6	23.0	3.9	0.9	1.7	29.6	3.8	H_4SiO_4、$FeAsO_4$、Fe_3O_4、$FeSO_4$、$Fe_2(SO_4)_3$、$CaSO_4$
点 4	32.2	21.5	27.9	—	1.0	8.3	9.1	$FeAsO_4 \cdot 2H_2O$、H_4SiO_4、$FeSO_4$、$Fe_2(SO_4)_3$
点 5	21.2	25.2	40.3	—	1.0	5.1	7.3	$FeAsO_4 \cdot 2H_2O$、H_4SiO_4、$FeSO_4$、$Fe_2(SO_4)_3$

为了进一步表征沉淀物的组成，对 12 h 反应中获得的沉淀物做了 TEM-EDS 元素图和线性扫描，如图 3-7 所示。图 3-7(a)(e) 显示了颗粒的形态及 As、Fe、S 和 Si 元素的分布。由于臭葱石结构的相和少量硫酸盐杂质的形成，Fe 和 As 都均匀地分散在颗粒中，Fe/As 摩尔比在箭头方向接近 1.2，而 S 分散在颗粒的角落，Si 出现在顶部和底部之间的连接边缘。从四种元素的分布来看，臭葱石颗粒包埋在二次矿物如硅胶和硫酸盐配合物中，表明二次矿物的形成可能作为"种子"为砷沉淀和臭葱石生长提供丰富的成核场所。

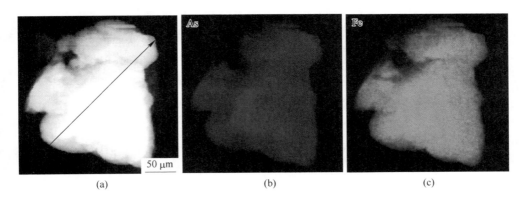

50 μm

(a)   (b)   (c)

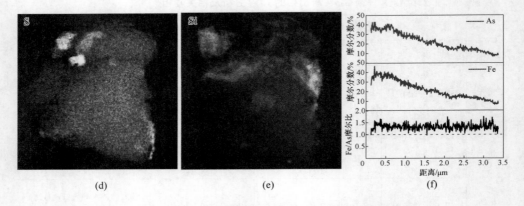

(d)　　　　　　　　　　　(e)　　　　　　　　　　　(f)

图 3-7　沉淀物 TEM-EDS 元素图和线性扫描图

(a) TEM-EDS 元素的映射图和线性扫描图；(b) As 的分布图；(c) Fe 的分布图；
(d) S 的分布图；(e) Si 的分布图；(f) 线性扫描箭头所示的方向图

3.1.4　脱砷稳定化反应机理

铜渣与废水固液反应中观察到的除砷过程伴随着铜渣中铁离子的释放（见式 (3-1) 和式 (3-2)）、Fe^{2+} 氧化成 Fe^{3+}（见式 (3-4)）和砷沉淀（见式 (3-5) 和式 (3-6)），分别对应于诱导期、加速期和老化期。在诱导期，铜渣与 H^+ 反应释放铁离子，为氧化和随后的砷沉淀做好准备。Fe^{2+} 氧化为 Fe^{3+} 是决定除砷速率的关键步骤。在此期间，溶液的 pH 值增加，因为铜渣中的氧化铁和碱性氧化物消耗了 H^+。同时，Fe 和 Si 在酸性废水中溶解形成的二次矿物，如硅胶和硫酸盐配合物就成为砷沉淀和臭葱石结晶成核位点的"种子"。随着溶解反应的进行，溶液 pH 值增加，铜渣溶解速率降低，但是大量的铁离子已经释放到废水中，为砷沉淀做好了准备。在加速期，砷浓度迅速降低，产生无定型砷酸铁，随后转化为臭葱石。结合 XRD 和 EDS 结果，臭葱石的形成和生长通过无定型砷酸铁前体进行直接转化。在老化期，臭葱石的平均直径从反应 4 h 的 0.43 μm 上升到反应 12 h 的约 5.2 μm，增强了臭葱石相关沉淀物的稳定性。随着反应时间的增加，砷离子和铁离子浓度保持相对稳定，表明无定型砷酸铁和臭葱石的溶解与臭葱石的重结晶在水溶液中达到热力学平衡。

$$Fe_2SiO_4 + 2H_2SO_4 = 2FeSO_4 + H_4SiO_4 \tag{3-1}$$

$$Fe_3O_4 + 4H_2SO_4 = FeSO_4 + Fe_2(SO_4)_3 + 4H_2O \tag{3-2}$$

$$H_4SiO_4 = SiO_2 \cdot 2H_2O(凝胶) \tag{3-3}$$

$$2FeSO_4 + H_2O_2 + H_2SO_4 = Fe_2(SO_4)_3 + 2H_2O \tag{3-4}$$

$$Fe_2(SO_4)_3 + 2H_3AsO_4 + (1 + x)H_2O \Longrightarrow 2FeAsO_4 \cdot (1 + x)H_2O + 3H_2SO_4$$
$$(0 < x \leqslant 1) \tag{3-5}$$

$$FeAsO_4 \cdot (1 + x)H_2O \longrightarrow FeAsO_4 \cdot 2H_2O \ (0 < x \leqslant 1) \tag{3-6}$$

因此，除砷的总反应为：

$$Fe_2SiO_4 + 2H_3AsO_4 + H_2O_2 \Longrightarrow H_4SiO_4 + 2FeAsO_4 + 2H_2O \tag{3-7}$$

$$2Fe_3O_4 + 6H_3AsO_4 + H_2O_2 \Longrightarrow 6FeAsO_4 + 10H_2O \tag{3-8}$$

铜渣除砷的机理如图 3-8 所示。

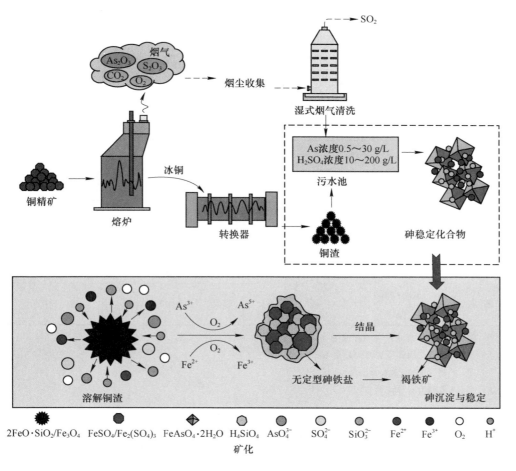

图 3-8 利用铜渣处理铜冶炼废水的流程及反应机理图

3.1.5 铜渣处理废水的价值评估

前面章节已介绍，当 Fe/As 摩尔比为 2 的铜渣在 80 ℃下反应 12 h，从砷浓度为 10230 mg/L、硫酸浓度为 72000 mg/L 的铜冶炼废水中去除了 97.86% 的砷。在此最佳条件下，残余砷浓度和残余铁浓度分别为 218 mg/L 和 8155 mg/L。为进一步降低废水中残留砷的浓度使其低于 5 mg/L，向溶液中加入氧化钙调节溶液 pH 值，促使铁水生成 $Fe(OH)_2$ 和 $Fe(OH)_3$ 凝胶，吸附砷和重金属[11]。将溶液的 pH 值调至 6~9，反应 1 h 后，残余砷浓度将低于 0.5 mg/L，经上述处理后的清水将在冶炼厂重新使用。

分析利用铜渣处理废水的环境和经济价值，并与传统的中和法和硫化法进行比较。以某年产 10000 t 粗铜的冶炼厂为例，浮选工艺产生的残铜渣约 520 t/d、废水约 600 m³/d、砷浓度为 15 g/L、硫酸浓度为 70 g/L，实验室规模的实验结果见表 3-4。由表 3-4 可知，本书采用的工艺产生的固体废弃物是无毒的，与其他两种工艺相比，其数量大大减少，也显著降低了处理成本；此外，还可利用铜渣作为试剂进一步降低工艺运行成本。因此，该方法为使用铜渣净化铜冶炼废水创造了一种低成本且无有害固体排放的工艺。

表 3-4　硫化法和石灰铁盐法的比较

| 方法 | 试剂 | 排放物 | | | 试剂和成本花费/千元·d⁻¹ | 处理成本/千元·d⁻¹ | 总花费/千元·d⁻¹ |
		固体废弃物	排放量/t·d⁻¹	毒性*			
本书采用的方法	铜渣	臭葱石沉淀	27.26	无毒ᵃ	7.43	27.26	55.29
	CaO	石膏	20.39	无毒	0.2039	20.39	
硫化法	Na₂S	硫化砷ᴿ	18.98	有毒	0.475	94.9	141.15
	CaO	石膏	45.32	无毒	0.4532	45.32	
石灰铁盐法	FeSO₄·7H₂O、CaO	富砷石膏#	100	有毒	1.67	500	501.67

注：* 鉴定标准来自美国环保局《试验方法》；

　　ᵃ 无害化固体废弃物处理费 1000 元/t；

　　ᴿ 硫化砷处理费 5000 元/t；

　　# 富砷石膏处理费 5000 元/t。

3.2　钢渣与高锰酸钾协同作用去除铜冶炼废水中的砷

3.2.1　钢渣性质

试验所使用的钢渣和炼铜废水分别来自中国西南部的一家钢铁厂和一家炼铜厂。将钢渣风干，用 75~150 mm 筛网筛分，利用 XRF 分析其化学性质。由表 3-5 可以看出，钢铁生产过程中产生的钢渣含有丰富的重金属氧化物和碱性物质，渣中 MgO 和 CaO 含量为 42.99%，重金属氧化物如 Fe_2O_3、Al_2O_3 总含量大于 29.00%，说明渣中碱性氧化物含量较高。铜冶炼废水产生在铜冶炼过程中生产硫酸之前，是对硫、砷和富含重金属的烟气进行洗涤和净化而形成的。采用电感耦合等离子体发射光谱仪（ICP-OES）对废水中的主要元素进行分析，结果见表 3-6。采用氢氧化钠滴定法测定废水中的硫酸浓度，实验所用化学样品均为分析级：$KMnO_4$（纯度大于 99%）、CaO（纯度大于 98%）、NaOH（纯度大于 96%）。

表 3-5 钢渣的化学成分

成分	CaO	Fe_2O_3	SiO_2	MgO	Al_2O_3	P_2O_5	其他
质量分数/%	33.52	24.77	15.80	9.47	4.62	2.45	9.37

表 3-6 铜冶炼废水的化学成分

成分	As	Cu	Zn	Fe	Sb	Mg	Pb	Cr	H_2SO_4
含量/mg · L^{-1}	1834.00	5.67	9.26	36.06	6.35	4.38	5.34	4.31	28000.00

矿渣中富含 Ca、Fe、Al 氧化物有利于砷的吸附和沉淀。由图 3-9（a）可知，钢渣主要由黑柱石（$CaFe_3(SiO_4)_2OH$）、镁硅酸盐（$Mg_3Si_2O_5(OH)_4$）、氧化铁钙（$Ca_2Fe_2O_5$）、氧化钙（CaO）和氧化铁（FeO）组成。利用 Reitveld 法对 XRD 数据进行分析[12]，测定出黑柱石、镁硅酸盐、氧化铁钙、氧化钙和氧化铁相的定量浓度分别为 23.30%、17.88%、43.50%、8.45% 和 6.87%。如图 3-9（b）所示，大颗粒表面由玻璃状和菱形块组成，用 BET 测量其比表面积为 2.246 m^2/g。为了评估渣的腐蚀性，采用 pH 值计进行腐蚀试验。设定矿渣与去离子水固液比为 2:5，充分混合 1 h 后测出浸出液 pH 值为 11.58，碱性较强，说明矿渣能提高废水的 pH 值。

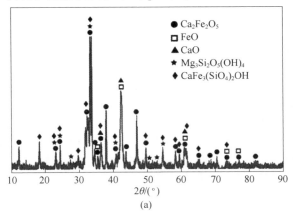

(a)

(b)

图 3-9 新炼钢渣的 XRD 图谱（a）和 SEM 图（b）

3.2.2 高锰酸钾剂量的影响

为了探究高锰酸钾用量对去除废水中砷的最佳效果，在室温下进行了 3 h 的水浴实验。根据高锰酸钾的剂量（分别为 0 mmol、1 mmol、1.5 mmol、2 mmol、2.5 mmol），将得到的沉淀物分别标记为 BM0、BM1、BM1.5、BM2、BM2.5。如图 3-10 所示，随着高锰酸钾剂量的增加，废水中残留砷的浓度从初始浓度 1834 mg/L 逐渐降低到 139 mg/L，并且对应于砷负载量增加到 33.90 mg/g，去除率高达 92.42%。值得注意的是，在没有高锰酸钾的情况下，去除率仅为 33.86%。加入高锰酸钾后砷去除率迅速提高，这可能是由于高锰酸钾具有较强的氧化性及反应

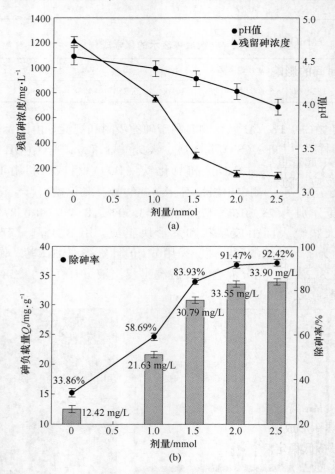

图 3-10 高锰酸钾剂量影响图

（初始砷含量为 1834 mg/L、钢渣用量为 5 g、污水用量为 100 mL、反应时间为 3 h、
初始 pH 值为 0.78、温度为 25 ℃）

（a）高锰酸钾用量对废水残留砷浓度和 pH 值的影响；（b）高锰酸钾用量对砷负载量和除砷率的影响

体系中 Fe^{2+} 和 MnO_4^- 的协同作用[13]，在废水中 As^{3+} 通过式 (3-9) 和式 (3-10) 的反应被氧化成 As^{5+}，同样，高锰酸钾还将钢渣中溶解的 Fe^{2+} 氧化成 Fe^{3+}。根据热机械分析和随后对析出相的表征发现，As^{5+} 可以与原位形成的 Fe^{3+} 反应，在 pH 值为 $0.98 \sim 4.52$ 范围内生成 $FeAsO_4$ 析出相。此外，钢渣中和废水释放出的 Ca^{2+} 和 Al^{3+} 通过共沉淀反应为砷沉淀提供丰富的络合阳离子，同时，原位形成的 Fe^{3+} 以 $Fe(OH)_3$ 的形式水解，这有利于砷的吸附[14]。值得注意的是，溶液的最终 pH 值随着高锰酸钾投加量的增加而增加。这可能是由于高锰酸钾作为氧化物在氧化过程中生成新的 H^+ 所致，积累的 H^+ 进一步促进钢渣的溶解，为砷的沉淀和吸附提供更多的铁源。

$$5H_3AsO_3 + 2MnO_4^- \Longrightarrow 5AsO_4^{3-} + 2Mn^{2+} + 3H_2O + 9H^+ \tag{3-9}$$

$$3H_3AsO_3 + 2MnO_4^- + 7OH^- \Longrightarrow 3AsO_4^{3-} + 2MnO_2 + 8H_2O \tag{3-10}$$

3.2.3　反应时间的影响

As、Fe、Mn、Ca 和 Si 离子浓度废水最终 pH 值变化如图 3-11 所示。从图 3-11 (a) 可以看出，随着反应时间的增加，砷残留浓度逐渐降低。与未添加高锰酸钾相比，当高锰酸钾添加量为 2 mmol 时，砷残留量显著降低，说明高锰酸钾在除砷过程中起着重要作用。在低 pH 值环境下，As^{5+} 可能与原位形成的非晶态 Fe_2O 发生反应。随着反应时间的延长，钢渣中的碱性氧化物（如 CaO、MgO）不断中和废水，导致溶液 pH 值升高。在相对较高的 pH 值条件下，原位形成的 Fe^{3+} 水解形成 $Fe(OH)_3$ 絮凝体，能够有效吸附砷。同时，砷离子也可以吸附在钢渣表面，与可溶性 Ca、Al 离子共沉淀，形成砷相关化合物。

值得注意的是，在高锰酸钾存在的情况下，随着反应时间的增加，Fe 离子浓度先增加后急剧下降（见图 3-11 (b)）。这可能是因为钢渣易溶于废水，大量 Fe^{2+} 被原位氧化为 Fe^{3+}，原位新生成的 Fe^{3+} 通过砷沉淀和水解反应被消耗（见式 (3-11) 和式 (3-12)）。有趣的是，As^{3+} 和 Fe^{2+} 被高锰酸钾氧化后积累的 H^+ 可持续促进钢渣的溶解，为砷的沉淀和吸附提供更多的新的铁源。根据氧化反应可知，高锰酸钾氧化后的还原产物为 Mn^{2+} 和 MnO_2，MnO_2 可以附着在钢渣表面，进一步加速 As^{3+} 和 Fe^{2+} 的氧化[15]。从图 3-11 (c) 可以看出，当高锰酸钾用量为 2 mmol 时，Mn 离子浓度随着反应时间的增加而逐渐降低。这可能是因为还原生成的 Mn^{2+} 被新形成的 $Fe(OH)_3$ 吸附。但是在没有高锰酸钾的情况下，Mn 离子浓度很难保持低稳定趋势。

图 3-11 (d) 为 Ca 离子浓度随反应时间的变化趋势。可以看出，随着反应时间的增加，Ca 离子浓度逐渐降低。这可能是因为钢渣中的可溶性 Ca^{2+} 与 SO_4^{2-} 反应，废水中的离子以不溶性 $Ca_2SO_4 \cdot 2H_2O$ 形式析出。曾有报道称，新形成的 $Ca_2SO_4 \cdot 2H_2O$ 有利于增强含砷沉淀的稳定性。然而，有高锰酸钾时 Ca^{2+} 浓度的

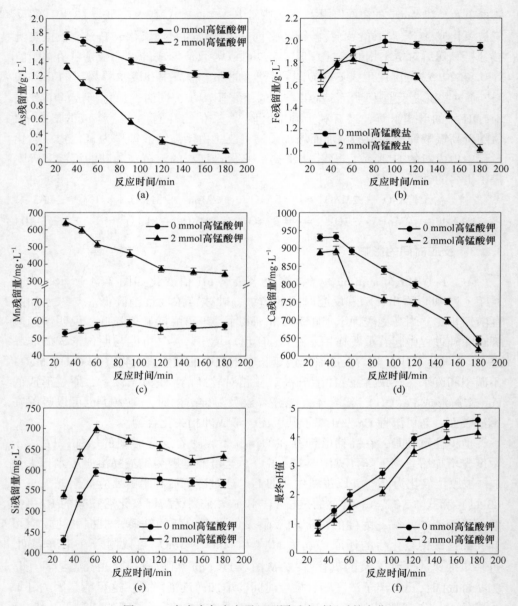

图 3-11　废水中各个离子经不同反应时间后的变化

（a）废水中 As 离子残留量；（b）废水中 Fe 离子残留量；（c）废水中 Mn 离子残留量；
（d）废水中 Ca 离子残留量；（e）废水中 Si 离子残留量；（f）不同反应时间下溶液的最终 pH 值

含量低于无高锰酸钾时 Ca^{2+} 浓度含量，这可能是因为可溶性 Ca^{2+} 浓度在高锰酸钾存在下部分吸附在新生成的 $Fe(OH)_3$ 表面[16]，而 $Fe(OH)_3$ 表面的 Ca^{2+} 能够降低表面的负电荷，为砷的吸附提供了有利环境，并且在硅离子存在的情况下，能够促进大的 $Fe(OH)_3$ 絮凝物颗粒的形成。随着反应时间的增加，Si 离子浓度急剧升高然后逐渐减少，如图 3-11（e）所示，在初始阶段，钢渣溶解并释放出硅离子，随后溶液的 pH 值随着反应时间的增加而增加（见图 3-11（f）），促进了硅离子水解形成 H_4SiO_4 凝胶。

为了研究钢渣和 BM0、BM2 析出相的结构特征和表面信息，对其进行了红外光谱分析，如图 3-12 所示。宽峰为 $3390 \sim 3440$ cm^{-1} 和 1635 cm^{-1} 被认为是钢渣内部结晶水 O—H 带的伸缩振动。然而，在 3553 cm^{-1}、1685 cm^{-1}、1625 cm^{-1} 处新产生的条带可以归因于含砷沉淀中化学带 H_2O 来自 $Ca_2SO_4 \cdot 2H_2O$、非晶态 $FeAsO_4$ 和 $Fe(OH)_3$ 的 O—H 弯曲振动。在 1422 cm^{-1} 处的特征带是典型的 C—O 伸缩振动，其与从接收的渣中获得的非晶态碳酸钙有关[17]。吸附砷后，峰值强度减弱，这可能是由于废水中的碳酸钙水解所致。1050 cm^{-1}、868 cm^{-1} 和 581 cm^{-1} 处的弱波带可以归因于 Si—O、Ca—O 和 Fe—O 的伸缩振动[18]，它们协同作用在钢渣中形成复杂的内部氧化物。与新渣相比，当 BM0 和 BM2 沉淀在 $400 \sim 1200$ cm^{-1} 范围意味着新物质的形成。

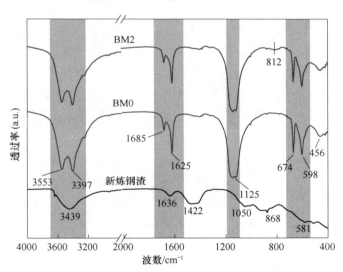

图 3-12　新炼钢渣和 BM0 及 BM2 沉淀的傅里叶变换红外图谱

通过分析可以看到，在 1125 cm^{-1} 和 674 cm^{-1} 对应于 SO_4^{2-} 结构，表明形成了 $Ca_2SO_4 \cdot 2H_2O$ 沉淀。此外，在 598 cm^{-1} 波段可以归因于 Fe—O 键与 $Fe(OH)_2$/ $Fe(OH)_3$ 沉淀协同工作的振动，456 cm^{-1} 的弱波段可以归因为 SiO_4 结构的 Si—O 不对称弯曲振动，离子与非晶态 H_4SiO_4 凝胶协同工作[19]；在 812 cm^{-1} 表示 BM2

沉淀物中 As—O—Fe 带的伸缩振动，说明加入高锰酸钾后，砷能够被有效吸附沉淀。

　　含砷 BM0 和 BM2 析出相的微观结构如图 3-13 所示。可以看出，这些析出相与新炼钢渣 SEM 图像中观察到的形貌有明显差异。图 3-13（a）表明，BM0 析出相表面呈不规则形状（块状和线状），有一些细小的絮凝体。EDS 结果显示块状、线状块体主要由 O、S、Ca 组成，Fe 含量较低（见表 3-7 中点 1 和点 2 的 EDS 结果），推断块体矿物相为新形成的 $Ca_2SO_4 \cdot 2H_2O$，含少量 $Fe(OH)_2/Fe(OH)_3$。$Fe(OH)_2/Fe(OH)_3$、H_4SiO_4、$Ca_2SO_4 \cdot 2H_2O$ 组成的细小絮凝体，其 Fe、Si、Ca、S 含量高（见表 3-7 点 3 的 EDS 结果）。这些沉淀物附着在未溶解的钢渣表面，增加了其比表面积和孔隙率，使其更有利于砷的吸收。值得注意的是，砷含量在区域 1 仅为 3.47%，在区域 2 高达 24.15%，这进一步说明钢渣与高锰酸钾的协同作用可以促进铜冶炼废水的除砷。

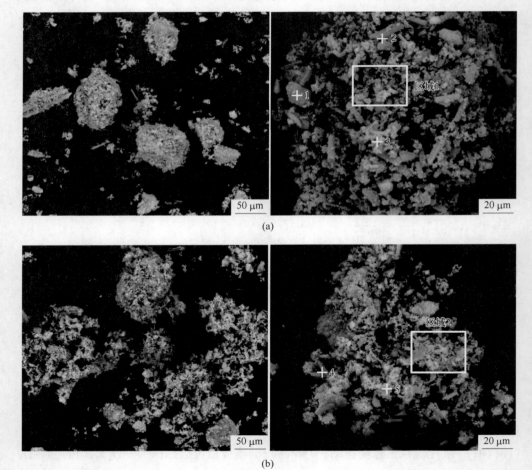

(a)

(b)

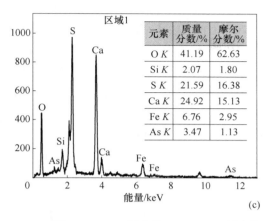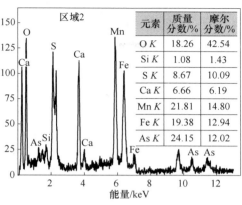

图 3-13 BM0 析出物（a）、BM2 析出物（b）的微观结构及区域物相组成（c）

表 3-7 析出物元素组成和每个 EDS 点的可能相位

样点	元素组成（质量分数）/%							可能的物相
	O	Fe	As	Ca	Si	S	Mn	
点 1	62.24	0.98	—	30.49	—	19.39	—	$Ca_2SO_4 \cdot 2H_2O$、$Fe(OH)_2$、$Fe(OH)_3$
点 2	74.33	0.29	—	11.79	—	13.59	—	$Ca_2SO_4 \cdot 2H_2O$、$Fe(OH)_2$、$Fe(OH)_3$
点 3	55.91	14.45	0.53	9.23	5.65	13.86	0.37	$Fe(OH)_2$、$Fe(OH)_3$、H_4SiO_4、$Ca_2SO_4 \cdot 2H_2O$
点 4	50.43	1.74	0.12	19.91	—	25.32	2.57	$Ca_2SO_4 \cdot 2H_2O$、$Fe(OH)_3$、MnO_2
点 5	54.85	12.52	5.82	6.93	4.84	11.62	4.31	$FeAsO_4$、$Fe(OH)_3$、MnO_2、H_4SiO_4、$Ca_2SO_4 \cdot 2H_2O$

与 BM0 沉淀物相比，BM2 沉淀物的复合材料呈现出更松散、更不均匀的絮团结构，呈不规则的小块或棒状，如图 3-13（b）所示。点 4 和点 5 的 EDS 结果表明，新生成的絮凝体主要由 Fe、As、Si、Ca、Mn 和 S 组成，块棒主要由 O、Ca 和 S 组成，As 含量较低。絮凝体区 As 和 Fe 含量较高，推测絮凝体以砷沉淀物和砷伴生的 $Fe(OH)_3$ 的形式存在。此外，一些砷酸盐可能通过共沉淀法以砷化合物的形式与碱金属（Ca 和 Al）结合。值得注意的是，在 BM2 沉淀中 Mn 含量增加，这可以归因于高锰酸钾的还原产物 MnO_2 和 Mn^{2+}，MnO_2 的存在可以增强氧化性，因此可能有利于处理过程。

使用 XPS 对 BM0 和 BM2 沉淀相的表面化学价态变化进行评估，如图 3-14 所示。图 3-14 (a) 显示了 Fe 2p、O 1s、Ca 2p、C 1s、S 2p、As 2p 的不同峰值。在 BM2 中出现了 Mn 2p 的特征峰，而在 BM0 中没有。As 2p 的出现表明，砷在 BM0 和 BM2 沉淀中富集。将 As 的高分辨率 XPS 光谱解卷积成 As^{3+} 和 As^{5+} 两个单独的峰，如图 3-14 (b) 所示。曾有报道称，As^{3+} 和 As^{5+} 的 As 3$d_{2/5}$ 峰可以分别指定为 44.00~45.50 eV 和 45.2~46.80 eV 的结合能。BM0 沉淀物中 As^{3+} 含量为 80.93%，而 BM2 沉淀物中 As^{3+} 含量仅为 20.65%，说明在高锰酸钾的存在下，As^{3+} 以非晶态 FeAsO$_4$ 和吸附 As 的 Fe(OH)$_3$ 絮凝体的形式被去除。

根据非线性方法对 BM0 和 BM2 析出相的 XPS 光谱进行了 Fe 的拟合，结果如图 3-14 (c) 所示。加入高锰酸钾后，Fe 2$p_{2/3}$ 中 Fe^{3+} 的峰值强度结合能由 711.37 eV 和 713.22 eV 增加到 711.56 eV 和 713.92 eV。这可能是由于 As^{3+} 和 Fe^{2+} 被高锰酸钾氧化而形成 Fe—As—O，Fe—As—O 与非晶态 FeAsO$_4$ 配位，导致 Fe 周围的

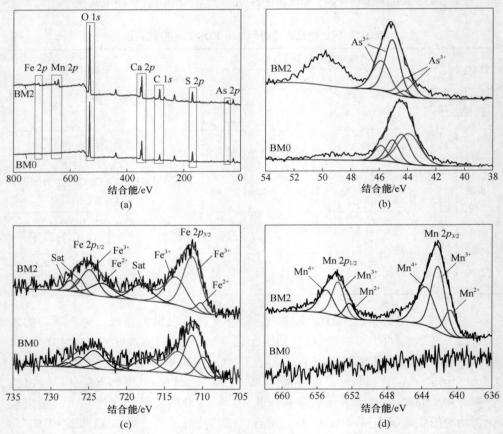

图 3-14 XPS 光谱图

(a) BM0 和 BM2 沉淀的 XPS 测量光谱；(b) As 3d 光谱在室温下保持 3 h 的结合能；(c) Fe 2p 光谱在室温下保持 3 h 的结合能；(d) Mn 2p 光谱在室温下保持 3 h 的结合能

电子密度降低。废水中添加高锰酸钾后，Fe^{3+}含量由 70.33% 提高到 80.66%，进一步说明 Fe^{2+} 被高锰酸钾氧化，为砷的沉淀和吸附提供了铁源。此外，Fe^{3+} 和 As^{5+} 可能来源于 Fe^{2+}/Fe^{3+}-As^{3+}/As^{5+} 反应体系的自催化氧化。

从图 3-14（d）可以看出，BM0 析出相中没有出现 Mn 2p 峰，而 BM2 析出相中出现了两个较强的特征峰（Mn 2$p_{1/2}$ 和 Mn 2$p_{2/3}$）。BM2 析出相的 Mn 2p 被拟合并分配到由 Mn^{2+}、Mn^{3+} 和 Mn^{4+} 组成的三个单独的峰上。643.61 eV 和 654.97 eV 的峰值位置可以归因于 Mn^{4+}，这意味着在 BM2 沉淀中存在 MnO_2。在氧化反应中，As^{3+} 和 Fe^{2+} 首先通过 MnO_4^{4-} 以 Mn^{2+} 和 MnO_2 还原产物的形式析出；其次，MnO_2 成功黏附在 BM2 沉淀表面后，通过 $Mn^{5+} \rightarrow Mn^{3+} \rightarrow Mn^{2+}$ 途径进一步增强了 As^{3+} 和 Fe^{2+} 的氧化。

3.2.4 pH 值的影响

根据第 3.2.2 节和第 3.2.3 节的结果可知，砷离子浓度从初始浓度 1834 mg/L 下降到 158.24 mg/L，当使用高锰酸钾剂量为 2 mmol 和反应时间为 3 h 时，铁离子浓度达到 1022 mg/L。为进一步去除残留的砷和重金属离子，在 2 h 反应时间内，在室温下通过调节溶液的 pH 值进行深度净化。从图 3-15 可以看出，随着 pH 值的增加，As 离子浓度急剧下降。当 pH 值调整到 10 时，砷离子浓度降至 1.54 mg/L，砷去除率可达 99.91%。同时，重金属离子（Cu、Zn、Cr、Sb、Pb）浓度随着 pH 值的增加而逐渐降低。在反应结束时，它们的浓度已经低于工业废水排放标准的标准阈值。结果表明，随着 pH 值的增加，废水中残留的 Fe 离子可以进一步水解形成大粒度的 $Fe(OH)_3$ 絮凝体，这是一个更有利于有害离子深度

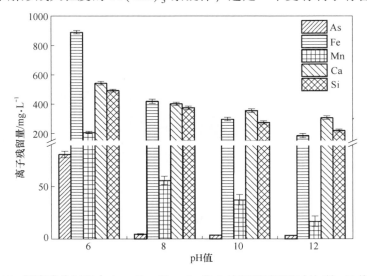

图 3-15 深度净化过程中 As、Fe、Mn、Ca 和 Si 离子的残留量与初始 pH 值关系

净化的过程。此外，Ca^{2+} 和 SiO_4^{4-} 在碱性环境中形成了 Ca_2SiO_4 凝胶和 $Ca(OH)_2$ 沉淀[20]，增强了砷和重金属离子的吸附和共沉淀。因此，随着溶液 pH 值的增加，Ca、Si 离子浓度逐渐降低。深度净化后高锰酸钾中的锰离子减少，有利于产生清水的排放或再利用。

3.2.5　砷的吸收和沉淀机制

基于以上研究结果，认为钢渣与高锰酸钾的协同作用可以获得较好的除砷效果，图 3-16 为这一过程的示意图，反应途径如下：

（1）钢渣溶解在废水中释放出 Fe、Ca、Si 离子，同时与 H^+ 中和，使溶液 pH 值增加。

（2）废水中溶解的 Fe^{2+} 和 As^{3+} 通过反应 $5Fe^{2+}+5H_3AsO_3+3MnO_4^-+8H_2O=5AsO_4^{3-}+5Fe(OH)_3\downarrow+3Mn^{2+}+16H^+$ 和 $3Fe^{2+}+3H_3AsO_3+3MnO_4^-+6H_2O=3Fe(OH)_3\downarrow+3AsO_4^{3-}+3MnO_2+12H^+$ 将废水中溶解的 Fe^{2+} 和 As^{3+} 原位氧化为 Fe^{3+} 和 As^{5+}，同时，还原生成的 MnO_2 黏附在含砷沉淀表面，进一步增强了 Fe^{2+} 和 As^{3+} 的氧化作用，氧化反应形成的 H^+ 促进了钢渣的原位溶解，为砷的析出和吸附提供了更多的固体铁源。

（3）原位形成的 Fe^{3+} 与 As^{5+} 以非晶态的 $FeAsO_4$ 沉淀形式发生反应，同时，原位形成的部分 Fe^{3+} 水解生成松散、非均相的 $Fe(OH)_3$ 絮凝体吸附砷，新生成的 $CaSO_4 \cdot 2H_2O$ 和 H_4SiO_4 凝胶可以吸附在不溶渣表面，增加砷的吸附位点。

（4）剩余的 Fe^{3+} 进一步水解为 $Fe(OH)_3$ 絮凝体。将溶液的 pH 值调整到 8~11 会导致 Ca^{2+} 与 SiO_4^{4-} 形成 Ca_2SiO_4 凝胶，而新生成的 $Fe(OH)_3$ 絮凝体和 Ca_2SiO_4 凝胶可进一步吸附残留的 As、Mn 和重金属离子。

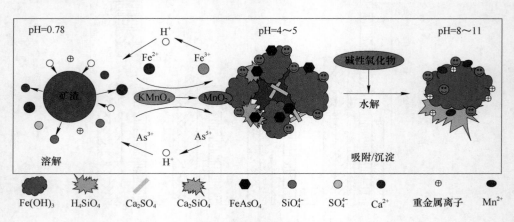

图 3-16　钢渣与高锰酸钾协同处理铜冶炼废水示意图

3.3 锌渣原位包裹固砷研究

3.3.1 锌渣性质

研究中使用的锌渣和铜冶炼废水来自中国西南部的锌冶炼厂和铜冶炼厂，废水是从铜冶炼过程的制酸工序中获得。将锌渣置于 60 ℃的干燥箱中 8 h，研磨至不大于 100 μm。锌渣的 XRF 检测见表 3-8。采用电感耦合等离子体发射光谱测量废水中每种元素的浓度（见表 3-9）。实验涉及的化学样品为 NaOH（纯度大于96%）、H_2SO_4（纯度大于 98%）和 30% H_2O_2，均为实验室级，无需进一步纯化。所有溶液都是用去离子水在标准大气压下制备的。

表 3-8　锌渣的化学组成　　　　（%）

元素	Fe	O	Ca	S	Si	Al	Mg
含量（质量分数）	31.2	35.0	10.0	5.5	6.0	2.9	1.2
元素	Zn	Mn	C	K	Sr	Ba	Pb
含量（质量分数）	0.4	1.1	5.4	0.1	0.1	0.18	0.17

表 3-9　铜冶炼废水的化学成分

元素	H_2SO_4	As	Cu	Zn	Fe	Sb	Mg	Pb	Cr
浓度/mg·L^{-1}	54000.0	6000.0	18.2	16.3	9.1	9.8	8.7	4.9	0.3

锌渣是有色金属冶炼行业产生的固体废物，产量大，利用率低。如图 3-17 所示，锌渣主要以块状和小颗粒的形式存在，粒径为 1~100 μm，结构松散，相

(a)

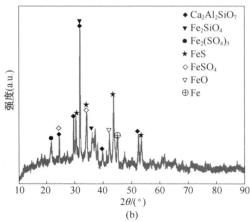

(b)

图 3-17　锌渣的 SEM 图（a）和 XRD 图谱（b）

组成比较复杂，主要由 $Ca_2Al_2SiO_7$、Fe_2SiO_4 和 FeS 组成。在水溶液中进行锌渣浸出实验，浸出液的 pH 值为 10.68，说明锌渣中的碱性氧化物含量比较高。因此，锌渣是一种具有除砷潜力的固体铁源。

3.3.2　热力学分析

热力学平衡图可以直观地将体系内稳定状态与热力学常数关系呈现出来，在湿法冶金中，常被用来研究水溶液中影响物质稳定的因素。通过它可以清楚地知道目标物质产生的条件、状态、稳定性，根据目标物质优势去设计化学反应和条件。通过初步探究温度对除砷效果的影响（见表 3-10），表明废水中残留的砷浓度随温度升高而降低，常温下除砷效果较差，砷浓度从 6000 mg/L 仅降低至 1127 mg/L。温度在 85 ℃ 以上时除砷效果明显，砷浓度降低至 31 mg/L。考虑到能耗及蒸发等问题，将 85 ℃ 作为开展锌渣固砷实验的适宜温度。

表 3-10　不同反应温度下溶液中的砷浓度

反应温度/℃	25	65	75	85	95
残留的砷浓度/mg · L^{-1}	1127	1027	727	31	23

通过 Factstage 绘制了 85 ℃ 时不同体系的电位-pH 值图，同时，为比较三元素与二元素的热力学规律是否存在较大差距还绘制了 Si-Fe-As-H$_2$O 体系的区域优势图。氧气线和氢气线如图中虚线所示，两者将电位 pH 值图整体划分为三大区域，由上到下依次为 O_2 稳定区、H_2O 的稳定区、H_2 稳定区。三条平衡线的交点处表示三个平衡式的电位、pH 值相等。

图 3-18（a）As-Fe-H$_2$O 体系中出现的稳定化学物包括 Fe_2O_3、Fe_3O_4、H_3AsO_4、As_2O_3、As、Fe。电位为 $-0.4 \sim 0.6$ V、pH 值为 $0 \sim 4.2$ 范围内是铁的浸出区，Fe 以 Fe^{2+} 存在于溶液中，说明锌渣在酸性条件下极易溶解释放铁离子。图 3-18（b）Fe-Si-H$_2$O 体系中出现的稳定化学物包括 H_4SiO_4、Fe_2O_3、Fe_3O_4、$(FeO)_2(SiO_2)$、Si_2H_6 和 Fe。图 3-18（c）Fe-S-H$_2$O 体系中出现的稳定化学物包括 Fe_2O_3、Fe_3O_4、$FeSO_4 \cdot 7H_2O$、FeS、FeS_2、Fe。图 3-18（d）As-Fe-Si-H$_2$O 体系中出现的稳定化学物包括 H_3AsO_4、$FeAsO_4$、$Fe_3(AsO_4)_2$、As_2O_3、As_3H、As、Fe、$Fe(OH)_3$、Fe_2SiO_4、H_4SiO_4、Si_2H_6。由此可知，H_4SiO_4 存在于 H_2O 稳定区和 O_2 稳定区，在 $0 \sim 14$ 的 pH 值和正电位范围内均存在。H_4SiO_4 不稳定，易失水成偏硅酸，在加热条件下 H_4SiO_4 会直接脱水生成 SiO_2，硅和金属阳离子的胶体化学作用可以进一步稳定废水中的重金属。砷酸阴离子受电位和 pH 值影响较大，随着 pH 值升高而表现出不同的形态，pH 值为 $0 \sim 2.1$ 时对应 H_3AsO_4；pH 值为 $2.1 \sim 6.4$ 时对应 $H_2AsO_4^-$；pH 值为 $6.4 \sim 11.5$ 时对应 $HAsO_4^{2-}$；pH 值为 $11.5 \sim 14$ 时对应 AsO_4^{3-}。比较图 3-18（a）和（d）发现，后者出现了固

体的 $FeAsO_4$ 和 $Fe_3(AsO_4)_2$，因为酸性环境中砷酸开始电离，砷铁之间容易发生化学沉淀，形成电离-沉淀良性循环驱动除砷。并且随着 pH 值升高，出现了 $Fe(OH)_3$ 的物相，这可能对吸附废水中的砷具有积极影响。当 pH 值低于 4 时，Fe 在 H_2O 稳定区的存在形态主要是 $FeSO_4 \cdot 7H_2O$，它可能为臭葱石内生生长提供丰富的活性位面，起到晶种的作用。当电位高于 0.61 V 时，Fe^{2+} 被氧化为 Fe^{3+}，出现 $FeAsO_4$ 相，当 pH 值大于 2.5 时，Fe^{3+} 水解反应生成 $Fe(OH)_3$，具有良好的砷吸附作用[29]，可以去除废水中部分砷。比较图 3-18（b）和（d）发现，$(FeO)_2(SiO_2)$ 变成了 Fe_2SiO_4，表明三元素体系中可能会生成硅铁配合物提高沉淀稳定性。Si_2H_6、As_3H、FeS、FeS_2 主要存在于 H_2 稳定区。

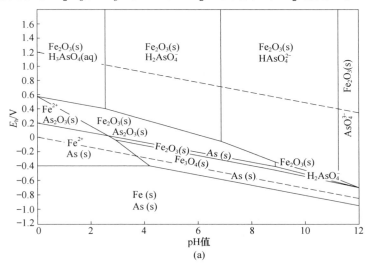

(a)

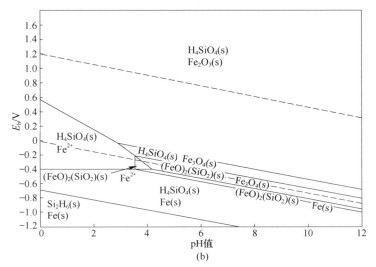

(b)

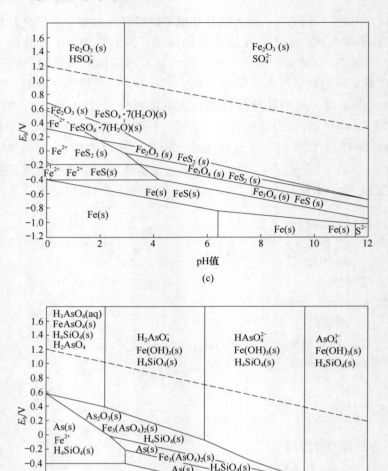

图 3-18　85℃时不同体系的电位-pH 值图

（a）As-Fe-H₂O；（b）Fe-Si-H₂O；（c）Fe-S-H₂O；（d）As-Fe-Si-H₂O

3.3.3　吸附动力学

　　锌渣的 XRD 和 BET 分析表明，锌渣可能对废水中的砷具有一定的吸附作用，为探究其原理，在常温常压下开展了锌渣对砷的吸附实验，结果见表 3-11。

表 3-11 常温常压下不同反应时间的砷残留浓度

反应时间/h	2	4	6	8	10	12
残留的砷浓度/mg·L^{-1}	1150	1108	1080	1060	1054	1049
反应时间/h	14	16	18	20	22	24
残留的砷浓度/mg·L^{-1}	1035	1023	1018	1015	1014	1014

当反应时间为 0~2 h 时，溶液中残留的砷浓度从 6000 mg/L 迅速下降到 1150 mg/L。这可能是由于溶液中砷酸根离子的浓度较高，固相和液相之间的表面浓度梯度大，具有较高的传质驱动力，有利于砷酸阴离子在锌渣表面的离子交换吸附。同时，铁离子从锌渣中释放出来，增加了溶液的正电位梯度，促进了砷的化学吸附。当反应时间为 2~24 h 时，砷浓度从 1150 mg/L 缓慢下降至 1014 mg/L 并达到平衡。随着反应的进行，溶液中砷酸根离子的浓度逐渐降低，固相与液相之间的传质驱动力减小，固相表面的扩散阻力增大[30]，这会削弱化学吸附，且锌渣表面达到物理吸附饱和会导致吸附率下降。碱性氧化物与废水的中和反应使溶液中 H$^+$ 浓度降低，锌渣表面被生成的沉淀覆盖，抑制了锌渣的溶解和铁离子的继续释放，阻碍了砷的化学吸附。

为进一步分析锌渣除砷的动力学特性，采用非线性一阶动力学方程（见式（3-11））和非线性二阶动力学方程（见式（3-12））对实验结果进行拟合。

$$q_t = q_e(1 - e^{-K_1 t}) \qquad (3-11)$$

$$q_t = \frac{q_e^2 K_2 t}{q_e K_2 t + 1} \qquad (3-12)$$

式中，q_e 为平衡时锌渣的吸附量，mg/g；q_t 为锌渣在某时刻的吸附量，mg/g；t 为反应时间，h；K_1 和 K_2 分别为一阶和二阶动力学吸附速率常数。

图 3-19 为非线性一阶和非线性二阶动力学模型的拟合曲线，表 3-12 为两种模型拟合曲线的参数。常温常压下锌渣的实际最大吸附容量可达 99.72 mg/g，是一种良好的天然吸附剂，可直接用于修复低砷废水。在非线性二阶动力学拟合曲线中观察的理论最大吸附容量为 99.78 mg/g，与实际最大吸附容量非常接近，且它的 $R^2 = 0.99992$，接近 1，表明锌渣吸附砷的动力学模型与非线性二阶动力学模型是一致的。常温下锌渣的吸附过程受化学吸附主导，同时也存在物理吸附。

表 3-12 锌渣吸附砷的非线性一阶和二阶动力学模型参数

动力学模型	q_e(较准)/mg·g^{-1}	q_e(平衡吸附量)/mg·g^{-1}	K	R^2
非线性一阶动力学模型	99.15	99.72	1.90	0.99955
非线性二阶动力学模型	99.78	99.72	0.16	0.99992

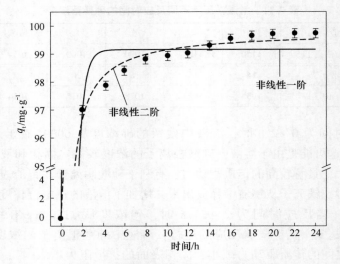

图 3-19 锌渣吸附砷的动力学拟合曲线

3.3.4 锌渣添加量对除砷效果的影响

锌渣是一种混合物，组分复杂，含有铁、硅、钙等元素及一些碱性氧化物。为了研究锌渣用量对除砷效果的影响，在大气压下进行了批量实验。添加的锌渣从 1 g 增多至 7 g，溶液中的残留砷浓度从初始 6000 mg/L 最低降至 7.3 mg/L（见图 3-20（a））。当锌渣用量由 1 g 增加到 5 g，除砷率从 60% 提高到 99.65%。因此，就资源的有效利用而言，5 g 是最佳的锌渣用量。当锌渣与酸性废水发生固液反应，一方面，锌渣中的碱性氧化物可以中和溶液中的 H^+，提高溶液的 pH 值；另一方面，锌渣中的铁离子、铝离子和钙离子被释放到溶液中，这可能会促进砷和金属离子（砷酸铁、砷酸铝）的化学共沉淀，从而有利于深化除砷效果。

随着锌渣添加量的增加，溶液中残留的铁浓度呈下降趋势，而硅的趋势则完全相反（见图 3-20（b））。一种可能的解释是不稳定的砷酸铁沉淀在 pH 值为 2~5 的溶液中生成，溶液中高浓度的铁和砷使反应向砷酸铁沉淀的方向进行。当 pH 值在 2~7 范围内增加时，硅会经历聚集—溶解—沉淀的过程。如图 3-20（c）所示，溶液反应结束时的 pH 值从 1.78 增加到 4.89，这有利于砷酸铁的共沉淀和硅酸凝胶的形成。硅酸凝胶的胶体化学作用可能会起到固定砷元素的效果，防止砷的迁移。TCLP 中砷的浸出浓度远低于国家标准中 5 mg/L 的限值，这表明得到的含砷沉淀物具有较高的环境稳定性。使用 XRD 对 1 g、3 g、5 g 和 7 g 锌渣与废水反应获得的含砷固体进行相分析，如图 3-20（d）所示，1 g 的固体中有极其微弱的臭葱石峰，其他 XRD 光谱中只有石膏（$CaSO_4 \cdot 2H_2O$）的特征峰。这是因为溶液 pH 值的升高导致砷酸铁难以转化为臭葱石晶体，且 Ca²⁺ 与 SO₄²⁻ 以 CaSO₄ 的形式沉淀，石膏的强信号掩盖了砷酸铁沉淀的弱信号[31]。

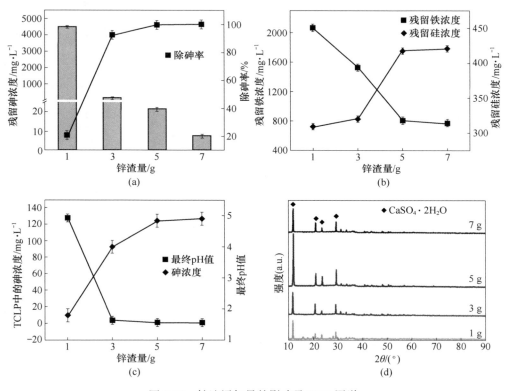

图 3-20 锌渣添加量的影响及 XRD 图谱

（a）反应后溶液中残留砷浓度和除砷率的变化；（b）反应后溶液中残留的铁和硅浓度；
（c）TCLP 中浸出砷浓度和最终 pH 值；（d）不同锌渣量反应产生的含砷沉淀 XRD 结果

3.3.5 反应时间对除砷效果的影响

反应时间是衡量实验效果的重要指标，一般而言，反应时间越长，实验效果越好。但是，考虑到时间成本、实验复杂度等因素，需要确定一个尽可能短，又能达到优秀的除砷效果时间点。在大气压下采用 5 g 锌渣参与反应，研究了不同反应时间（0.5 h、1 h、2 h、4 h、6 h 和 8 h）下废水中组分和沉积物性质的变化。图 3-21（a）表明，延长反应时间有利于降低废水中的砷浓度。固液反应 1 h 内，砷浓度迅速下降；1~2 h 后，砷的去除速率缓慢上升；反应 4 h 后达到平衡，砷浓度降至 21.46 mg/L，砷去除率达到 99.6%。

以往对高浓度酸性废水除砷的研究表明，砷主要通过共沉淀和吸附从废水中分离出来。废水中的大部分砷酸盐与锌渣溶解的铁离子共沉淀形成砷酸铁，少部

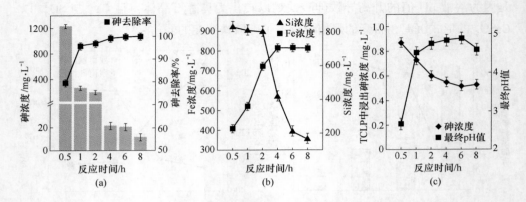

图 3-21　反应时间对除砷效果的影响

（a）反应后溶液砷浓度及砷去除率；（b）反应后溶液中残留 Fe 和 Si 浓度的变化；
（c）有毒浸出砷浓度和溶液最终 pH 值随反应时间的变化

分砷酸盐通过表面络合被羟基氧化铁吸附除去[32]。由于共沉淀产生的砷酸铁结晶性差，因此在 XRD 光谱中未检测到含砷物相。锌渣与强酸废水的固液反应如下：

$$Fe_2SiO_4 + H_2SO_4 \longrightarrow FeSO_4 + H_4SiO_4 \tag{3-13}$$

$$FeS + H_2SO_4 \longrightarrow FeSO_4 + H_2O \tag{3-14}$$

固液反应 2 h 内，锌渣溶解释放了大量的铁离子与砷发生共沉淀，通过以下反应，生成无定型的砷酸铁沉淀，并将砷从铜冶炼废水中分离。

$$Fe^{2+} + H_2O_2 \longrightarrow Fe^{3+} + H_2O \tag{3-15}$$

$$AsO_3^{3-} + H_2O_2 \longrightarrow AsO_4^{3-} + H_2O \tag{3-16}$$

$$FeSO_4 + H_3AsO_3 + H_2O_2 \longrightarrow FeAsO_4 + H_2SO_4 + H_2O \tag{3-17}$$

$$Fe_2(SO_4)_3 + H_3AsO_4 \longrightarrow FeAsO_4 + H_2SO_4 \tag{3-18}$$

砷酸铁的化学共沉淀和锌渣的物理溶解形成了一种沉淀-溶解良性循环，通过这种自发强化机制促进了废水中砷的去除。理论上，这种相互促进的反应可以使废水的 pH 值保持相对稳定，但锌渣中所含的大量碱性氧化物会消耗废水中的 H^+，使反应终点的溶液 pH 值均高于 3，这不利于无定型的砷酸铁转化为晶体结构。如图 3-21 所示，锌渣在 2 h 内开始溶解，增加了铁离子浓度。同时，废水中砷酸铁的共沉淀导致砷离子浓度降低，废水的 pH 值从 2.67 增加到 4.88，部分铁离子可能水解形成羟基氧化铁[33]。FeOOH 的表面络合吸附了部分砷酸盐，增强了除砷效果。

$$FeOOH + H_3AsO_4 \longrightarrow FeH_2AsO_4 + H_2O \tag{3-19}$$

当反应 0.5 h 时，废水中残留的硅浓度为 823.5 mg/L，2 h 后，随着反应的进行，残留浓度持续降低。在酸性环境中，硅酸盐可以生成 Si—O—Si 凝胶，由硅酸凝胶脱水，O^{2-} 基团取代 OH^-，形成 Si—O—Si 结构。

$$\equiv Si—OH + OH—Si \equiv \longrightarrow Si—O—Si \equiv + H_2O \qquad (3-20)$$

硅酸盐通过 $\equiv$Fe—O—Si 键直接连接到 Fe 位置，其他 Si—O—Si 基团连接到 $\equiv$Fe—O—Si 基团[34]。该 Fe 位点可能由羟基氧化铁提供，形成硅酸铁相（$Fe_x(SiO_3)_x$）。随着温度升高，这种表面化学反应得到促进，硅酸盐与 Fe^{3+} 形成配合物，该物质的稳定常数 $\lg K = 8.9$，而砷酸盐与 Fe^{3+} 形成的配合物物质的稳定常数 $\lg K = -1.8$，说明前者更加稳定。这表明沉淀中存在硅酸铁类的化合物可能会对除砷效果起到积极作用。

如图 3-21（c）所示，反应终点溶液的 pH 值升高是因为碱性氧化物与溶液中 H^+ 发生中和反应，中和反应使氧化物中的金属阳离子释放出来（如 Ca、Al、Mg 等），对除砷起到促进作用。由表 3-13 可知，钙和铝离子的残留浓度随反应时间延长而逐渐降低，可能是生成 $CaSO_4$、$Ca_3(AsO_4)_2$、$AlAsO_4$ 等难溶物所导致。石膏是废水中钙离子形成的主要产物，十分稳定，溶解度会随着 pH 值的增加而降低。TCLP 中砷的浸出浓度随着 pH 值的升高而降低，这可能是由于硅胶在不同 pH 值范围内溶解度的不同导致。当 pH 值在 2~7 范围内，pH 值升高有利于形成致密的硅酸凝胶，提高了硅胶的物理化学性能，推测硅胶可能包裹在砷酸铁表面，所以有效降低了砷的浸出浓度。

表 3-13　不同反应时间下钙和铝离子的残留浓度

离子	残留浓度/mg·L^{-1}					
	0.5 h	1 h	2 h	4 h	6 h	8 h
Ca 离子	521.4	534.9	521.4	485.1	481.5	386.8
Al 离子	453.6	350.7	297.7	258.7	195.3	156.7

选取反应时间为 0.5 h、1 h、4 h 和 8 h 的含砷沉淀样品分析表面性质，其 FTIR 光谱如图 3-22 所示。650~950 cm^{-1} 的 As—O 伸缩振动带和 3000~3500 cm^{-1} 的 O—H 伸缩振动带决定了砷酸盐的形态。872 cm^{-1} 对应 As^{5+}—O—Fe 的拉伸振动吸收带，这归因于砷酸铁的共沉淀。光谱中未观察到 As^{3+}—O 峰，说明沉淀中不含有亚砷酸盐。随着反应时间从 0.5 h 延长到 8 h，该峰的强度逐渐减弱，这可能是因为包覆在砷酸铁上的硅胶掩盖了砷酸铁的信号强度。601 cm^{-1} 处的能带归因于羟基氧化铁中的 Fe—O 拉伸振动，它可能通过表面络合吸附部分砷。在 458 cm^{-1} 处可以观察到一个微弱的 Si—O 振动带，这是由 Si—O—Si 沉淀的不对称拉伸和 Si—O 的对称拉伸引起的，表明二氧化硅骨架包裹在砷酸铁颗粒的表面上。在 3407 cm^{-1} 观察到硅酸盐凝胶的 Si—OH 峰强度降低，并且可能形成致密的 O—Si—O 沉淀物。1131 cm^{-1} 处的峰值是由 SO_4^{2-} 振动引起的，源于废水中

大量硫酸盐和 Ca^{2+} 沉淀形成石膏。1622 cm^{-1} 处的强峰源于水分子的 O—H 拉伸。

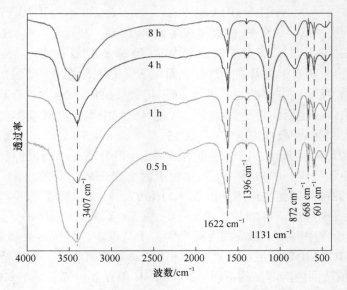

图 3-22　不同反应时间下的含砷固体 FTIR 光谱

　　考察了不同反应时间下锌渣与废水之间的固液反应，通过扫描电子显微镜观察样品的微观形态如图 3-23 所示，同时，使用能谱分析 4 h 样品的元素组成。SEM 照片表明，固体样品的微观形貌主要是规则的多面体棒，并以块状颗粒和簇状聚集体为特征。锌渣溶解在废水中并释放铁和其他离子（如钙和铝）与砷酸盐共沉淀成小的不规则颗粒，随着时间的推移逐渐聚集成较大的簇。4 h 时，生成的亚微米级砷酸铁在样品中更密集地堆积，簇状聚集体的粒径多为 0.1~1 μm，小粒径有利于硅胶在其表面形成覆盖层。通过 EDS 分析和各元素摩尔分数计算

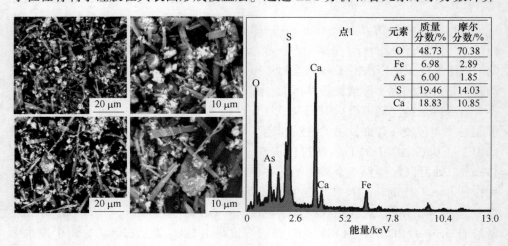

元素	质量分数/%	摩尔分数/%
O	48.73	70.38
Fe	6.98	2.89
As	6.00	1.85
S	19.46	14.03
Ca	18.83	10.85

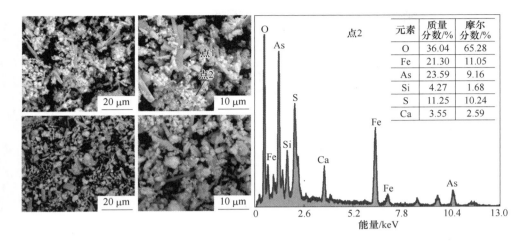

表元素
元素	质量 分数/%	摩尔 分数/%
O	36.04	65.28
Fe	21.30	11.05
As	23.59	9.16
Si	4.27	1.68
S	11.25	10.24
Ca	3.55	2.59

图 3-23　不同反应时间下的含砷固体的 SEM 及 EDS 能谱

表明，点 1 物质（棒状颗粒）以 $CaSO_4 \cdot H_2O$ 和少量 $FeAsO_4$ 的形式存在，与 XRD 结果一致；点 2（簇状聚集体）可能的物相组成为 $FeAsO_4$、$Ca_3(AsO_4)_2$、$Fe_x(SiO_3)_x$、$Fe_2(SO_4)_3$ 和 H_2SiO_3。锌渣与废水进行固液反应后得到的固体沉淀可以推断为由石膏和含铁、硅、砷的复合沉淀物组成。

3.3.6　锌渣粒径对除砷效果的影响

锌渣粒径对废水中除砷效果的影响如图 3-24 所示。由图 3-24（a）可以直接观察到随锌渣粒径的增大，砷浓度呈现下降趋势。初始的块状锌渣除砷效果最差，废水中的砷浓度仅降低了 1900 mg/L，这是由于块状的锌渣比表面积小，结合砷的活性位点少，且溶解速度慢，释放的铁离子少。0.246 mm（60 目）锌渣的除砷效果明显增强，锌渣粒径不小于 0.074 mm（200 目）时效果最好，废水中残留的砷浓度降低到 210 mg/L，除砷率高达 96.7%。图 3-24（b）所示的废水中 Fe、Si 元素的浓度随粒径增大而增大，对同质量的锌渣而言，锌渣粒径增大意味着锌渣的比表面积变大，有利于锌渣在高浓度的 H^+ 环境中释放更多的 Fe 和 Si。同时固液反应的接触面积增大，增强了砷铁共沉淀。0.074 mm（200 目）锌渣的比表面积大，可以提供更多的吸附位点，深化除砷效果。含砷沉淀物的稳定性通过 TCLP 中的浸出砷浓度衡量如图 3-24（c）所示，初始的块状锌渣溶解度低，主要通过物理吸附将砷离子结合在表面，除砷效果差，生成的沉淀物也不稳定，0.074 mm（200 目）时砷的浸出浓度为 2.7 mg/L，硅铁化合物的生成有利于强化沉淀的稳定性。

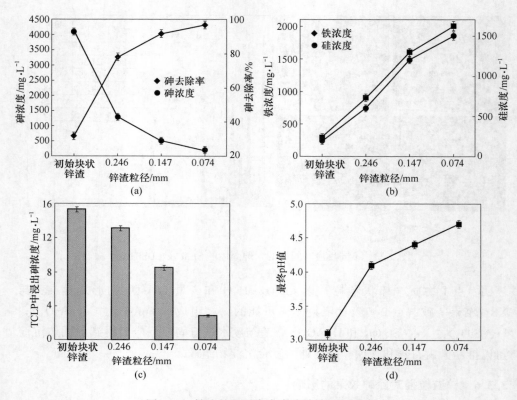

图 3-24 锌渣粒径对废水中除砷效果的影响
（a）反应后溶液中残留砷浓度和除砷率；（b）反应后溶液中残留的 Fe 和 Si 浓度；
（c）毒性浸出砷浓度；（d）最终 pH 值

3.3.7 锌渣原位包裹废水中砷的反应机理

为进一步分析锌渣去除废水中砷的原理，对新鲜锌渣和含砷沉淀物进行 XPS 扫描，如图 3-25 所示。XPS 全谱图显示含砷沉淀物表面有砷、硅、氧、铁、锌等金属，说明废水中的重金属固定在沉淀物中。与锌渣相比，含砷沉淀物的表面化学元素组成发生了细微的变化（见图 3-25（a））。为了进一步了解结构变化，分析了 As 3d、Fe 2p 和 Si 2p 的特征峰。图 3-25（b）的光谱中，锌渣在 44.67 eV 处有一个弱的 As 3d 峰，说明锌渣含有痕量的砷。当含砷沉淀物中 As 3d 的结合能变为 45.41 eV，这归因于砷和氧的结合及砷的四配位作用生成砷酸盐。由图 3-25（c）可知，与相应的 Fe 2p 结合相比，含砷沉淀的 Fe 2$p_{3/2}$ 和 Fe 2$p_{1/2}$ 的结合能带分别位于 712.58 eV 和 726.13 eV，能带分别右移了 1.06 eV 和 1.44 eV。As—Fe—O 键的形成降低了铁周围的电子密度，导致能带向能量增大的方向移动[82]。同时，Fe $2p_{3/2}$ 在 712.58 eV 的能带可能表明含砷沉淀物中存在羟基氧化铁。如图 3-25（d）所示，Si $2p$ 峰从 102.46 eV 变为 102.92 eV，这可能由于 SiO_3^{2-} 与锌渣释放的金属阳离子结合形成硅胶和 Si—Fe—Me 类化合物，导致电子密度降低，Si $2p$ 光谱中能带向右偏移。

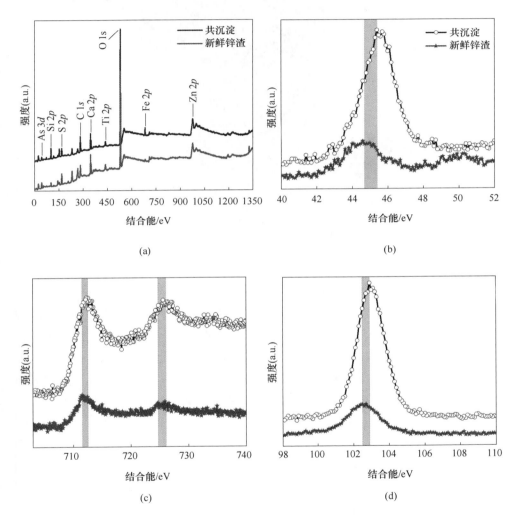

图 3-25　反应后新鲜锌渣和含砷沉淀的 XPS 图

（a）XPS 总谱扫描；（b）As $3d$ 峰；（c）Fe $2p$ 峰；（d）Si $2p$ 峰

　　为进一步确定沉淀物中团簇状颗粒的结构与成分，使用透射显微镜扫描团簇粒子的区域，然后使用能谱进行半定量分析。如图 3-26 所示，含砷沉淀物的轮廓不规则，主体由不均匀聚集的深色内核和一层半透明壳组成。

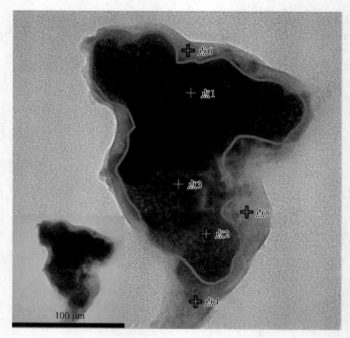

图 3-26　含砷沉淀物的 TEM 图

　　在沉淀物的内核和外壳上各取三个点，使用 EDS 分析其元素种类及含量，结果如图 3-27 所示（每个点中 C 和 Cu 的高含量源于透射电子显微镜中使用的铜网和碳膜，不是样品本身的含量）。EDS 能谱中的元素含量证实深色的内核是砷酸铁，外壳主要是硅胶，也含有少量的 $Fe_x(SiO_3)_x$。由此可以推断出锌渣与废水的固液反应可以形成致密的硅胶薄膜包裹砷酸铁内核的核壳结构，提高含砷渣的环境稳定性，避免含砷沉淀物在堆积过程中砷的"重新溶解"而引发二次污染。

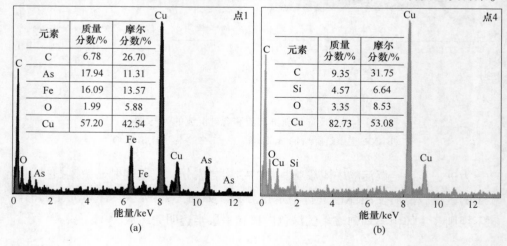

点1

元素	质量分数/%	摩尔分数/%
C	6.78	26.70
As	17.94	11.31
Fe	16.09	13.57
O	1.99	5.88
Cu	57.20	42.54

(a)

点4

元素	质量分数/%	摩尔分数/%
C	9.35	31.75
Si	4.57	6.64
O	3.35	8.53
Cu	82.73	53.08

(b)

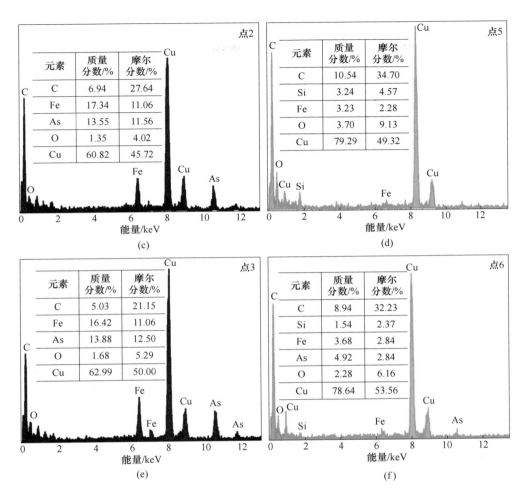

图 3-27 含砷沉淀物 EDS 能谱图

（a）～（c）内核；（d）～（f）外壳

基于以上分析，提出了锌渣分离与固定铜冶炼废水中砷的反应原理，如图 3-28 所示，具体步骤如下：

（1）锌渣溶解提供铁离子。锌渣与废水发生固液反应，Fe^{2+}、Fe^{3+} 和 SiO_3^{2-} 以游离态分散到废水中，锌渣中的碱性氧化物会消耗废水中的 H^+，从而提高溶液的 pH 值。

（2）H_2O_2 将 Fe^{2+} 和 As^{3+} 分别氧化成 Fe^{3+} 和 As^{5+}，更有利于砷酸铁沉淀，提高除砷效率。

图 3-28 锌渣原位包裹固定砷的机理图

（3）吸附和共沉淀。碱性氧化物可中和硫酸以提高废水的 pH 值，而铁离子水解产生的 FeOOH 通过表面络合吸附部分砷，通过反应生成结晶性差的砷酸铁沉淀，使砷从铜冶炼废水中分离出来。形成的砷酸铁沉淀在含砷沉淀物表面形成一层致密的硅酸凝胶，防止砷离子溶解。硅胶通过胶体化学反应与铁离子络合，进一步提高载砷沉淀的稳定性。废水中还会产生石膏（$CaSO_4 \cdot 2H_2O$）沉淀，具有一定的附加利用价值。

在确定了锌渣除砷工艺的最优参数，分析了锌渣除砷机理的基础上，提出了锌渣修复铜冶炼含砷废水的工业化设想，如图 3-29 所示。锌渣处理铜冶炼废水具有社会、经济效益和环境优势，实现了砷的分离和稳定化，为工业生产废水的处理提供了新途径。

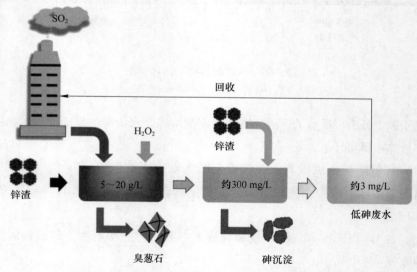

图 3-29 锌渣治理铜冶炼废水的工业化设想流程图

参 考 文 献

［1］ 蔡贵远. 磁铁矿无害化处置铜冶炼含砷污酸技术研究［D］. 昆明：昆明理工大学, 2019.

［2］ LI X Z, CAI G Y, LI Y K, et al. Limonite as a source of solid iron in the crystallization of scorodite aiming at arsenic removal from smelting wastewater［J］. Journal of Cleaner Production, 2021, 278：123552.

［3］ LI Y K, QI X J, LI G H, et al. Double-pathway arsenic removal and immobilization from high arsenic-bearing wastewater by using nature pyrite as in situ Fe and S donor［J］. Chemical Engineering Journal, 2021, 410：128303.

［4］ MIN X B, LIAO Y P, CHAI L Y, et al. Removal and stabilization of arsenic from anode slime by forming crystal scorodite［J］. Transactions of Nonferrous Metals Society of China, 2015, 25 （4）：1298-1306.

［5］ USMAN M, BYRNE J M, CHAUDHARY A, et al. Magnetite and green rust：Synthesis, properties, and environmental applications of mixed-valent iron minerals［J］. Chemical Reviews, 2018, 118 （7）：3251-3304.

［6］ KITAMURA Y, OKAWA H, KATO T, et al. Effect of reaction temperature on the size and morpHology of scorodite synthesized using ultrasound irradiation［J］. Ultrasonics-Sonochemistry, 2017, 35：598-604.

［7］ TANAKA M, OKIBE N. Factors to enable crystallization of environmentally stable bioscorodite from dilute As （Ⅲ） -contaminated waters［J］. Minerals, 2018, 8 （1）：2075-2083.

［8］ MA X, GOMEZ M A, YUAN Z, et al. A novel method for preparing an As （Ⅴ） solution for scorodite synthesis from an arsenic sulpHide residue in a Pb refinery［J］. Hydrometallurgy, 2019, 183：1-8.

［9］ YONGGANG S, QI Y, XIN Z, et al. Insight into mineralizer modified and tailored scorodite crystal characteristics and leachability for arsenic-rich smelter wastewater stabilization［J］. RSC Advances, 2018, 8 （35）：19560-19569.

［10］ NIDHEESH P V, SINGH T S A. Arsenic removal by electrocoagulation process：Recent trends and removal mechanism［J］. ChemospHere, 2017, 181：418-432.

［11］ YANG D, SASAKI A, ENDO M. Solidification/Stabilization of arsenic in red mud upon addition of Fe(Ⅲ) or Fe(Ⅲ) and Al （Ⅲ） dissolved in H_2SO_4［J］. Journal of Water and Environment Technology, 2018, 16 （2）：115-126.

［12］ VIJAYALAKSHMI R V, KUPPAN R, KUMAR P P. Investigation on the impact of different stabilizing agents on structural, optical properties of Ag@ SnO_2 core - shell nanoparticles and its biological applications［J］. Journal of Molecular Liquids, 2020, 307：112951.

［13］ ZHENG Q, HOU J, HARTLEY W, et al. As （Ⅲ） adsorption on Fe-Mn binary oxides：Are Fe and Mn oxides synergistic or antagonistic for arsenic removal? ［J］. Chemical Engineering Journal, 2020, 389：124470.

［14］ XIE X, ZHAO W, HU Y, et al. Permanganate oxidation and ferric ion precipitation （$KMnO_4$- Fe(Ⅲ） ） process for treating pHenylarsenic compounds［J］. Chemical Engineering Journal,

2019, 357: 600-610.

[15] GUAN X H, MA J, DONG H R, et al. Removal of arsenic from water: Effect of calciumions on As(Ⅲ) removal in the KMnO$_4$-Fe(Ⅱ) process [J]. Water Research, 2009, 43 (20): 5119-5128.

[16] ESLAMI H, EHRAMPOUSH M H, ESMAEILI A, et al. Enhanced coagulation process by Fe-Mn bimetal nano-oxides in combination with inorganic polymer coagulants for improving As(Ⅴ) removal from contaminated water [J]. Journal of Cleaner Production, 2018, 208: 384-392.

[17] CHAKRABORTY A, SENGUPTA A, BHADU M K. Efficient removal of arsenic (Ⅴ) from water using steel-making slag [J]. Water Environment Research: A Research Publication of the Water Environment Federation, 2014, 86 (6): 524-531.

[18] SHAO N N, LI S, YAN F, et al. An all-in-one strategy for the adsorption of heavy metal ions and pHotodegradation of organic pollutants using steel slag-derived calcium silicate hydrate [J]. Journal of Hazardous Materials, 2020, 382: 121120.

[19] LI Y K, ZHU X, QI X J, et al. Removal and immobilization of arsenic from copper smelting wastewater using copper slag by in situ encapsulation with silica gel [J]. Chemical Engineering Journal, 2020, 394: 124833.

[20] ZHANG T, ZHAO Y, BAI H, et al. Enhanced arsenic removal from water and easy handling of the precipitate sludge by using FeSO$_4$ with CaCO$_3$ to Ca(OH)$_2$ [J]. Chemosp Here, 2019, 231: 134-139.

[21] PENG X, CHEN J, KONG L, et al. Removal of arsenic from strongly acidic wastewater using phosphorus pentasulfide as precipitant: UV-light promoted sulfuration reaction and particle aggregation [J]. Environmental Science & Technology, 2018, 52 (8): 4794-4801.

[22] YOSHIDA H, GAO X, KOIZUMI S, et al. Arsenic removal from contaminated water using the CaO-SiO$_2$-FeO glassy phase in steelmaking slag [J]. Journal of Sustainable Metallurgy, 2017, 3 (3): 470-485.

[23] SHI W, LI H, LIAO G, et al. Carbon steel slag and stainless steel slag for removal of arsenic from stimulant and real groundwater [J]. International Journal of Environmental Science and Technology, 2018, 15 (11): 2337-2348.

[24] AHN J S, CHON C M, MOON H S, et al. Arsenic removal using steel manufacturing byproducts as permeable reactive materials in mine tailing containment systems [J]. Water Research, 2003, 37 (10): 2478-2488.

[25] RAFAEL S, VICTORIA M B C, DIANE I P E, et al. Removal of arsenic Ⅲ and Ⅴ from laboratory solutions and contaminated groundwater by metallurgical slag through anion-induced precipitation [J]. Environmental science and pollution research international, 2017, 24 (32): 25034-25046.

[26] MERCADO BORRAYO B M, SOLÍS LÓPEZ M, SCHOUWENAARS R, et al. Application of metallurgical slag to treat geothermal wastewater with high concentrations of arsenic and boron [J]. International Journal of Environmental Science and Technology, 2019, 16 (5): 2373-2384.

[27] LIEM NGUYEN V, SJÖBERG V, DINH N P, et al. Removal mechanism of arsenic (Ⅴ) by

stainless steel slags obtained from scrap metal recycling [J]. Journal of Environmental Chemical Engineering, 2020, 8 (4): 103833.

[28] RAJ K S, HEECHUL C, YONG K J, et al. Removal of Arsenic (Ⅲ) from Groundwater using low-cost industrial by-products-blast furnace slag [J]. Water Quality Research Journal, 2006, 41 (2): 25034-25046.

[29] ZHANG T, ZHAO Y, KANG S, et al. Formation of active $Fe(OH)_3$ in situ for enhancing arsenic removal from water by the oxidation of $Fe(Ⅱ)$ in air with the presence of $CaCO_3$ [J]. Journal of Cleaner Production, 2019, 227: 1-9.

[30] YANG J Q, CHAI L Y, LI Q Z, et al. Redox behavior and chemical species of arsenic in acidic aqueous system [J]. Transactions of Nonferrous Metals Society of China, 2017, 27 (9): 2063-2072.

[31] YUAN Z, ZHANG G, MA X, et al. Rapid abiotic As removal from As-rich acid mine drainage: Effect of pH, Fe/As molar ratio, oxygen, temperature, initial As concentration and neutralization reagent [J]. Chemical Engineering Journal, 2019, 378: 122156.

[32] RONG Z H, TANG X C, WU L P, et al. A novel method to synthesize scorodite using ferrihydrite and its role in removal and immobilization of arsenic [J]. Journal of Materials Research and Technology, 2020, 9: 5848-5857.

[33] OTGON N, ZHANG G, ZHANG K, et al. Removal and fixation of arsenic by forming a complex precipitate containing scorodite and ferrihydrite [J]. Hydrometallurgy, 2019, 186: 58-65.

[34] BRINKER C J. Hydrolysis and condensation of silicates: Effects on structure [J]. Journal of Non-Crystalline Solids, 1988, 100: 1-3.

4 铝基固废对砷的去除作用

4.1 赤 泥 性 质

实验采用的铝基固废主要是赤泥，赤泥为中国西南地区某有色金属冶炼厂氧化铝生产过程中产生的固体废弃物，固体废弃物水分含量较高，经过 60 ℃干燥烘干再筛分成 0.074 mm（200 目）大小的颗粒备用。通过赤泥 XRF 测试，最终确定赤泥样品成分含量见表 4-1。通过表 4-1 可知，赤泥主要由 Al、Ca 和 Si 等化学元素组成，主要成分为含有铝、钙、铁和硅元素的氧化物。

表 4-1　赤泥的主要化学成分

成分	O	Fe	Ca	Al	Si	Ti	其他
质量分数/%	37.48	20.56	11.52	10.51	7.71	3.40	8.82

如图 4-1 所示，赤泥主要由赤铁矿和含铝、钙、硅元素的化合物等组成。其中赤铁矿相的衍射峰位于 40.03°、48.31°、54.04°、61.02° 及 62.51° 处，为赤泥中赤铁矿的主要衍射峰，强度较高；含铝、钙、硅相的衍射峰位于 13.48°、28.16°、31.73°、42.41°、46.36° 及 48.82° 处，强度较强。

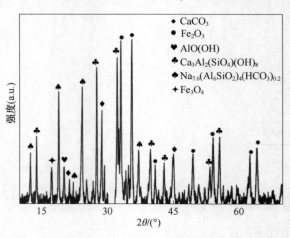

图 4-1　赤泥的 XRD 图谱

由图 4-2 可知，赤泥由不同层状物质堆积而成，且表面伴随着大量的颗粒聚集，这些颗粒主要聚集在层状物质表面，小颗粒形状不一，且粒度较细。由于赤泥含有大量的铁氧化物、铝氧化物和钙氧化物，这些层状结构使赤泥的比表面积大并具有潜在的除砷能力，而碱性氧化物也将中和污酸溶液中的 H^+。为了测得赤泥的比表面积和孔体积大小，通过全自动物理/化学吸附分析仪检测的赤泥比表面积和孔径分布见表 4-2。

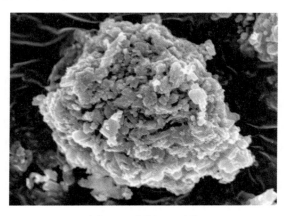

图 4-2 赤泥 SEM 图

表 4-2 赤泥的比表面积和孔径分布

BET 比表面积/$m^2 \cdot g^{-1}$	总孔体积/$mL \cdot g^{-1}$	微孔比表积/$m^2 \cdot g^{-1}$	微孔体积/$mL \cdot g^{-1}$
14.35	0.11	2.23	0.00092

实验所使用的污酸均取自西南地区某有色金属冶炼厂，污酸中各离子浓度通过 ICP-OES 检测，检测结果见表 4-3。从表 4-3 中可以看出，砷离子浓度高达 6100 mg/L。通过滴定法测量，污酸的酸度高达 16 g/L，属于强酸性溶液。因此，这类强酸高毒性污酸必须经过安全有效的处理，为环境安全提供保障。

表 4-3 污酸的组成成分

成分	As	Zn	Sb	Fe	Cu	Mg	Pb	Cr	H_2SO_4
浓度/$mg \cdot L^{-1}$	6100	23.2	12.3	15.5	25.6	12.3	5.5	0.4	16000.0

4.2 吸附实验

游离的砷离子在不同条件下具有不同的价态，游离砷离子的价态直接影响砷的去除效果。As^{3+} 具有高毒性，且和金属离子亲和力差，因此导致 As^{3+} 去除效果较差；As^{5+}不仅毒性低，而且和金属离子或吸附剂亲和力强，易于发生物理反应和化学反应，从而导致 As^{5+} 易于去除。污酸中主要含有 As^{3+} 和 As^{5+} 两种价态的游离砷，因此把 As^{3+} 转化为易于去除的 As^{5+} 是必要且有效提高砷去除效率的方法。

4.3　赤泥除砷结果与讨论

4.3.1　未高温煅烧的赤泥

4.3.1.1　赤泥用量对除砷效果的影响

在 25 ℃下分 3 批进行除砷实验，将干燥后的赤泥、双氧水和污酸依次加入 500 mL 的锥形瓶中，再将锥形瓶放入水浴恒温振荡器里固定，在常温条件下振荡 12 h，反应结束后取出锥形瓶，用孔径为 0.45 μm 的微孔滤纸进行过滤，用 ICP 进行检测滤液中砷浓度，反应沉淀物放入干燥箱里干燥后装袋密封备用。如图 4-3（a）所示，随着赤泥用量从 40 g/L 增加到 70 g/L，砷离子去除效率从 66.5% 增加到 98.9%，同时污酸中的砷离子浓度从 6100 mg/L 降到 63 mg/L，除砷效果显著。当赤泥用量为 40 g/L 时，赤泥的吸附容量达到 101.5 mg/g。由于赤泥富含氧化铝和其他种类的碱性氧化物，并且存在着大量的羟基活性位点，这决定了赤泥除砷可以通过物理吸附和化学共沉淀[1]。因此，随着赤泥用量的增加，污酸溶液中将含有更多的铝和钙等碱性氧化物，也将增加更多的羟基活性位点，这些羟基活性位点吸附砷离子，使溶液中溶解的金属离子和砷发生化学反应，从而除砷效率显著提高，溶液中的砷离子浓度下降。从图 4-3（a）和（b）中的赤泥吸附容量可知，随着溶液中 pH 值升高，赤泥的吸附容量也将随着降低。由于赤泥含有大量的碱性氧化物，这些物质和酸性污酸混合后一些碱性氧化物将被溶解，酸性越强，溶解程度越高。当这些碱性物质被溶解时，将会增加赤泥的比表面积和孔体积[2]，并减轻了被吸附物的传质障碍，为砷的吸附提供了更多的吸附位点[3]。此外，赤泥的酸化还可以溶解赤泥晶格中铝和铁氧化物区域中的间隙并平衡金属离子[4]，从而在表面上形成带正电的孔径，导致污酸中更多的砷将被吸附并附着在活性位点上，使砷的去除效率提升。

如图 4-3（b）所示，随着赤泥用量的增加，反应后溶液中离子浓度变化显著。当赤泥用量从 40 g/L 增加到 55 g/L 时，砷离子的去除效率显著提高。当赤泥用量较低时，反应后溶液中的砷离子浓度较高，在这种情况下，赤泥用量的增加，将会提供大量的吸附位点和金属离子，从而显著提高砷的去除效率。当赤泥用量从 40 g/L 增加到 45 g/L 时，Ca^{2+} 浓度基本保持不变，这是由于 Ca^{2+} 在污酸溶液中会发生化学反应，从而导致该阶段的 Ca^{2+} 变化不大；当赤泥用量从 40 g/L 增加到 45 g/L 时，Al^{3+} 浓度基本保持不变，这是由于 Al^{3+} 在污酸溶液中也会发生化学反应，从而导致该阶段的 Al^{3+} 变化不大；当赤泥用量从 60 g/L 增加到 70 g/L 时，反应后溶液中砷离子浓度变化不大。

图 4-3（c）表明，随着赤泥用量的增加，砷的浸出毒性降低，含砷沉淀物的稳定性增强。当赤泥用量较低时，溶液中的金属离子浓度低，金属离子和砷的化学反应生成的含砷沉淀物也少，物理吸附去除了大量的砷，导致含砷渣的稳定性不足；当赤泥用量增加时，溶液中的金属离子的浓度显著提高，将会有大量的金属离子和砷发生化学反应，生成稳定的沉淀物，从而出现随着赤泥用量的增加，砷的浸出毒性降低的结果。

图 4-3（d）为反应后沉淀物的 XRD 图，结果表明沉淀物主要含有 $CaSO_4$ 和 Fe_2O_3。由于 $CaSO_4$ 的溶解度比其他晶型物低，因此，$CaSO_4$ 是该实验中唯一获得的晶型物，在此未观察到其他一些非晶相和含砷化合物，这些物质需要使用其他仪器来检测。

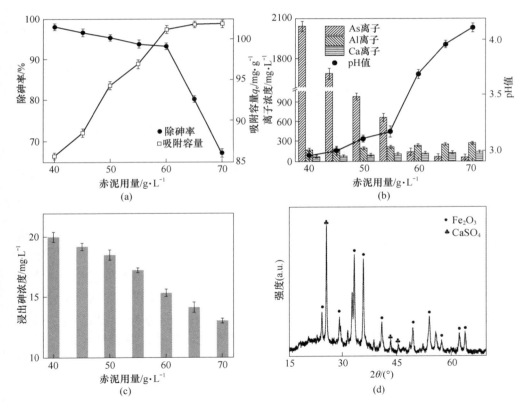

图 4-3　赤泥用量影响及 XRD 图谱

（a）赤泥用量对除砷率和吸附容量的影响；（b）不同赤泥用量条件下反应后的污酸溶液中 As、Al、Ca 离子浓度的变化；（c）反应后的含砷渣在 TCLP 测试中的浸出砷浓度；（d）反应后沉淀物的 XRD 图谱

4.3.1.2 反应时间对除砷效果的影响

反应时间是影响除砷效率的一个重要因素，能够形象描述除砷的整个过程。实验选用赤泥量为 60 g/L，将干燥后的赤泥、双氧水和污酸依次加入 500 mL 的锥形瓶中，再将锥形瓶放入水浴恒温振荡器里固定，在常温条件下依次振荡 1 h、2 h、4 h、6 h、8 h、12 h、24 h，反应结束后取出锥形瓶，用孔径为 0.45 μm 的微孔滤纸进行过滤，用 ICP 进行检测滤液中砷浓度，反应沉淀物放入干燥箱里干燥后装袋密封备用。砷的去除率按下式计算：

$$\eta = \frac{C_0 - C}{C_0}$$

式中，C_0 为反应前污酸溶液中的砷离子浓度，g/L；C 为反应后污酸溶液中的砷离子浓度，g/L。

赤泥处理污酸中砷的特征在于反应后污酸的组成和含砷废渣特性的转变[5]。如图 4-4（a）所示，整个反应过程可以分为三个阶段，初始阶段（0~2 h）砷的去除效率达到 94% 左右；第二阶段（2~10 h）砷去除效率的速度明显放缓，去除效率只从 94% 增加到了 97%；第三阶段（大于 10 h）砷的去除效率开始相对稳定，变化并不明显。在初始阶段，由于溶液中的砷离子浓度高，而赤泥表面含有大量的吸附位点，砷离子和赤泥可以通过静电吸附快速结合，赤泥在极短的时间内去除污酸中大量的砷离子，最终导致砷离子浓度降至较低水平。随着反应的进行，反应进入了除砷的第二阶段，赤泥表面上的结合位点减少，并且残留的砷离子浓度也降到了较低水平，该阶段主要由溶液中的金属离子和砷发生化学反应生成含砷沉淀物。在第三阶段基本达到了一个除砷平衡的状态，赤泥的砷吸附和砷解析达到了一个动态平衡。在整个反应过程中，污酸中的砷离子浓度从 6100 mg/L 降至 63 mg/L。

图 4-4（b）表明随着反应时间的增加，溶液中的铝离子和钙离子的浓度逐渐降低，12 h 后逐渐达到平衡，同时污酸的最终 pH 值会小幅增加。钙离子的浓度在 4 h 内迅速下降，这是由于溶液中含有大量的 SO_4^{2-}，且整个反应过程中溶液的 pH 值一直为酸性，Ca^{2+} 和 SO_4^{2-} 在酸性条件下发生化学反应生成硫酸钙沉淀，从而导致溶液中钙离子浓度降低。但是，硅离子浓度在反应初期呈现出快速增加的趋势，主要是赤泥的溶解导致硅离子浓度上升，之后硅酸根离子与溶液中的 H^+ 反应形成硅胶，此后溶液中的硅离子保持相对稳定。在整个赤泥除砷反应过程中，污酸溶液中一直未检测到铁离子的存在，表明赤泥中的铁氧化物极难溶于酸性污酸，因此赤泥中的铁离子未参与除砷反应。图 4-4（c）表明，在浸出毒性测试中，随着反应时间的增加，砷的浸出毒性逐渐降低，溶液中金属离子和砷的反应也越稳定，导致含砷废渣的浸出毒性降低。图 4-4（d）为反应后沉淀物的 FTIR 光谱，在 1621 cm^{-1}、1116 cm^{-1}、877 cm^{-1}、685 cm^{-1}、542 cm^{-1} 和

470 cm⁻¹ 处有官能团的振动。470 cm⁻¹ 和 542 cm⁻¹ 处峰是由于 Fe—O 拉伸振动，且峰的强度没有变化。877 cm⁻¹ 处的峰可归因 As—O 拉伸振动[6]，说明反应后沉淀物中生成了含砷化合物，这与去除砷后赤泥中的砷沉淀物相对应。685 cm⁻¹ 处的峰值对应于赤泥中 Al 氧化物中的 Al—O 拉伸振动[7]；1116 cm⁻¹ 处的峰与 $CaSO_4 \cdot 2H_2O$ 中的 SO_4^{2-} 拉伸振动相关。相应地，在 1621 cm⁻¹ 处的 O—H 拉伸振动可能来自石膏、无定型砷酸盐和氢氧化物的结晶水和 OH⁻[8]。

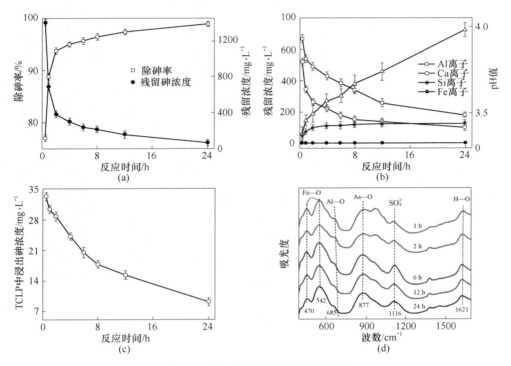

图 4-4 反应时间影响及红外光谱图

(a) 反应后污酸溶液中砷离子浓度的变化及除砷率；(b) 反应后污酸溶液中 Fe、Al、Ca 和 Si 离子浓度的变化及最终 pH 值；(c) 反应后的含砷渣在 TCLP 中的浸出砷浓度；(d) 反应后含砷渣的红外光谱图

4.3.1.3　反应机理分析

为了揭示赤泥除砷的机理，通过 SEM-EDS 的点扫描和面扫描对反应后的含砷渣进行表征。如图 4-5（a）所示，在反应后的含砷废渣中观察到了柱状和层状晶体及亚微米尺寸且分散良好的絮凝颗粒，其中柱状和层状晶体的分布与 Ca、S 和 O 元素的颜色分布相一致，对应于 $CaSO_4 \cdot 2H_2O$ 的相。由表 4-4 可知，柱状和层状晶体中 Ca、S、O 的摩尔比接近于理论元素比 1∶1∶4，对应于 $CaSO_4 \cdot 2H_2O$ 的元素比，因此可以确定柱状和层状晶体为 $CaSO_4 \cdot 2H_2O$。As 和 Al 元素的颜色分布相互重叠，并且与晶体表面上和外部块状、絮状的亚微米和增亮颗粒

的分布一致，这表明团块状和絮状的颗粒由 $AlAsO_4$、$AlHAsO_4^+$ 和 $AlH_2AsO_4^{2+}$ 组成。采样点 1 至点 4 的 SEM-EDS 点扫描结果进一步证实了反应后含砷废渣的成分。采样点 1 中的元素形成由 Ca 和 S 组成的棒状和片状结构组成，该物质是 $CaSO_4 \cdot 2H_2O$。块状和絮状颗粒中的点 2 至点 4 中的元素由对应于砷酸铝物质的 Al 和 As 组成。

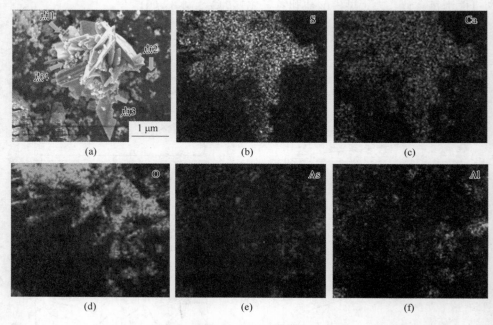

图 4-5 SEM-EDS 图

表 4-4 每个 EDS 点的元素组成和可能的物质

点位	元素组成（质量分数）/%							可能的物质
	C	O	Al	S	Ca	As	Si	
点 1	10.48	51.89	0.48	13.73	16.08	0.87	—	$CaSO_4$
点 2	6.48	45.28	15.26	2.11	4.55	24.82	1.50	$AlAsO_4$、$AlHAsO_4^+$、$AlH_2AsO_4^{2+}$
点 3	18.77	35.47	2.88	10.48	12.11	5.11	0.78	$CaSO_4$、$AlAsO_4$、$AlHAsO_4^+$、$AlH_2AsO_4^{2+}$
点 4	11.83	45.49	8.71	1.59	10.87	9.30	3.26	$CaSO_4$、$AlAsO_4$、$AlHAsO_4^+$、$AlH_2AsO_4^{2+}$

由前可知，当赤泥与酸性污酸在 pH 值为 2.9~3.9 进行的室温反应所获得的含砷废渣因其高浸出毒性而被认定为危险废物。为了获得更稳定的含砷废渣，在赤泥与污酸之间反应 12 h 后，将溶液的 pH 值分别调整为 9、10、11 和 12，再静置反应 2 h，调节后的 pH 值对含砷废渣浸出毒性的影响如图 4-6 所示。在初始 pH 值下，反应后含砷废渣的砷浸出毒性浓度大于 5 mg/L，但是通过调节溶液的 pH 值，反应后含砷废渣的砷离子浸出浓度明显降低。当溶液 pH 值调整为 11 时，反应后的含砷废渣的砷浸出毒性浓度最低，反应 6 h 后，砷浸出浓度可降至 3.1 mg/L，低于指定危险废物的法规限值（5 mg/L）；反应 24 h 后，砷浸出浓度可进一步降低至 1.2 mg/L。由于反应后溶液中残留大量的铝离子、硅离子和钙离子等金属离子，这些离子在较高的 pH 值下，尤其是碱性条件下，溶液中的硅氧键和铝氧键将被破坏，硅铝单体溶解，然后将单体聚合成低聚物以形成凝胶，最后将二氧化硅-铝结构聚合以形成高分子二氧化硅-铝聚合物凝胶[9]，从而包裹含砷废渣，提高含砷废渣的稳定性。此外，污酸中剩余的砷浓度明显降低到较低水平，有助于避免这些砷离子对含砷废渣的表面污染[10]。

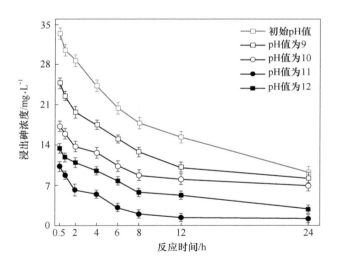

图 4-6　在初始 pH 值和调节 pH 值条件下浸出砷浓度变化

赤泥和污酸反应 12 h 后，调节溶液 pH 值为 11，再静置 2 h 后，对反应后的含砷废渣进行表征，结果如图 4-7 所示。图 4-7 的 TEM 图清楚地表明，含砷废渣由暗核和透明外壳组成。EDS 结果（见表 4-5）表明，核是从富砷赤泥衍生而来的，砷含量（摩尔分数）为 7.65%，而其他元素（Ca、Al 和 Fe）的含量与赤泥的原始组成一致。壳层主要由 Al 和 Si 的氢氧化物组成，可防止砷从核中释放出来，并增强了含砷废渣的环境稳定性。为了净化高砷污酸，必须进一步去除污酸溶液中约 63 mg/L 的砷离子，并将其降至 0.5 mg/L 或更低。由于赤泥具有高效除砷能力，因此新鲜赤泥可用于高效净化反应后的滤液。

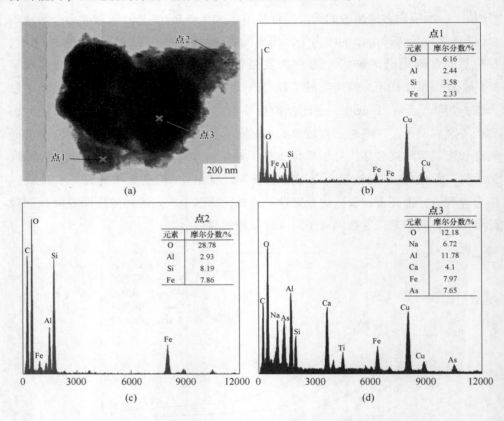

图 4-7　pH 值为 11 的条件下反应后含砷渣的 TEM 图和 EPS 结果

表 4-5　每个 EDS 点的元素组成和可能的物质

点位	元素组成（质量分数）/%						可能的物质
	O	Al	Ca	As	Si	Fe	
点 1	6.61	2.44	—	—	3.58	2.33	Fe_2O_3、$xAl_2O_3 \cdot ySiO_2$
点 2	28.78	2.93	—	—	8.19	7.86	Fe_2O_3、$xAl_2O_3 \cdot ySiO_2$
点 3	12.18	11.78	10.13	7.65	5.16	7.97	$CaSO_4$、Fe_2O_3、$AlAsO_4$、$AlHAsO_4^+$、$AlH_2AsO_4^{2+}$

4.3.2 高温煅烧的赤泥

4.3.2.1 高温煅烧赤泥的除砷效果

从上述实验结果可知,赤泥具有显著的除砷和固砷效果,除砷效率接近 100%。但是赤泥吸附容量有限,若用量较大,会导致反应后的含砷渣量大。为进一步降低产生的含砷固废渣量,可以通过赤泥改性提高赤泥的吸附容量,进而减少赤泥的用量和含砷固废渣量。如图4-8所示,赤泥经过不同温度煅烧后的形貌发生了明显变化。图4-8(a)和(b)为原始赤泥的扫描电镜图,从图中可以看出赤泥表面具有许多粗糙的小孔,并且含有丰富的孔径,小颗粒比较分散,没有较大的颗粒聚集,比表面积能达到 14.35 m^2/g。如图4-8(c)和(d)所示,赤泥经过 700 ℃煅烧 2 h 后,赤泥表面的小孔明显增多,孔径更加丰富,比表面积能达到 85.32 m^2/g,比表面积比未经过煅烧的赤泥提高了 6 倍。如图4-8(e)和(f)所示,当煅烧温度上升到 900 ℃后,经过 2 h 的煅烧,比表面积迅速降

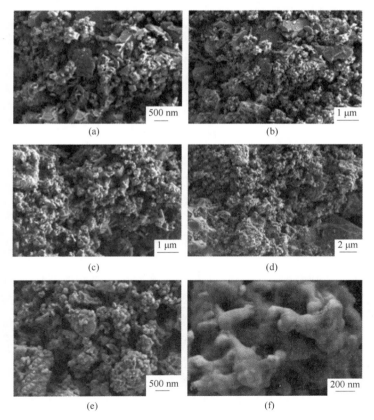

图 4-8 赤泥在不同温度煅烧后的 SEM 图
(a)(b) 25 ℃;(c)(d) 700 ℃;(e)(f) 900 ℃

低到 24.68 m²/g，且赤泥的表面有许多颗粒聚集在一起形成块状物，表面光滑且不粗糙，主要是由于赤泥中的矿物变成熔融状，导致孔径被堵塞。

随着煅烧温度的上升，赤泥中的碳酸盐会不断分解，从而产生大量的 CO_2 气体，产生的 CO_2 气体从赤泥内部溢出[11-12]，赤泥的孔径变大且孔的数量大幅增加，增加了赤泥的比表面积，增强了赤泥的除砷能力。当煅烧温度达到 900 ℃ 时，赤泥中的硅酸盐开始分解并变为熔融状态。

如图 4-9 所示，高温煅烧赤泥的除砷过程分两个阶段：第一阶段是赤泥的除砷能力随着煅烧温度的升高而增强，当煅烧温度到达 700 ℃ 时，赤泥的除砷效果最佳，根据剩余浓度计算得到赤泥除砷效果为 96.5%；第二阶段是赤泥的除砷效率随着煅烧温度的增加而降低，当煅烧温度到达 900 ℃时，根据剩余浓度计算得到赤泥除砷效果为 82%，除砷效率下降了 13.5%。因此，高温煅烧能够显著改变赤泥的除砷能力。

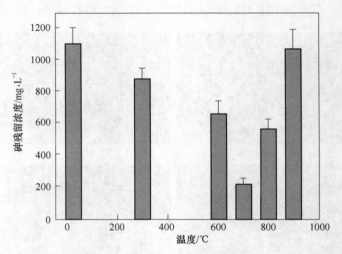

图 4-9 煅烧后赤泥的除砷效率

当温度低于 700 ℃ 时，赤泥通过 CO_2 气体造孔，使赤泥的比表面积显著增加，比表面积比原始赤泥提高了 6 倍，因此煅烧后的赤泥具有更强的除砷能力。当温度高于 700 ℃ 时，随着煅烧温度的增加，赤泥中的一些矿物会变成熔融态，赤泥颗粒聚集，并且还堵塞了赤泥的孔径，导致赤泥的比表面积和吸附位点显著降低，从而赤泥的除砷效果急剧降低。

4.3.2.2 高温煅烧赤泥用量对除砷效果的影响

图 4-10 所示为不同用量的赤泥和 5 g/L 的 $Fe(OH)_3$ 一起加入污酸溶液中，反应 12 h 后的实验数据。如图 4-10（a）所示，赤泥用量对砷的去除起主要作用，当赤泥用量为 30 g/L 时，砷的去除率为 85.9%；当赤泥用量为 45 g/L 时，

砷的去除率为99.3%，砷离子浓度从6100 mg/L降到50 mg/L以下，除砷效果显著。从图4-10（a）还可以看出，反应后溶液的最终pH值随着赤泥用量的增加而增加。因为赤泥属于强碱性物质，加入污酸溶液不仅起到除砷效果，也可以起中和作用。如图4-10（b）所示，当赤泥用量为30 g/L时，砷离子浓度能够降到859 mg/L；Fe离子浓度降低主要由于大部分Fe离子通过化学和物理反应与砷结合。随着赤泥用量的增加，Fe离子浓度会有所上升，这是因为赤泥在除砷反应中起主要作用，赤泥用量的增加导致溶液中砷离子浓度快速降低，也会引起Fe离子浓度的上升。

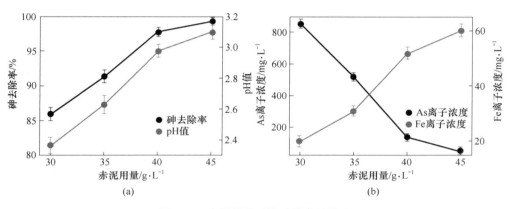

图 4-10 赤泥用量对除砷效率的影响

如图4-11所示，随着赤泥用量的增加，沉淀物的浸出毒性也会逐渐降低。当赤泥用量增多时，溶液中的铝、硅等金属离子浓度会上升，这些金属离子和砷

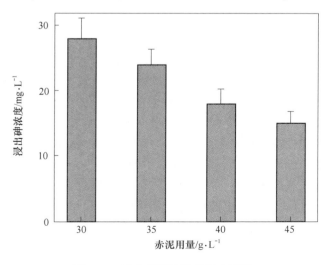

图 4-11 反应后沉淀物的浸出毒性

发生化学反应生成稳定的含砷物质，从而使沉淀物的浸出毒性降低。赤泥用量较低时，溶液中的铝、硅等金属离子浓度较低，大部分砷离子通过物理吸附而吸附在赤泥表面，在这种条件下，浸出毒性会较高。国家标准规定，沉淀物的砷浸出毒性不能超过 5 mg/L，因此反应后的沉淀物需要进一步处理，如可以通过调节溶液中的 pH 值，从而形成包裹使沉淀物的浸出毒性达标。

4.3.2.3　反应时间对除砷效果的影响

反应时间的长短是描述赤泥吸附能力的一个重要指标，能够形象描述除砷的整个过程。由图 4-12 (a) 可以看出，除砷过程可以分为三个阶段。第一阶段为 0~4 h，在这个时间段中，高温煅烧赤泥@ Fe-Mn 和污酸中的砷离子快速反应，去除了溶液中 95% 以上的砷离子，是整个反应过程中最重要的阶段和除砷的主要阶段，该阶段为物理吸附和化学沉淀共同作用。在反应初始阶段，经过高温煅烧的赤泥表面粗糙且有丰富的孔径，赤泥表面层含有大量的吸附位点，此时溶液中的砷离子浓度最高，浓度梯度也高，造成了砷离子快速与赤泥表面的吸附位点结合，使砷离子浓度急剧降低，$Fe(OH)_3$ 固体也快速溶解，提供了大量的 Fe^{3+} 和羟基，赤泥中的金属离子也大量溶解，溶液中生成大量不定型的沉淀物，提高了砷的去除效率。第二阶段为 4~12 h，在该阶段中，砷的去除效率明显减缓，呈现出一个缓慢上升的趋势，主要由于表面吸附达到饱和，处于吸附和解析平衡的状态。该阶段以金属离子之间的化学反应和赤泥内表面的吸附为除砷的主要驱动力，一方面砷离子穿过赤泥外表面与赤泥孔径内表面结合，此过程除砷能力较低，影响较小；另一方面，溶液中含有大量的 As、Al 和 Fe 离子，As 和 Al 离子通过化学反应生成稳定的含砷沉淀物 $AlAsO_4$，As 和 Fe 离子通过化学反应生成了稳定的含砷沉淀物 $FeAsO_4$。这是除砷的第二阶段，主要为化学反应除砷。第三阶段为 12~24 h，这个时间段砷的去除效率波动不大，处于除砷和解析平衡状态，是一种稳定的平衡状态。

如图 4-12 (b) 所示，溶液中离子浓度随着时间的变化而发生变化。砷离子浓度随着反应时间的增加而显著降低，主要原因是高温煅烧赤泥@ Fe-Mn 的物理吸附和化学沉淀作用，即赤泥表面提供的吸附位点除砷和溶解的金属离子与砷发生化学反应除砷。Al 离子浓度在整个反应过程中持续降低，主要是第一阶段中 Al 和 As 反应生成无定型化合物，在第二个阶段中 Al 和 As 持续反应，部分无定型砷酸铝向结晶型砷酸铝转化，除砷效率不断提高。Ca 离子浓度降低的主要原因是溶液中含有大量的 SO_4^{2-}，且整个反应过程溶液的 pH 值一直为弱酸性，Ca^{2+} 和 SO_4^{2-} 发生化学反应，生成了硫酸钙沉淀。

如图 4-13 所示，在 3413 cm^{-1} 和 1623 cm^{-1} 处都发现了峰，主要归因于金属氧化物/氢氧化物结构中羟基的—OH 拉伸振动和水分子的弯曲振动；在 885 cm^{-1} 处向下弯曲的峰归因于 As—O 拉伸振动，这与去除砷后赤泥中的含砷沉淀物相对

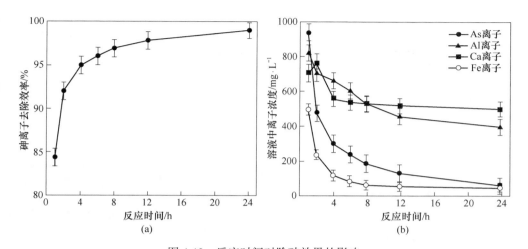

图 4-12　反应时间对除砷效果的影响

（a）砷离子去除效率随时间的变化；（b）反应后污酸溶液中 As、Al、Ca 和 Fe 离子浓度变化

应，表明沉淀物中含有砷化物；1125 cm^{-1} 处峰的拉伸和弯曲与 SO_4^{2-} 拉伸振动相关[13]，且峰的强度随着反应时间的增加而变强；1453 cm^{-1} 处峰的拉伸和弯曲与 CO_3^{2-} 拉伸振动相关[14-15]，且 CO_3^{2-} 只存在于赤泥原样中，当赤泥和污酸反应时，CO_3^{2-} 迅速分解；460 cm^{-1} 的峰归因于 Fe—O 拉伸振动[16]。

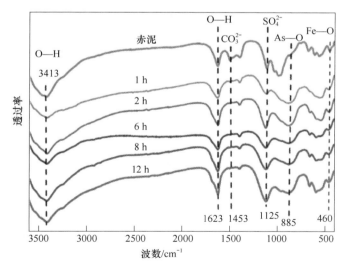

图 4-13　反应后沉淀物的 FTIR 图

4.3.2.4　机理分析

为了揭示赤泥去除砷的机理，通过 SEM-EDS 对反应后沉淀物进行了表征。

如图 4-14 所示，反应后的含砷渣由一些块状物质和小颗粒聚集物组成，棒状物质主要由 S、O、Ca 三种元素组成，结合表 4-6 的 EDS 数据分析可以确定该棒状物质为 $CaSO_4$，与之前的 XRD 结论一致。棒状物质周围的颗粒聚集物质为含砷沉淀物，因为砷元素的分布与这些颗粒聚集物质完全重合，说明这些颗粒聚集物质中含有砷。从图 4-14 也可以看出，Al 和 Fe 元素的面分布也在颗粒聚集物质上与 As 元素的分布完全重合，结合表 4-6 的 EDS 数据分析可以推断该颗粒中含有砷铁化合物和砷铝化合物。

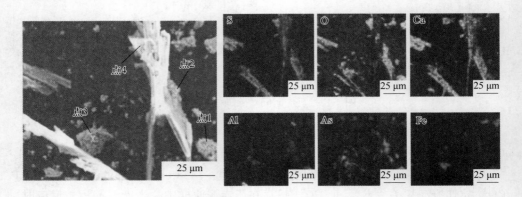

图 4-14　反应后含砷渣的 SEM-EDS 的点扫描和面扫描图

表 4-6　反应后沉淀物的元素组成

点位	元素组成（质量分数）/%							可能物相
	O	Al	S	Ca	As	Fe	Si	
点 1	69.22	9.18	0.91	2.75	6.19	10.65	0.94	$AlAsO_4$、$AlHAsO_4^+$、$AlH_2AsO_4^{2+}$、$FeAsO_4$
点 2	66.74	7.12	1.52	8.05	4.48	10.45	1.50	$AlAsO_4$、$AlHAsO_4^+$、$AlH_2AsO_4^{2+}$、$FeAsO_4$
点 3	62.4	5.74	0.84	3.39	4.03	22.33	1.23	$FeAsO_4$、Fe_2O_3
点 4	10.38	50.27	14.54	17.03	0.35	1.03	0.84	$CaSO_4$

如图 4-15 所示，砷元素的 XPS 分析结果表明，沉淀物中含有 As^{5+} 和 As^{3+}，并生成了含砷化合物，沉淀物中的 As 主要以 As^{5+} 的形式存在，主要是高锰酸钾的氧化作用可以使污酸中的 As 更加容易去除。

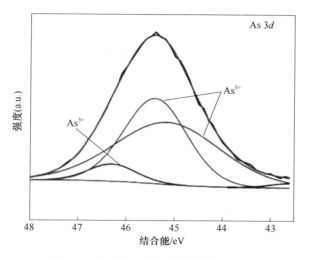

图 4-15 反应后沉淀物中砷元素的 XPS 图

如图 4-16 所示，XPS 的分析结果表明，铝原子的峰值发生了偏移，并且是向高结合能方向偏移，说明该原子周边存在某个强吸电子基团或吸电子化合物[17]，两者之间存在化学作用力和配位原子变化，导致结合力和键能变化。反应前赤泥的铝原子 XPS 图说明铝原子在赤泥中主要以铝的氧化物形式存在，考虑 Al 2p 中心未发现多重峰行为，这可能是由于 Al 中心的惰性氧化态行为所致[18]。根据反应后赤泥中铝原子的 XPS 分析结果可知，其两个峰分别是 Al—OH—As 和 Al—O—As。

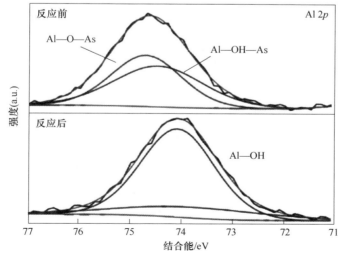

图 4-16 反应后沉淀物中铝元素的 XPS 图

如图 4-17 所示，XPS 的分析结果表明，反应前赤泥中的 Fe 原子主要以 Fe—O 键的形式存在，此结果与 XRD 结果一致，赤泥中 Fe 主要包含在 Fe_2O_3 的铁氧化物中。反应后的 Fe 原子 XPS 分析可知，在 712 eV 处的峰为 Fe—O—As，说明 Fe 原子参与了除砷过程，这与扫描电镜的面扫结果一致。

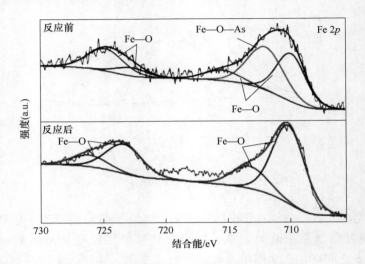

图 4-17　反应前后沉淀物中铁元素的 XPS 图

4.4　蜂窝煤渣除砷

4.4.1　蜂窝煤渣的基本物化特征

图 4-18（a）为蜂窝煤渣的微观形貌，观察渣粒表面由不均匀和不规则的孔隙组成，揭示了硅酸盐玻璃相的存在，表面上这些不规则的孔提升了砷的吸附量。根据表 4-7 可知，蜂窝煤渣富含氧化铝，其含量为 27.52%，其他金属氧化物（例如 MgO、K_2O 和 CaO）占 13.12%。由图 4-18（b）可知，表面结晶相主要由二氧化硅、硅酸盐（$CaAl_2Si_2O_8$）和石膏（$CaSO_4$）的大聚集体组成。进行氮气吸附-脱附分析以表征蜂窝煤渣的多孔微观结构，并得到孔径分布（见图 4-18（c）和（d））和相关结构参数（见表 4-8），蜂窝煤渣的比表面积和孔径为 5.600 m^2/g 和 4.249 nm，检测表现出该材料可改善和提高除砷效率的有利吸附条件。当相对压力在 $p/p_0 < 1.0$ 的范围内升高时，等温线曲线比较平坦，吸附线与脱附线重叠，起始位置随等温线变化，吸附反应主要发生在孔隙中；当相对压力在 $p/p_0 > 1.0$ 的范围内时，滞后回线等温线没有明显的饱和吸附平台，说明孔结构非常不规则。吸附滞后回线的出现对应于吸附质分子间产生了毛细凝聚现

象。毛细凝聚理论认为，在多孔吸附剂中，若能在吸附初期形成凹液面，凹液面上的蒸气压总小于液面上的饱和蒸气压，这时凹液面便达到饱和进而发生蒸气凝结，且这种蒸气冷凝的效果总是从小孔到大孔，随着气体压力的增加，产生气体凝聚的毛细孔越来越大。而在解吸过程中，由于毛细管团聚后液面的曲率半径总是小于毛细管团聚前，因此在相同吸附量下，解吸压力始终低于吸附压力，因此孔隙不断被填充，导致在这个相对压力范围内解吸和吸附不一致。由于冷凝产生的滞回线表明产物中存在无定型杂质，这意味着多孔微结构可以有效缓解由体积变化引起的结构应力，增加砷离子吸附的可能性。

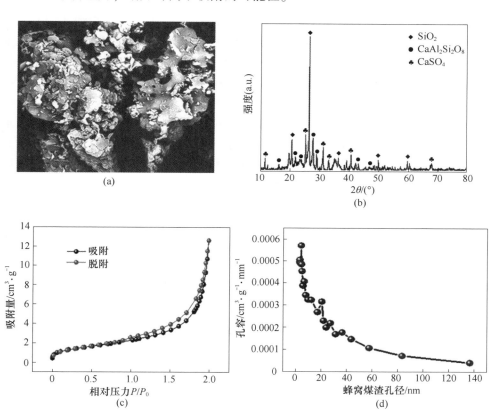

图 4-18　蜂窝煤表征图

（a）SEM 图像；（b）XRD 图谱；（c）N$_2$ 吸附-脱附等温线；（d）蜂窝煤渣孔径分布

表 4-7　蜂窝煤渣的成分

成分	SiO$_2$	Al$_2$O$_3$	CaO	Fe$_2$O$_3$	TiO$_2$	K$_2$O	MgO	其他
质量分数/%	40.09	27.52	10.98	4.28	1.58	1.39	0.75	13.41

表 4-8　蜂窝煤渣的结构参数

比表面积/m² · g⁻¹	孔体积/cm³ · g⁻¹	孔径/nm
5.600	0.019	4.249

4.4.2　蜂窝煤渣用量与反应时间对除砷效果的影响

在 Al/As 摩尔比为 2~4、反应时间为 12 h 的情况下，研究了蜂窝煤渣用量对污酸中砷去除的影响。由图 4-19（a）可以看出，污酸中的残留砷浓度从最初的 5500 mg/L 急剧下降到 363.4 mg/L，当 Al/As 摩尔比从 2 增加到 4 时，砷去除率达到 93.39%。蜂窝煤渣对污酸的除砷能力是基于物理吸附和化学共沉淀的原理[19]，蜂窝煤渣中的羟基可作为砷酸盐和亚砷酸盐的活性吸附位点，从而提高其除砷效率，而碱性氧化物的溶解增加了蜂窝煤渣的比表面积和孔体积[20-21]，并为吸附砷离子提供了更多的吸附位点，同时也降低了吸附砷的难度屏障。此外，溶解还能够使蜂窝煤渣晶格中氧化铝区域变窄，平衡金属离子，使其表面形成带正电的空穴。很明显，增加 Al/As 摩尔比可产生更多的活性吸附位点并为反应提供更高的最终 pH 值，从而提高除砷效率（见图 4-19（b））。随着 Al/As 摩尔比从 2.0 增加到 4.0，反应后污酸的最终 pH 值从 2.53 明显增加到 4.95。如图 4-19（c）所示，浸出砷浓度随着 Al/As 摩尔比的增加而降低，因此析出相的稳定性也逐渐提高。砷在较高 pH 值条件下表现出具有较高的吸附量。一般来说，吸附的 pH 值与其吸附容量成反比，由于在低 pH 值条件下蜂窝煤渣具有很强的物理吸附能力，砷很可能以不稳定的砷酸盐或亚砷酸盐的形式附着在蜂窝煤渣的表面，但蜂窝煤渣表面可能形成了硅酸盐和二氧化硅防止了砷的浸出，提高了无定型砷沉淀物的稳定性[22]。由于从砷与铝的共沉淀获得的低结晶砷酸铝在 XRD 图中未检测到含砷的结晶化合物，$CaSO_4 \cdot 2H_2O$ 是唯一检测到的晶体形式（见图 4-19（d）），这意味着应该依靠额外的分析技术来检测其他现有的砷化合物和砷酸盐。

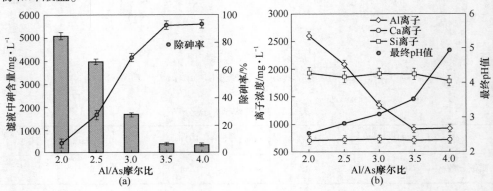

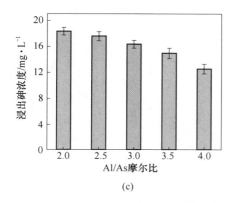

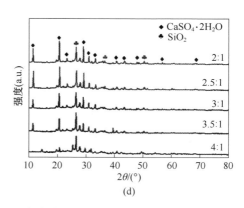

(c)　　　　　　　　　　　　　　　(d)

图 4-19　蜂窝煤渣用量对除砷效果的影响

（a）滤液中的砷含量和除砷率；（b）砷滤液中 Al、Ca 和 Si 离子浓度及反应结束时的 pH 值；
（c）载砷沉淀物 TCLP 测试中的浸出砷浓度；（d）载砷沉淀物的 XRD 图谱

当 Al/As 摩尔比为 3~5 时，溶液和沉淀物的组成随着反应时间的增加而变化（见图 4-20）。根据污酸中的残留砷浓度变化将除砷过程分为三个阶段：第一阶段为 3 h 内，该过程为快速除砷阶段；第二阶段为 3~6 h，该过程为缓慢除砷阶段；第三阶段为 6 h 后，该过程为慢平衡除砷阶段。前两阶段除砷率可达到95.18%，最终除砷率达到 98.64%。在初始阶段，砷离子和蜂窝煤渣通过静电吸附迅速结合，导致砷浓度降低。随着反应时间的延长，蜂窝煤渣表面的结合位点数量减少，污酸溶液中砷残留浓度降低，减慢了砷的去除速度。3 h 前，溶液中 Al^{3+} 浓度因 Al^{3+} 与溶液中的砷离子结合而大大降低；3~6 h 反应期间，溶液中的砷离子一部分被 Al^{3+} 共沉淀，一部分被蜂窝煤渣的大孔吸附消除，最终使去除率保持相对稳定，直到反应达到平衡。碱金属氧化物在除砷反应中用作中和剂，它们也影响砷的去除和吸附[70]。碱金属阳离子的溶解和释放及随后的水合反应提高了水溶液反应后的最终 pH 值。当 pH 值小于 7.0 时，钙离子不与砷离子反应，

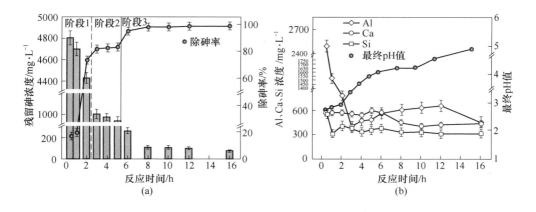

(a)　　　　　　　　　　　　　　　(b)

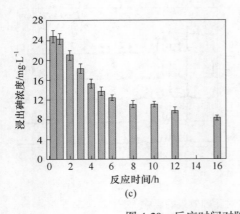
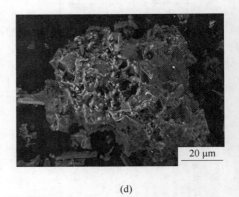

(c)

(d)

图 4-20　反应时间对除砷效果的影响及 SEM 图

（a）反应时间对残留砷浓度和去除效率的影响；（b）滤液中的 Al、Ca 和 Si 浓度及反应最终 pH 值；

（c）浸出砷浓度；（d）反应 6 h 后获得的沉淀物的 SEM 图

但随着时间的推移，少量钙离子与砷离子反应生成 $CaHAsO_3$，且反应后沉积物中浸出的砷浓度小于 5 mg/L，低于排放标准。随着碱金属离子在反应中的溶解，产生了更多的孔洞结构，为砷的吸附提供了更多的物理吸附位点，如图 4-20（d）所示。

4.4.3　吸附动力学分析

在本实验中，选择了 3 种广泛使用的动力学模型，即伪一级模型、伪二级模型和颗粒内扩散模型来研究实验吸附动力学，以评估吸附特性。这些模型公式如下[23]：

$$\ln(q_e - q_t) = \ln q_e - k_1 t$$

$$\frac{t}{q_t} = \frac{1}{k_2 q_e^2} + \frac{t}{q_e}$$

$$q_t = k_p t^{\frac{1}{2}} + C_i$$

式中，t 为吸附时间，min；q_e 为反应达到平衡时的吸附量，mg/g，q_t 为反应时间为 t 时的吸附质量，mg/g；k_1 为准一级吸附速率常数，min^{-1}；k_2 为准二级吸附速率常数，$g/(mg \cdot min)$；k_p 为粒子内扩散模型常数，$mg/(g \cdot min^{1/2})$；C_i 为与粒子内扩散方程中的边界层厚度相对应的常数。

伪二级动力学模型（$R^2 = 0.995$）最适合吸附实验数据，表明化学吸附是反应过程的主要机制（见图 4-21（b））。伪一级动力学模型也很好地拟合了砷吸附数据（$R^2 = 0.958$）（见图 4-21（a）），这意味着物理吸附也会影响砷的吸附。相比之下，粒子内扩散模型与砷吸附数据没有很好的拟合（$R^2 = 0.834$）（见图 4-21

（c）），模型中砷吸附的线性图没有通过坐标原点，表明在实验过程中，包括颗粒内扩散在内的反应步骤限制了砷的吸附。在粒子内扩散模型图中，吸附过程的限速步骤由通过原点的直线表示，如果直线不经过原点，则假定吸附过程由其他吸附阶段共同控制。从图 4-21 可以看出，直线没有经过原点，前 100 min 包括一个以物理吸附为主的瞬态吸附阶段，这一阶段对应于溶质分子 As^{5+} 从废水溶液到固体吸附剂外表面的运输。总之，物理吸附和化学吸附都会影响砷的吸附。第一阶段以物理吸附为主，第二阶段以化学吸附为主。

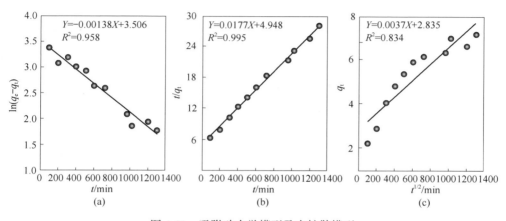

图 4-21　吸附动力学模型及内扩散模型
（a）蜂窝煤渣吸附 As^{5+} 的伪一级动力学模型；（b）伪二级动力学模型；（c）颗粒内扩散模型

4.4.4　反应初始 pH 值的影响

选择 Al/As 摩尔比为 3~5，反应时间为 6 h，通过使用 NaOH 和 H_2SO_4 调节反应过程中的 pH 值进行批量实验。图 4-22（a）表明，溶液中的砷浓度随着 pH 值的增加而降低。当 pH 值小于 3.4 时，除砷效果不明显，因为蜂窝煤渣中的 Al^{3+} 在强酸性条件下不能快速溶解释放与溶液中的砷离子结合；当 pH 值为 6 时，砷浓度迅速下降，砷去除率达到 98.64%；当 pH 值继续升高，砷去除率稳定在 98.55% 左右，溶液中的 Al^{3+} 随着 pH 值的升高而大量溶解和释放，与溶液中的砷离子反应生成结晶度较低的砷酸铝化合物；当 pH 值大于 6 时，Al^{3+} 的浓度略有增加，因为其他金属离子与砷离子结合在碱性条件下取代了 Al^{3+}（见图 4-22（b））。在低 pH 值时，蜂窝煤渣中的氧化钙开始溶解在溶液中，导致钙离子浓度增加，直到在 pH 值为 3 处获得峰值。图 4-22（b）表明，钙离子浓度不随反应 pH 值的增加而增加，同时，由于 Ca^{2+} 以 $CaSO_4 \cdot 2H_2O$ 的形式沉淀，使 Ca^{2+} 溶解度随着 pH 值的增加（2.5~7）而降低。调整反应的 pH 值，在 16 h 后略有变化，因为二氧化硅与蜂窝煤渣释放的其他金属反应形成能降低 pH 值的硅酸盐。

如图 4-22（c）所示，随着反应初始 pH 值的增加，TCLP 实验反应后砷的浸出浓度呈下降趋势，最终降至 3.05 mg/L，达到一般废水排放标准，说明在较高 pH 值条件下反应产生稳定的含砷沉淀物，从而提高其固砷稳定性。如图 4-22（d）所示，当 pH 值为 12 时，As^{5+} 的主要物质为 AsO_4^{3-}，相应的红外光谱在 857 cm^{-1} 处呈现出单一的强谱带，这归因于不对称振动。在 723 cm^{-1} 处含有其他碱基的 Al 带随着 pH 值的降低而增加，这表明低 pH 值条件更有可能诱导晶体形砷酸铝的形成。在 489 cm^{-1} 和 628 cm^{-1} 之间的两个凸起部分归因于 As—OH 的对称振动、未络合 As—O 的对称和不对称振动[13]。在 1090 cm^{-1} 处的 SO_4^{2-} 能带结构表明存在 $CaSO_4 \cdot 2H_2O$。相应地，1625 cm^{-1} 处的 O—H 伸缩振动与 $CaSO_4 \cdot 2H_2O$ 的结晶水和无定型砷酸铝有关。此外，3425 cm^{-1} 处的谱带归因于水分子的 H—O—H 弯曲振动。蜂窝煤渣中的 Ca^{2+} 和 Al^{3+} 氧化物是可溶的，释放出来的 Ca^{2+} 和 Al^{3+} 与污酸中的硫酸盐和砷复合，既中和了废水中的酸，又生成了稳定的砷酸铝和硫酸钙，与单一的 Ca^{2+} 和 Al^{3+} 相比，载砷蜂窝煤渣表现出相对更好的除砷和固定稳定性。

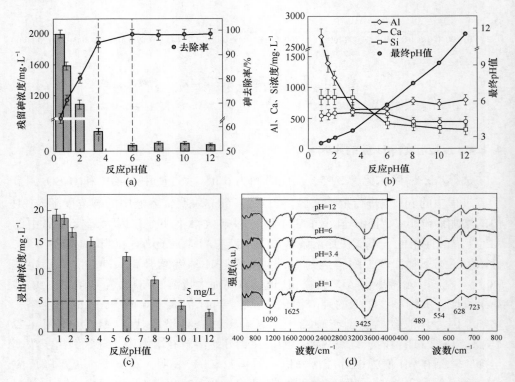

图 4-22　反应初始 pH 值的影响变化

（a）残留砷浓度和去除效率；（b）滤液中的 Al、Ca 和 Si 浓度及反应最终 pH 值；
（c）浸出砷浓度；（d）载砷沉淀物光谱图

　　由图 4-23~图 4-25 可以看出，沉淀物表面不规则，有小的絮状物，这些絮状物结合形成孔洞和团块。EDS 结果表明，这些团块主要由 O、As 和 Al 组成，表

图 4-23　不同反应时间后获得的析出物 SEM 图像

（a）（b）1 h；（c）（d）4 h；（e）（f）8 h

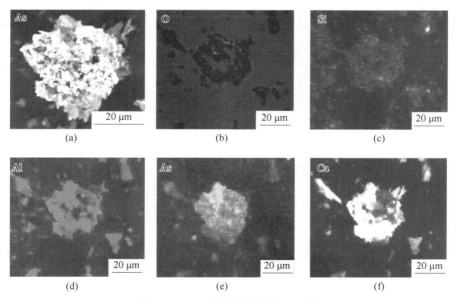

图 4-24　8 h 获得沉淀物的 SEM 图

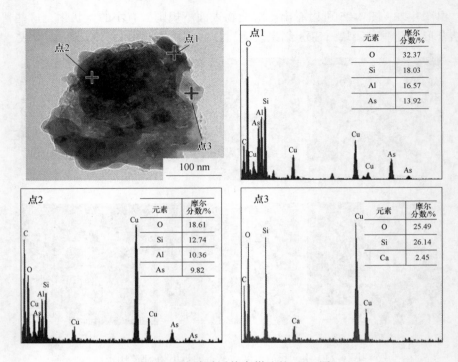

图 4-25 去除砷后蜂窝煤渣的 TEM 图

明析出相可能是 AlAsO₄（见表 4-9）。As 和 Al 元素的颜色分布重叠，与晶体表面和外部的亚微米和亮粒状和块状分布一致，表明块状颗粒由 $AlAsO_4$ 和双砷酸铝（$AlHAsO_4^+$ 和 $AlH_2AsO_4^{2+}$）构成。蜂窝煤渣中的 Ca^{2+} 与高砷废水中的 SO_4^{2-} 相互反应生成 $CaSO_4 \cdot 2H_2O$ 晶体。

表 4-9 每个 EDS 点的元素组成和可能的物相

点位	元素组成（质量分数）/%								可能物相
	O	Na	Mg	Al	Si	Ca	Fe	As	
点 1	45.82	5.61	13.85	5.68	5.24	4.79	14.52	4.49	$CaSO_4$、$FeSO_4$、$AlAsO_4$、$AlHAsO_4^+$、$AlH_2AsO_4^{2+}$
点 2	52.99	1.36	1.29	7.25	25.80	1.32	2.90	6.11	SiO_2、H_4SiO_4、$AlAsO_4$、$AlHAsO_4^+$、$AlH_2AsO_4^{2+}$
点 3	58.54	1.42	0.84	14.09	16.82	3.81	0.90	3.58	SiO_2、H_4SiO_4、$AlAsO_4$、$AlHAsO_4^+$、$AlH_2AsO_4^{2+}$

在不调节 pH 值的情况下，底泥中浸出的砷浓度大于 5 mg/L，含砷废水中残留大量 Al^{3+} 和 Ca^{2+}。调节溶液的 pH 值，特别是在 pH 值大于 7 后，Al^{3+} 和 Ca^{2+} 等碱金属离子以氢氧化物的形式析出，提高了固体砷的稳定性[24]。有研究还证明，pH 值为 12 最有利于 Al^{3+}、Ca^{2+} 和硅酸盐的沉淀。将 pH 值调节至 12 后溶液中获得的沉淀物通过 TEM 和 EDS 表征以证明砷的固定机制（注意：每个点中 C 和 Cu 的高含量源于在透射电子显微镜下使用的铜网和碳膜，不反映样品本身的内容）。TEM 图像清楚地表明沉淀相的形态由透明壳和黑色核组成。图 4-25 EDS 结果表明，析出核的成分是形成的含砷析出物，其他元素（Ca、Al）的含量与蜂窝煤渣反应前的含量相同。壳层主要由氢氧化铝和氢氧化硅组成，其阻碍了砷向外部环境的迁移。

4.4.5 工业流程应用设计

为进一步净化高砷污酸，使其达到工业用水排放标准，需将反应后的含砷溶液砷浓度降至不大于 0.1 mg/L。由于蜂窝煤渣具有极高的砷吸附能力，刚燃烧后的蜂窝煤渣可用于残留砷溶液的深度净化，因此为处理高砷污酸设计了流程图，如图 4-26 所示。该工艺由三步组成：第一步是去除污酸中的砷，使砷浓度降低到 80 mg/L 左右；第二步是在残液中加入未经反应的蜂窝煤渣，使砷浓度降至 52 μg/L；第三步是在溶液中加入中和剂，调节 pH 值至 7，得到可重复使用的工业用水。

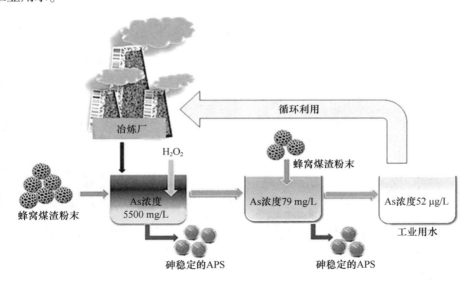

图 4-26　蜂窝煤渣处理铜冶炼废水的流程

4.5　高温煅烧改性蜂窝煤渣

4.5.1　高温煅烧后蜂窝煤渣性质

如图 4-27 和表 4-10 所示，蜂窝煤渣经过不同温度的煅烧处理后在其表面出现了明显的变化。图 4-27（a）（b）是 300 ℃煅烧处理后样品的扫描电镜图，可以看到图片表面出现大小不规则的孔洞，但孔洞较为分散，没有大范围的聚集现象，比表面积达到 18.7 m²/g；图 4-27（c）（d）是 700 ℃煅烧后的形貌变化，其比表面积达到 41.8 m²/g；当煅烧温度达到 900 ℃时比表面积迅速降低，只有 16.4 m²/g，可在表面观察到絮状颗粒的聚集，并形成明显的块状物质，而蜂窝煤渣的表面呈现粗糙状，原因主要是蜂窝煤渣中的硅酸盐分解熔融后导致表面的孔洞被堵塞[25]。

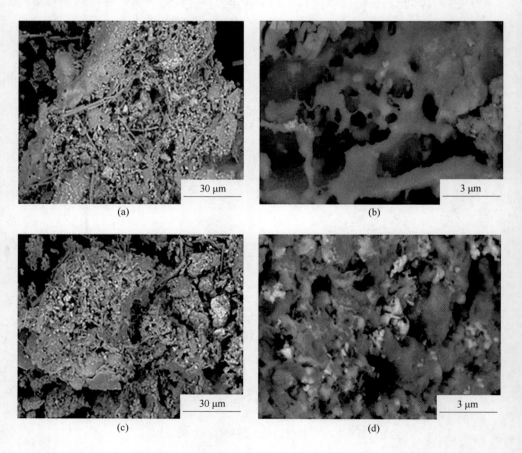

(a)　　　　　　　　　　　　　　　(b)

(c)　　　　　　　　　　　　　　　(d)

图 4-27 蜂窝煤渣经不同温度煅烧后的 SEM 图
(a) (b) 300 ℃; (c) (d) 700 ℃; (e) (f) 900 ℃

表 4-10 蜂窝煤渣在不同温度煅烧后的比表面积和孔容孔径

煅烧温度/℃	BET 比表面积/$m^2 \cdot g^{-1}$	总孔体积/$mL \cdot g^{-1}$	微孔比表面积/$m^2 \cdot g^{-1}$	微孔体积/$mL \cdot g^{-1}$
300	18.7	0.11	6.2	0.00263
500	25.3	0.12	12.6	0.00381
700	41.8	0.14	19.6	0.00582
800	32.2	0.13	13.4	0.00341
900	16.4	0.11	7.2	0.00139

高温煅烧后，蜂窝煤渣表面的碳酸盐生成大量 CO_2 气体，随着气体的排出，蜂窝煤渣的表面出现了更多的孔洞和更大的孔洞结构，使比表面积大幅增加，从而大大提高了除砷效果。

4.5.2 高温煅烧后蜂窝煤渣除砷效果

高温煅烧后蜂窝煤渣除砷过程分为两个阶段：第一阶段是当煅烧温度逐渐高到 700 ℃，蜂窝煤渣的除砷效果最佳，除砷率高达 94.36%，呈现一个快速除砷的趋势；第二阶段是当煅烧温度升至 900 ℃ 过程中，除砷率降至 87.99%（见图 4-28（a））。可以看出高温煅烧的改性处理方式能够明显提升蜂窝煤渣的除砷能力，但在蜂窝煤渣的表面只看到 $CaSO_4 \cdot 2H_2O$，未能检测到含砷晶体，所以固砷方式可能是一种非晶体的化合物或者物理吸附[27]，如图 4-28（b）所示。

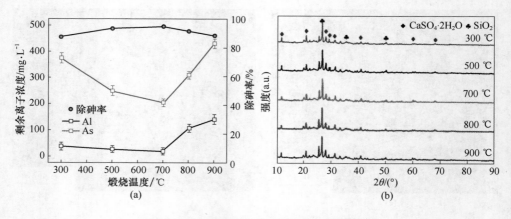

图 4-28　高温煅烧后蜂窝煤渣除砷表征图

（a）高温煅烧后蜂窝煤渣除砷反应后溶液中剩余离子浓度及除砷率；（b）反应沉淀物的 XRD 图谱

当煅烧温度低于 700 ℃时，蜂窝煤渣表面物质产生 CO_2 气体，通过气体的排出形成孔洞结构，增大比表面积，因此高温煅烧后的蜂窝煤渣拥有更强的除砷性能。当温度高于 700 ℃时，因为温度的升高使表面的硅酸盐熔融分解堵塞了表面形成的孔洞结构，蜂窝煤渣颗粒迅速聚集，导致蜂窝煤渣的比表面积和吸附位点大幅降低，对除砷性能效果造成了影响。

4.6　铁改性蜂窝煤渣

4.6.1　Fe(OH)$_3$ 用量的影响

随着 Fe(OH)$_3$ 用量的增多，除砷效率也有所提升，由图 4-29 可知，3 g/L 的 Fe(OH)$_3$ 是最佳用量，其除砷率高达 97.12%，原因主要是 Fe^{3+} 对 As^{5+} 具有较强的亲和力，而铁氧化物具有丰富的羟基，为砷离子提供了大量的吸附位点，通过物理吸附与化学沉淀双途径达到除砷固砷的目的，与蜂窝煤渣中的铝基化合物协同除砷，提高了除砷效率增强了固砷能力。在 3413 cm^{-1} 和 1624 cm^{-1} 的峰归因于金属氧化物和氢氧化物中羟基的拉伸振动和溶液中水分子的弯曲振动；884 cm^{-1} 处出现 As—O 的拉伸振动峰，说明处理过污酸后的沉淀物可能发生化学反应形成了含砷沉淀物；1126 cm^{-1} 处峰的出现与 SO_4^{2-} 的拉伸振动相关，而峰的强度也随着载铁量的提升而逐渐增强；458 cm^{-1} 处峰是由于 Fe—O 的拉伸振动，因为载铁量的提升，峰值也有了更明显的变化。

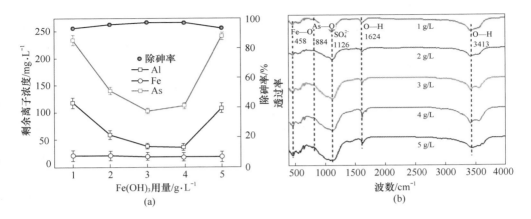

图 4-29 Fe(OH)₃ 用量影响变化及 FTIR 分析图

（a）不同载铁量蜂窝煤渣除砷反应后溶液中剩余的离子浓度及除砷率；（b）反应沉淀物的 FTIR 图

4.6.2 蜂窝煤渣用量的影响

将不同的蜂窝煤渣用量和 3 g/L 的 Fe(OH)₃ 加入污酸后，反应 18 h 的实验数据显示如图 4-30（a）所示，6 g 蜂窝煤渣为最佳用量，除砷效率可达 94.27%。蜂窝煤渣在处理过程中 Al³⁺ 和 Fe³⁺ 协同除砷，但 Al³⁺ 起主要作用，Fe³⁺ 起到提升除砷效率和固砷稳定性作用。当渣量由 2 g 提升至 10 g，除砷效率也由 42.87% 提升至 97.75%，考虑经济可行性分析还有渣量少的优势，选取 3 g/L 的 Fe(OH)₃ 为最佳载铁量。由图 4-30（b）可知，处理后的溶液最终 pH 值也逐步上升，是

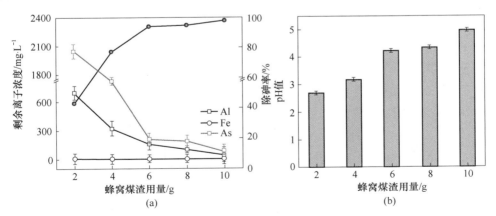

图 4-30 不同蜂窝煤渣用量影响变化图

（a）不同蜂窝煤渣除砷反应后溶液中剩余离子浓度及除砷率；（b）反应后溶液的 pH 值

因为蜂窝煤渣释放的 Al^{3+} 和其他金属离子不仅有除砷固砷的吸附能力，还有调节溶液 pH 值的中和能力。溶液中 Fe^{3+} 浓度基本检测不到是因为 Fe^{3+} 通过物理化学双途径与污酸中的 As^{5+} 物理吸附或化学结合，导致 Fe^{3+} 的剩余浓度很低。随着蜂窝煤渣的用量增加，污酸中的砷离子也同时减少。

4.6.3　反应时间的影响

高温煅烧 $Fe(OH)_3$ 改性处理后的蜂窝煤渣选取 6 g 的最佳渣量在不同反应时间条件下进行污酸处理实验，根据反应时间的不同可观察到除砷固砷过程分为三个阶段，如图 4-31 所示。第一阶段为 1~6 h，除砷率达 88.83%，这一阶段的除砷为物理吸附和化学沉淀双途径实现除砷效果。因为改性后的蜂窝煤渣表面还有大量孔洞结构和表面粗糙的特性，为吸附砷离子提供了吸附位点和化合条件，这一特点使溶液中的砷离子浓度急剧降低，$Fe(OH)_3$ 颗粒的快速溶解释放出大量 Fe^{3+} 和 OH^-，在反应过程中蜂窝煤渣中的金属离子也快速溶解释放，形成大量的沉淀物，加快了除砷速率。第二阶段为快速阶段（6~8 h），除砷率为 92.54%，这一过程的除砷速率明显减缓呈现缓步上升趋势，主要是由于蜂窝煤渣表面吸附位点接近饱和，此时的金属离子释放与消耗达到一个动态平衡的状态。该阶段与砷离子的化学反应是主要的除砷途径，但溶液中的大部分砷离子已经发生化学反应，所以除砷速率有所放缓，其发生的主要反应是铝离子和铁离子生成非晶体的稳定含砷沉淀物 $AlAsO_4$，As^{5+} 和 Fe^{3+} 通过化学反应生产了稳定的含砷沉淀物 $FeAsO_4$。最后阶段为平衡阶段（8~18 h），最终除砷率达 94.96%，除砷率随着时间的变化提升不大，但溶液 pH 值有上升的趋势，主要是改性蜂窝煤渣的溶解过程中释放出 Ca^{2+} 等金属离子，使溶液的酸碱度得到改变。而溶液中释放的 Ca^{2+} 与 SO_4^{2-} 结合生成硫酸钙沉淀物，所以溶液渐渐呈弱酸性溶液。

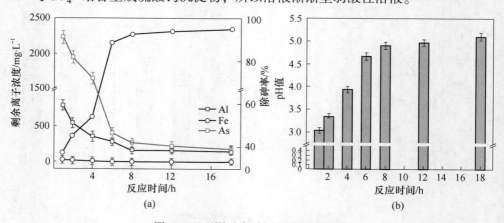

图 4-31　不同反应时间的影响变化图

（a）不同反应时间下除砷后溶液中剩余的离子浓度及除砷率；（b）反应后溶液的 pH 值

4.6.4 吸附动力学分析

改性后的蜂窝煤渣除砷效率利用伪一级动力学模型和伪二级动力学模型进行拟合，对除砷的吸附行为进行研究。结合图 4-32 和表 4-11 可知，改性蜂窝煤渣在伪二级动力学模型的 R^2 大于伪一阶动力学模型的 R^2，因此其吸附行为更符合伪二级动力学模型。伪二级动力学模型 q_e 的拟合数据为 209.21 mg/L，实验数据为 211.6 mg/L，两者结果拟合一致。

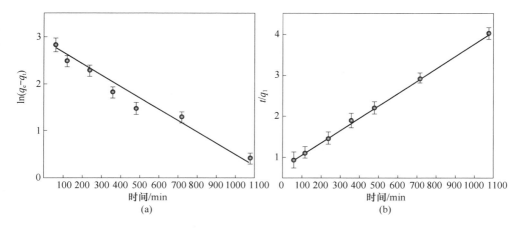

图 4-32　伪一级动力学模型（a）及伪二级动力学模型（b）图

表 4-11　改性蜂窝煤渣的动力学模型

伪一级动力学模型			伪二级动力学模型		
k_1 /min^{-1}	$q_e /\mathrm{mg} \cdot \mathrm{L}^{-1}$	R^2	$k_2 /\mathrm{g} \cdot (\mathrm{mg} \cdot \mathrm{min})^{-1}$	$q_e /\mathrm{mg} \cdot \mathrm{L}^{-1}$	R^2
0.0042	38.91	0.973	0.0081	209.21	0.992

4.6.5 共存离子的影响

污酸是一种成分复杂、毒性巨大的溶液，含有多种阴离子酸根（SO_4^{2-}、NO_3^-、CO_3^{2-}、PO_4^{3-}），这些离子可能会在处理过程中与砷离子竞争改性蜂窝煤渣的吸附位点，从而降低溶液的除砷率。通过对多种酸根离子影响的条件下研究可知，在 SO_4^{2-}、NO_3^-、CO_3^{2-} 存在的条件下，对改性蜂窝煤渣的除砷效果影响不大，尤其是在浓度较低的情况下影响几乎可以忽略不计。但当溶液中存在 PO_4^{3-} 的条件下，会对改性蜂窝煤渣的除砷效率产生显著的影响，这是由于 PO_4^{3-} 和 As^{5+} 具有相似的化学物质特性[29]，PO_4^{3-} 具有很强的吸附竞争能力，从而影响了除砷效果。溶液中共存离子对除砷效果的影响如图 4-33 所示。

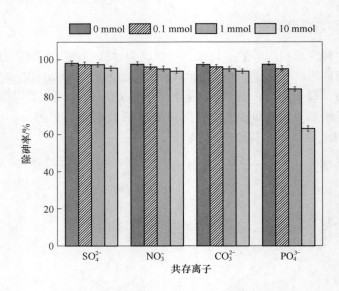

图 4-33 溶液中共存离子对除砷效果的影响

4.6.6 浸出毒性研究

研究除砷效果后需要确保处理后含砷沉淀物的稳定性，利用毒性浸出实验分析，检测结果数据表明在蜂窝煤渣与污酸反应的 pH 值小于 10 的范围内，最终得到的含砷沉淀物因溶液的浸出毒性超标被称为危险废弃物。出于保护环境和绿色生态的角度，在高温煅烧蜂窝煤渣 Fe(OH)$_3$ 与污酸反应 18 h 后，将溶液的 pH 值调至 12，再静置 3 h 后得到的含砷沉淀物经过毒性浸出的检测结果可满足毒性浸出排放标准。

由图 4-34 所示，当 pH 值为 12 时，含砷沉淀物的毒性浸出低至 3.05 mg/L，其数据明显低于标准值 5 mg/L，这是因为反应过程中改性后的蜂窝煤渣快速溶解释放出大量的铝离子、钙离子和硅离子等，这些离子在碱性条件下尤其是较高的 pH 值条件下，Si—O 键和 Al—O 键会遭到破坏，硅和铝会溶解分离成单体，之后这些单体将聚集络合形成半透明状的硅凝胶，而这些由二氧化硅结构聚合的高分子凝胶将聚集出现在含砷沉淀物的表面，对含砷沉淀物进行包裹，从而提高了除砷固砷的稳定性。通过对 pH 值调节至 12 后，将静置 3 h 的含砷沉淀物进行电子显微镜的检测，分析结果可知含砷沉淀物是由一个暗黑的内核和半透明的壳状结构组成（见图 4-35）。内核中的含砷沉淀物是砷的主要存在部分，含量高达 14.4%（见表 4-12），而半透明的壳状物质主要是由 AlAsO$_4$ 和

SiO₂等组成，目的是防止砷离子从沉淀物中二次释放，起到增强含砷沉淀物稳定性的作用。

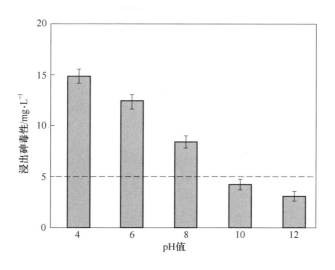

图 4-34 不同 pH 值条件下沉淀物的浸出毒性

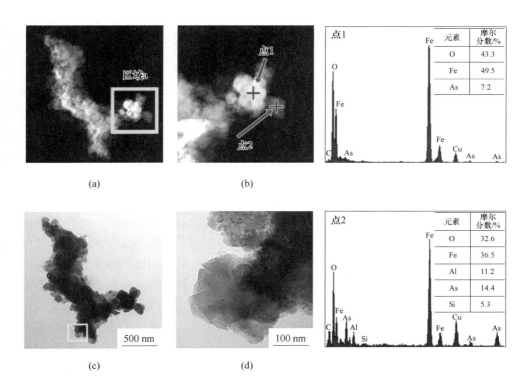

元素	摩尔分数/%
O	43.3
Fe	49.5
As	7.2

元素	摩尔分数/%
O	32.6
Fe	36.5
Al	11.2
As	14.4
Si	5.3

 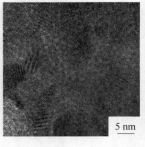 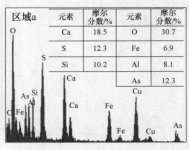

(e) (f)

图 4-35 pH=12 条件下沉淀物的 TEM-EDS 图

表 4-12 EDS 点及区域 a 的元素组成及可能物相

点位	元素组成（质量分数）/%							可能物相
	O	Fe	Al	As	Ca	S	Si	
点 1	43.3	49.5	—	7.2				Fe₂O₃、FeAsO₄
点 2	32.6	36.5	11.2	14.4	—	—	5.3	Fe₂O₃、FeAsO₄、AlAsO₄、SiO₂
区域 a	30.7	6.9	8.1	12.3	18.5	12.3	10.2	CaSO₄、FeAsO₄、AlAsO₄、SiO₂

4.6.7 机理分析

为了更好地分析改性蜂窝煤渣的除砷机理，选取最佳反应条件为煅烧 700 ℃、载铁量 3 g/L、渣量 6 g，在不同反应时间下和 8 h 后沉淀物 SEM 表征如图 4-36 和图 4-37 所示，可以看到在蜂窝煤渣的表面出现微量絮状物质，这些是硅离子聚合形成的二氧化硅凝胶，因为时间不足，沉积不够充分，颗粒聚集稀疏，砷离子大多以物理吸附的方式沉积于沉淀物表面，而沉淀物中铝离子等其他金属离子还未充分溶解与砷离子发生反应，所以颗粒呈现絮状不稳定结构（见图 4-36 (b)）。随着时间的延长，在沉淀物表面形成了半透明的结构，沉淀物表面孔洞清晰，絮状物消失，呈现稳定结构（见图 4-36 (f)）。结合表 4-13 的成分可知，颗粒聚集的物质含有丰富的砷元素，也与铝离子、铁离子的成分重叠，说明含砷沉淀物可能由 FeAsO₄ 和非晶相的 AlAsO₄ 组成，而 S 元素和 Ca 元素的重合也验证了之前 XRD 分析结果检测到 CaSO₄·2H₂O 的存在。

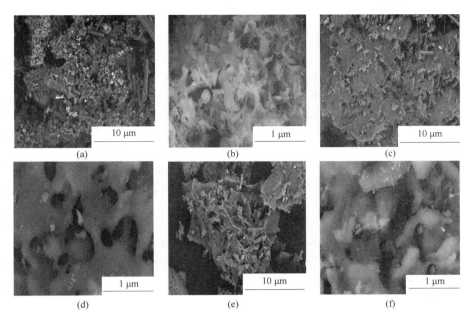

图 4-36　不同反应时间下的 SEM 图

（a）（b）1 h；（c）（d）8 h；（e）（f）18 h

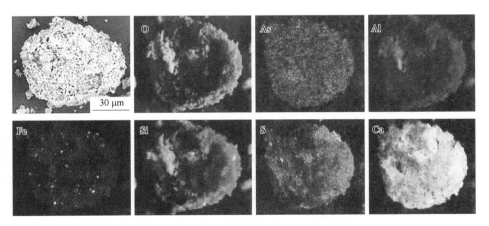

图 4-37　8 h 反应后沉淀物的 SEM-Mapping 图像

表 4-13　SEM 区域的元素组成及可能物相

元素组成（质量分数）/%							可能物相
O	Fe	Al	As	Ca	S	Si	
28.8	3.9	11.7	12.3	15.5	14.6	13.2	$CaSO_4$、$FeAsO_4$、$AlAsO_4$、$AlHAsO_4^+$、$AlH_2AsO_4^{2+}$、$AlAsO_4$、SiO_2

参 考 文 献

[1] DIAS A C, FONTES M P F. Arsenic（V）removal from water using hydrotalcites as adsorbents：A critical review [J]. Applied Clay Science, 2020, 191：105615.

[2] WANG J J, GASTON L A. Nutrient chemistry of manure and manure-impacted soils as influenced by application of bauxite residue [J]. Springer Netherlands, 2014：239-266.

[3] SNARS K, GILKES R J. Evaluation of bauxite residues（red muds）of different origins for environmental applications [J]. Applied Clay Science, 2009, 46（1）：13-20.

[4] FENG C, ALDRICH C, EKSTEEN J J, et al. Removal of arsenic from alkaline process waters of gold cyanidation by use of $Fe_3O_4@SiO_2@TiO_2$ nanosorbents [J]. Minerals Engineering, 2017, 110：40-46.

[5] GENç H, TJELL J C, MCCONCHIE D, et al. Adsorption of arsenate from water using neutralized red mud [J]. Journal of Colloid and Interface Science, 2003, 264（2）：327-334.

[6] ZHANG D, WANG S, WANG Y, et al. The long-term stability of calcium arsenates：Implications for pHase transformation and arsenic mobilization [J]. Journal of Environmental Sciences, 2019, 8：29-41.

[7] USMAN M, BYRNE J M, CHAUDHARY A, et al. Magnetite and green rust：synthesis, properties, and environmental applications of mixed-valent iron minerals [J]. Chemical Reviews, 2018, 118（7）：3251-3304.

[8] LEI J, PENG B, LIANG Y J, et al. Effects of anions on calcium arsenate crystalline structure and arsenic stability [J]. Hydrometallurgy, 2018, 177：123-131.

[9] LEE J W, WANG H W. Exploiting the silicon content of aluminum alloys to create a superhydropHobic surface using the sol-gel process [J]. Materials Letters, 2016, 168：83-85.

[10] WANG C A, FAN G, SUN R, et al. Effects of coal blending on transformation of alkali and alkaline-earth metals and iron during oxy-fuel co-combustion of Zhundong coal and high-Si/Al coal [J]. Journal of the Energy Institute, 2021, 94：96-106.

[11] 李洪达, 乐红志, 刘金婵, 等. 温度对赤泥材料化属性的影响 [J]. 硅酸盐通报, 2019, 38（12）：3796-3800, 806.

[12] 刘世丰, 刘世鸿, 曾建民. 热处理赤泥的物相及粒径和比表面积 [J]. 矿产综合利用, 2020（5）：169-178.

[13] ASHFAQ M Y, AL-GHOUTI M A, DA'NA D A, et al. Investigating the effect of temperature on calcium sulfate scaling of reverse osmosis membranes using FTIR, SEM-EDX and multivariate analysis [J]. Science of the Total Environment, 2020, 703：134726.

[14] CAI T, CHEN X, ZHONG J, et al. Understanding the morphology of supported Na_2CO_3/γ-AlOOH solid sorbent and its CO_2 sorption performance [J]. Chemical Engineering Journal, 2020, 395：124139.

[15] OLIVARES O, LIKHANOVA N V, GÓMEZ B, et al. Electrochemical and XPS studies of decylamides of α-amino acids adsorption on carbon steel in acidic environment [J]. Applied Surface Science, 2006, 252（8）：2894-2909.

［16］ CHEN L, WANG X, RAO Z, et al. In-situ synthesis of Z-Scheme MIL-100 (Fe) /α-Fe$_2$O$_3$ heterojunction for enhanced adsorption and visible-light photocatalytic oxidation of O-xylene ［J］. Chemical Engineering Journal, 2021, 416: 129112.

［17］ PIAO Y, TONDARE V N, DAVIS C S, et al. Comparative study of multiwall carbon nanotube nanocomposites by Raman, SEM, and XPS measurement techniques ［J］. Composites Science and Technology, 2021, 208: 108753.

［18］ PENKE Y K, YADAV A K, SINHA P, et al. Arsenic remediation onto redox and photo-catalytic/electrocatalytic Mn-Al-Fe impregnated rGO: Sustainable aspects of sludge as supercapacitor ［J］. Chemical Engineering Journal, 2020, 390: 124000.

［19］ ZHU N, YAN T, QIAO J, et al. Adsorption of arsenic, phosphorus and chromium by bismuth impregnated biochar: Adsorption mechanism and depleted adsorbent utilization ［J］. ChemospHere, 2016, 164: 32-40.

［20］ LIU J, ZHAO F. Characterization of arsenate adsorption on amorphous Al gels with keggin structure by fourier transformed infrared spectroscopy and MAS 27Al NMR ［J］. Chinese Journal of Geochemistry, 2009, 28 (1): 61-69.

［21］ BHARGAVA S, AWAJA F, SUBASINGHE N D. Characterisation of some australian oil shale using thermal, X-ray and IR techniques ［J］. Fuel, 2005, 84 (6): 707-715.

［22］ ALONSO M M, PASKO A, GASCO C, et al. Radioactivity and Pb and Ni immobilization in SCM-bearing alkali-activated matrices ［J］. Construction and Building Materials, 2018, 159: 745-754.

［23］ WAN W, HE D, XUE Z. Removal of nitrogen and phosphorus by heterotrophic nitrification-aerobic denitrification of a denitrifying phosphorus-accumulating bacterium enterobacter cloacae HW-15 ［J］. Ecological Engineering, 2017, 99: 199-208.

［24］ WANG Z, LIAO P, HE X, et al. Enhanced arsenic removal from water by mass re-equilibrium: kinetics and performance evaluation in a binary-adsorbent system ［J］. Water Research, 2021, 190: 116676.

［25］ SAG Y. Biosorption of heavy metals by fungal biomass and modeling of fungal biosorption: A review ［J］. Separation and Purification Methods, 2001, 30 (1): 1-48.

［26］ OH C, RHEE S, OH M, et al. Removal characteristics of As (Ⅲ) and As (Ⅴ) from acidic aqueous solution by steel making slag ［J］. Journal of Hazardous Materials, 2012, 213: 147-155.

［27］ SHI X, TAL G, HANKINS N P, et al. Fouling and cleaning of ultrafiltration membranes: A review ［J］. Journal of Water Process Engineering, 2014, 1: 121-138.

［28］ MANDAL P. An insight of environmental contamination of arsenic on animal health ［J］. Emerging Contaminants, 2017, 3 (1): 17-22.

［29］ UPADHYAY M K, SHUKLA A, YADAV P, et al. A review of arsenic in crops, vegetables, animals and food products ［J］. Food Chemistry, 2019, 276: 608-618.

5 污酸的深度净化

5.1 新型铁负载 ZSM-5 分子筛通过异相成核与 pH 值限制打破去除废水中的砷

5.1.1 吸附剂 ZSM-5/Fe 合成及对废水中除砷效果的影响

5.1.1.1 制备吸附剂 ZSM-5/Fe

首先将 10 g $FeSO_4 \cdot 7H_2O$ 溶解在 20 mL 去离子水中，然后将 10 g $FeCl_3 \cdot 6H_2O$ 溶于 20 mL 去离子水中。当不存在颗粒时，将两者混合并搅拌 10 min，然后将 10 g ZSM-5 分子筛倒入 $FeSO_4 \cdot 7H_2O$ 和 $FeCl_3 \cdot 6H_2O$ 的混合物中，搅拌30 min，直到混合物完全均匀。值得注意的是，应控制 $FeSO_4 \cdot 7H_2O$ 和 $FeCl_3 \cdot 6H_2O$ 的混合物比例，以确保 ZSM/5 分子筛的孔径充满铁，然后，在 60 ℃ 的烘箱中干燥然后在 700 ℃ 的马弗炉中烘烤 2 h[1]（ZSM-5 分子筛结构稳定，在此温度下煅烧不会破坏其结构），得到的焙烧粉末为 ZSM-5/Fe 吸附剂，将其研磨至无颗粒，即可使用。ZSM-5/Fe 吸附剂的化学组成见表 5-1。

表 5-1 ZSM-5/Fe 吸附剂的化学组成

元素	Si	Fe	Al	S	Cl	Ti	O
质量分数/%	28.21	17.95	2.13	0.81	1.12	0.03	平衡态

5.1.1.2 批量吸附实验

研究了溶液 pH 值和吸附剂用量对 ZSM-5/Fe 吸附剂除砷效果的影响。将浓度为 100 mg/L 的 200 mL 溶液置于 500 mL 三角烧瓶中，加入适量 ZSM-5/Fe 吸附剂，混匀后将溶液的 pH 值调节至 2～12 后，将溶液置于室温（25 ℃）并以 180 r/min摇晃 2 h，然后进行固液分离。采用 ICP-OES 测定溶液中砷的残留浓度，探讨溶液 pH 值对吸附容量的影响。同样，将 100 mg/L，200 mL 的 As 溶液置于三角烧瓶中，添加 0.25～1.25 g ZSM-5/Fe 吸附剂并混合均匀；将溶液 pH 调节到最佳值后，在室温下对溶液进行 2 h 振荡反应，然后分离固体和液体，采用 ICP-OES 测定溶液中的残留砷浓度，探讨吸附剂剂量对吸附容量的影响，分别收集滤液和沉淀物进行进一步表征。为避免实验误差，每组设 3 个平行实验。将含

Cl^-、SO_4^{2-}，NO_3^-、CO_3^{2-}、PO_4^{3-} 溶液浓度设为 0 mmol、0.1 mmol、1 mmol、10 mmol 分别添加到 As 溶液中，其他实验条件保持不变，探讨竞争性阴离子对砷吸附的影响。

固体表面净电荷为零的 pH 值被称为零点电荷（PZC），这是用来描述可变电荷的最重要参数之一。使用 Zeta 分析仪测定 PZC，将 0.02 g ZSM-5/Fe 吸附剂放入离心管中，使用 0.01 mol $NaNO_3$ 作为背景电解质，使用 0.1 mol $HNO_3/NaOH$ 调节 pH 值（3～11），并将其置于振荡箱中摇晃 24 h。反应完成后，将样品超声振荡 15 min，然后将 ZSM-5/Fe 吸附剂悬浮液注入 Zeta 分析仪，在正确校准仪器后，通过绘制 pH 值与 Zeta 电位图来确定 PZC。

在最佳反应条件下，研究了砷的吸附动力学。砷溶液的初始浓度为 100 mg/L。在反应开始时，将 pH 值调整到最佳状态，然后不干扰溶液的 pH 值，所有系统均未使用缓冲区。在规定的时间间隔（10 min、20 min、30 min、60 min、90 min、120 min、150 min、180 min、240 min、300 min、360 min、420 min）内，从反应溶液中采集相同数量的样品，以确定吸附平衡时间。为避免实验误差，每组设 3 个平行实验。

5.1.1.3　ZSM-5/Fe 的再生和再利用

将 0.5 g ZSM-5/Fe 吸附剂置于工业废水中进行吸附实验。吸附完成后，过滤掉吸附剂，然后将其置于再生洗脱液（0.2 mol NaOH）中，将耗尽的 ZSM-5/Fe 吸附剂清洗 6 h；清洗后，过滤出再生的 ZSM-5/Fe 吸附剂，并用蒸馏水清洗几次，以进行下一个吸附循环。为避免实验误差，每组设 3 个平行实验。

采用 Langmuir 模型和 Freundlich 模型两种吸附等温线模型拟合了 ZSM-5/Fe 吸附剂吸附砷的平衡实验数据。在 5～140 mg/L（200 mL）范围内制备具有不同初始浓度的 As 溶液；然后再添加 0.5 g ZSM-5/Fe 吸附剂后，将溶液的 pH 值调整为 7，将三角烧瓶密封并放置在摇动箱中 24 h（25 ℃、180 r/min）；最后取出样品进行固液分离，并通过 ICP-OES 测量最终溶液中的残留 As 浓度。为避免实验误差，每组设 3 个平行实验。

5.1.2　ZSM-5/Fe 对废水中砷的吸附性能分析

5.1.2.1　溶液 pH 值和吸附剂用量对除砷效果的影响

pH 值对 As 的吸附有很大影响，实验探索了吸附过程中的最佳 pH 值。将 pH 值范围设置为 2～12，并监测反应前后溶液中 pH 值变化，实验结果如图 5-1（a）（b）所示。从图 5-1（a）可以看出，当溶液的 pH 值控制在 4～10 时，砷的去除率可以达到 99.99% 以上，溶液中砷的残留浓度小于 0.01 mg/L，达到国家饮用水标准（10 μg/L）。图 5-1（b）显示了反应前后溶液 pH 值的变化。从图 5-1（b）可以看出，除了初始 pH 值为 2 和 12 之外，在其他条件下，反应结束时的

pH 值都不同程度地降低[2-3]，pH 值范围从最初的 4~10 降至 3.61~6.15。结合图 5-1 (a) 和之前的研究可以看出，当溶液的最终 pH 值在 3.61~6.15 范围内时，砷去除率最好。结果表明，ZSM-5/Fe 吸附剂除砷的最佳 pH 值为 4~10。为了便于后续实验操作，最终使用 pH 值为 7 进行实验。

反应过程中 pH 值降低的主要原因是分子筛的非骨架 Si—Al 相和 OH⁻ 的结合。ZSM-5/Fe 吸附剂的初始浓度约为 3 mol/L，呈强酸性，这种 pH 值环境不利于砷的吸附。当溶液的 pH 值调节到 4~10 时，溶液中过量的 OH⁻/H⁺ 将与分子筛上的非骨架 Si—Al 相反应，分子筛表面的 SiO_2 将中和溶液中的 OH⁻，而 Al_2O_3 将去除溶液中过量的 H⁺。当表面或孔隙中的非骨架 Si—Al 相被清除后，吸附容量会增加。由于所用的分子筛 SiO_2/Al_2O_3 摩尔比为 25，SiO_2 的用量远高于 Al_2O_3 的用量，因此 OH⁻ 的消耗在溶液中含量较多，导致溶液中的 pH 值有不同程度降低。当 pH 值降低时，达到了吸附 As 的最佳条件。然而，过酸/过碱会破坏 ZSM-5 分子筛的骨架结构，最终导致吸附效果差。

根据上述特性可以得出结论，ZSM-5/Fe 吸附剂可以自发调节溶液的 pH 值，突破了中性环境的限制，实现了砷从弱酸（pH = 4）到弱碱（pH = 10）的有效吸附。

ZSM-5/Fe 吸附剂的用量也会影响实验结果。实验中使用的剂量范围为 0.25~1.25 g，吸附结果如图 5-1 (c) (d) 所示。根据图 5-1 (c) 可以观察到，随着吸附剂剂量的增加，溶液中残留 As 浓度逐渐降低。当吸附剂用量为 0.5 g 时，溶液中残留砷的浓度为 0.007 mg/L，砷的去除率达到 99.99%；当吸附剂用量在 0.5 g 的基础上增加，残留砷浓度变化不大。综上所述，选择 0.5 g ZSM-5/Fe 吸附剂剂量进行后续研究。图 5-1 (d) 显示了不同剂量下反应前后溶液 pH 值的变化，可以观察到，5 个剂量的 pH 值变化基本相同，它们都从初始 pH 值为 7 降低到 pH 值为 6，符合最佳吸附 pH 值范围。

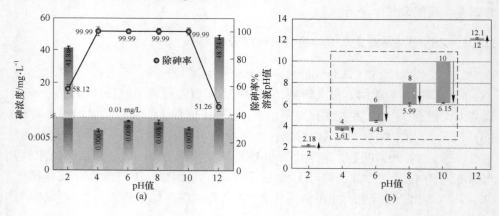

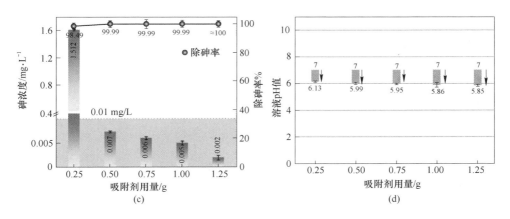

图 5-1 pH 值和吸附剂用量的影响

(a) 不同 pH 值下残留溶液中砷浓度和除砷率（虚线为国家标准）；(b) 不同 pH 值下反应前后
溶液的 pH 值变化；(c) 不同吸附剂用量下残留溶液中砷浓度和除砷率（虚线为国家标准）；
(d) 不同吸附剂剂量下反应前后溶液的 pH 值变化

对吸附剂剂量的研究可以看出，反应前后溶液的 pH 值存在细微的规律性，吸附剂越多，反应后溶液的 pH 值越低。结合图 5-1 (a) (b) 中的研究可以看出，ZSM-5/Fe 吸附剂使用越多，非骨架 Si—Al 相存在越多，越多的 OH^- 被固定。因此，反应后溶液的 pH 值越低。

5.1.2.2 SEM-EDS 分析

为了详细探讨吸附机理，利用扫描电镜对吸附过程进行分析。从图 5-2 (a) 可以看出，ZSM-5 分子筛具有规则的结构和光滑的表面，由许多长棒状结构组成。ZSM-5 分子筛有两个椭圆形窗口，其平均孔径为 1.326 nm。ZSM-5/Fe 吸附剂是通过共沉淀法将铁装载在新鲜的 ZSM-5 分子筛上制备的（见图 5-2 (b)）。图 5-2 (b) 可以清楚地观察到分子筛表面覆盖有一层小颗粒结构的材料，并且表面不再光滑。通过比较图 5-2 (a) 和 (b) 的 EDS 结果可以看出，表面上的小颗粒是铁化合物，这表明加载成功，铁的负载量约占总质量分数的 18%，平均孔径为 1.273 nm。与新鲜的 ZSM-5 分子筛相比，新鲜 ZSM-5/Fe 吸附剂的孔径更小，这表明铁不仅负载在分子筛表面，而且负载在其孔径上，从而增加了吸附位点。图 5-2 (c) 为 ZSM-5/Fe 吸附剂上砷吸附的 SEM 图像，通过比较发现，吸附砷后 ZSM-5/Fe 吸附剂表面有大量颗粒，这些不同尺寸的颗粒几乎包裹着原始 ZSM-5/Fe 吸附剂，EDS 显示外层含有砷。结合第 5.1 节中提到的砷去除率为 99.99%，表明 ZSM-5/Fe 吸附剂对砷有明显的吸附效果。

在 ZSM-5/Fe 吸附剂表面可以检测到砷，这表明砷离子吸附在吸附剂表面形成不同大小的新晶核，这种发生在相界面的现象称为异相成核吸附，ZSM-5/Fe 吸

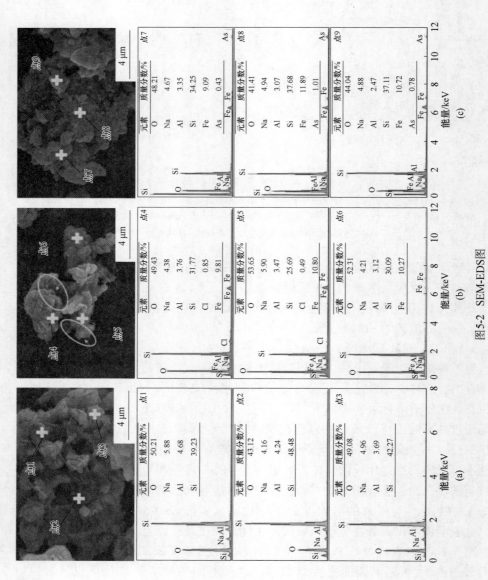

图5-2 SEM-EDS图

(a) 新鲜ZSM-5分子筛的SEM图像及EDS结果；(b) 负载铁的ZSM-5分子筛；(c) 吸附为ZSM-5/Fe+As的SEM图像及EDS结果

附剂表面存在铁配位活性中心。通过异相成核吸附，砷酸盐阴离子被吸附到吸附剂的表面和/或微孔上，导致表面和/或内层之间的络合和基团结构的重组，因此大量颗粒聚集在表面。

结合上述特点，首次提出了异相成核吸附的吸附机理，即 ZSM-5/Fe 吸附剂表面的铁活性中心通过异相成核吸附与砷结合，富集了大量砷。

5.1.2.3　XRD 和 FTIR 分析

通过 XRD 和 FTIR 对新鲜 ZSM-5 分子筛、ZSM-5/Fe 吸附剂和 ZSM-5/Fe+As 进行了表征。从图 5-3（a）可以看出，新鲜 ZSM-5 分子筛的主要相为 ZSM-5，没有其他杂质，且 ZSM-5/Fe 样品含有强度非常高的 Fe_3O_4 晶相，由此可以得出，铁不仅分散在 ZSM-5 表面，而且以晶体 Fe_3O_4 的形式存在。这是由于添加了过量的 $FeSO_4 \cdot 7H_2O$ 和 $FeCl_3 \cdot 6H_2O$ 所致。然而，在 ZSM-5/Fe+As 上未发现砷的峰，这主要是因为大多数砷通过异相成核吸附作用与吸附剂结合，没有形成结晶度高的相，因此无法用 XRD 对其进行表征。

为了进一步探索砷的吸附机理，还通过 FTIR 对这三种物质进行了表征（见图 5-3（b））。由于反应发生在水体系中，所有样品在 3420 cm^{-1} 和 1632 cm^{-1} 处都存在 O—H 键的对称拉伸和弯曲振动[4]。由于吸附剂的原料是 ZSM-5 分子筛，其主要相组成是 SiO_2。因此，所有样品在 1080 cm^{-1} 和 472 cm^{-1} 处都显示出不对称的 Si—O 键拉伸[2]。加载 Fe 和 As 后，Si—O 键的强度明显减弱。在 1390 cm^{-1} 处所有样品均出现 C—O 键振动。结果表明，在制备和水合过程中，几乎所有样品都出现了 CO_3^{2-}。在负载铁的样品中 Fe—O 键的弯曲振动出现在 545 cm^{-1} 处[5]，该峰是 ZSM-5 的特征峰，称为高硅沸石，这意味着 ZSM-5/Fe 剂已成功制备。S—O 键在 1210 cm^{-1} 处出现归因于 $FeSO_4 \cdot 7H_2O$（原材料）中的 SO_4^{2-}，吸附砷后，ZSM-5/Fe+As 样品在 870 cm^{-1} 处出现一个新的峰，该振动带与报道的 As—O

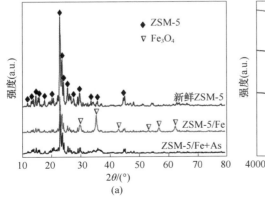

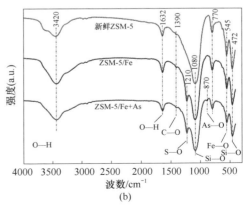

图 5-3　XRD 图（a）及红外光谱图（b）

键峰值一致[6]，这可以验证 ZSM-5/Fe 吸附剂上是否存在 As。同时，峰值位置的 As—O 键被认为是与内层复合体一致[7]。

5.1.2.4 XPS 分析

使用 XPS 评估新鲜 ZSM-5 分子筛、ZSM-5/Fe 吸附剂和 ZSM-5/Fe+As 的表面化学价态的转变，如图 5-4 所示。从图 5-4（a）可以看出，Fe 2p 和 Fe 3p 出现在 ZSM-5/Fe 吸附剂中，而 As 3d 出现在 ZSM-5/Fe+As 中[3]，表明载铁吸附和砷吸附都是成功的。图 5-4（b）显示了 ZSM-5 分子筛的 O 1s 峰，可以看出，新鲜 ZSM-5 分子筛中有 3 个氧化峰，即 Na—O 峰、Al—O 峰和 Si—O 峰，3 个峰的结合能分别为 533.3 eV、531.1 eV 和 532.5 eV。图 5-4（c）和（e）分别显示了 Si 2p、Al 2p 和 Na 1s 的峰，它们对应于新鲜 ZSM-5 分子筛的组成。此外，由于其结构稳定，ZSM-5 分子筛负载铁或吸附砷后，这 3 个峰没有明显变化，表明 ZSM-5 分子筛在砷吸附过程中为物理吸附，没有发生结构变化。图 5-4（f）和（g）分别显示了 ZSM-5/Fe 吸附剂的 O 1s 和 Fe 3p 峰。从图 5-4（f）可以看出，ZSM-5/Fe 吸附剂的 O 1s 峰中还有一个 Fe—O 峰，结合能为 530.1 eV，含量为 17.5%。根据 XRD 图谱可知，大多数负载的 Fe 以 Fe_3O_4 的形式存在，表明 Fe 是 Fe^{2+} 和 Fe^{3+} 的组合（见图 5-4（g））。使用 ZSM-5/Fe 吸附剂吸附砷后，发现在结合能 530.7 eV 处有一个 As—O—Fe 峰，其含量为 7.7%[2]，而 Fe—O 峰含量下降至 10.8%，表明部分 Fe 和 As 结合形成非晶态 $FeAsO_4$。As 3d 的外观表明，As 在

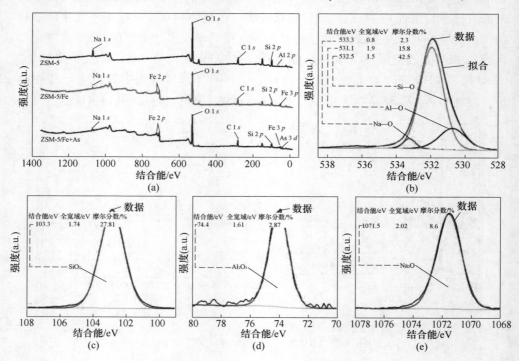

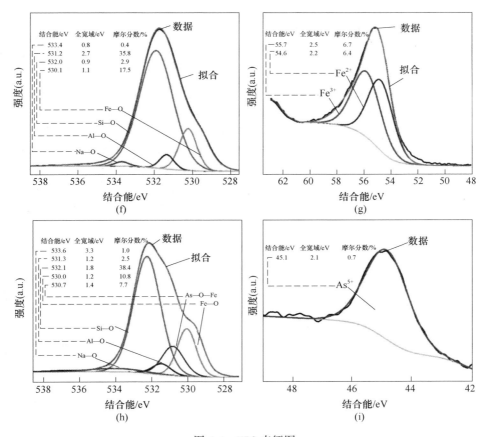

图 5-4 XPS 表征图

（a）新鲜 ZSM-5 分子筛、ZSM-5/Fe 吸附剂和 ZSM-5/Fe+As 的 XPS 光谱；（b）ZSM-5 分子筛的 O 1s 光谱；
（c）ZSM-5 分子筛的 Si 2p 光谱；（d）ZSM-5 分子筛的 Al 2p 光谱；（e）ZSM-5 分子筛的 Na 1s 光谱；
（f）ZSM-5/Fe 吸附剂的 O 1s 光谱；（g）ZSM-5 吸附剂的 Fe 3p 光谱；（h）ZSM-5/Fe+As 的 O 1s 光谱；
（i）ZSM-5/Fe+As 的 As 3d 光谱

ZSM-5/Fe 吸附剂上富集（见图 5-4（i）），As 仅以 As^{5+} 的形式存在，即以非晶态 FeAsO$_4$ 和异相成核吸附的形式被去除。XPS 谱图进一步证明，砷的高去除率是异相成核吸附和化学沉淀的结果。

5.1.2.5　热力学分析

为了预测 ZSM-5/Fe 吸附剂的吸附行为，分别测量了 Si-As-Fe-H$_2$O 体系的电化学电位 pH 值和 ZSM-5/Fe 吸附剂的 Zeta 电位。图 5-5（a）中反应前溶液 pH 值设定范围 4~10，反应后溶液的最终 pH 值范围为 3.61~6.15。根据第 5.1.1 节的讨论，溶液初始 pH 值为 4~10 是 ZSM-5/Fe 吸附剂去除砷的最佳 pH 值，所以在热力学部分将重点讨论离子在这个范围内的变化。

图 5-5 （a）纵坐标上的氧化还原电位反映了溶液中所有物质的宏观氧化还原性质。电位从正到负的变化对应着从氧化到还原的环境，这决定了 Fe 和 As 物种的存在状态。从图 5-5 （a）可以看出，As 在不同 pH 值下的存在形式不同，当 pH 值小于 2 时，为 H_3AsO_4；当 2<pH 值<7 时，为 $H_2AsO_4^-$；当 pH 值大于 7 时，为 $HAsO_4^{2-}$。ZSM-5/Fe 吸附剂的 Zeta 电位与 pH 值之间的关系如图 5-5 （b）所示。当 pH 值小于 8.6 时，ZSM-5/Fe 吸附剂带正电荷；当 pH 值大于 8.6 时，ZSM-5/Fe 吸附剂带负电。因此，在弱酸到中性条件下，表面带正电荷的吸附剂对以阴离子形式存在的砷酸根离子具有较强的静电结合力，即在此条件下，吸附能力最强。当 pH 值升高到一定水平（大于 7）时，吸附剂表面的正电荷数减少，静电引力减弱，导致吸附容量降低。进一步增加至 pH 值大于 10，由于氧化铁在吸附剂表面的溶解度增加，部分被吸附的 As 释放并返回溶液中，导致吸附速率急剧下降。在第 5.1.1 节的研究中发现，ZSM-5/Fe 吸附剂在 pH 值为 4~10 时吸附效果最佳，这是由于 ZSM-5 分子筛存在非骨架的硅铝相与溶液中的 OH^- 发生了反应。因此，根据 ZSM-5 分子筛的自我调节功能，可以将溶液反应的 pH 值设置为 4~10。当 pH 值增加到 7~10 时，还观察到图 5-5 （a）中存在 $Fe(OH)_3$，除静电吸附外，还存在化学沉淀。因此，推测一些 Fe^{3+} 可能与 OH^- 结合在碱性环境中形成 $Fe(OH)_3$ 沉淀，$Fe(OH)_3$ 对 As 也有良好的吸附效果[8]，所以，整体吸附效果增强[9]。综上所述，砷的异相成核吸附过程包括静电吸附和化学沉淀。

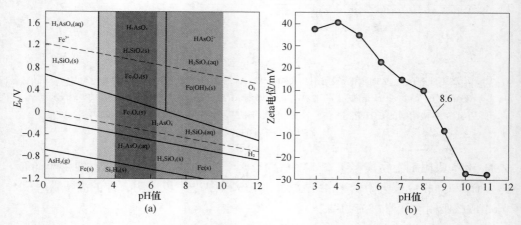

图 5-5　E_h-pH 值及 Zeta 电位图

（a）25 ℃下 Si-As-Fe-H_2O 系统的 E_h-pH 值图；（b）ZSM-5/Fe 吸附剂的 Zeta 电位随 pH 值变化图

5.1.2.6　机理分析

砷的吸附主要有两个过程，非骨架硅铝相的溶解和异相成核吸附，这两个过程分阶段进行。当调节系统 pH 值时，OH^- 将与 ZSM-5 分子筛上的非骨架硅铝相反应，从而降低系统的 pH 值，实现自发调节系统 pH 值的目的。该步骤中的反应非常关键，将不适合吸附反应的初始 pH 值调整到合适的范围，然后 Fe^{2+} 和 Fe^{3+} 在合适的 pH 值下在 ZSM-5 分子筛表面形成 Fe_3O_4，表面 Fe 的活性中心通过异相成核吸附与 As 结合。异相成核吸附有两种模式，一种是当 ZSM-5/Fe 吸附剂表面富含正电荷时，部分 As 通过静电吸附在 ZSM-5/Fe 吸附剂表面；另一种是部分 As 通过形成 Fe—As—O 配合物沉淀在 ZSM-5/Fe 吸附剂表面。这两个过程共同作用于砷的吸附，使 ZSM-5/Fe 吸附剂在广泛的 pH 环境中实现对砷的高效吸附。

ZSM-5/Fe 吸附剂的吸附机理如图 5-6 所示。

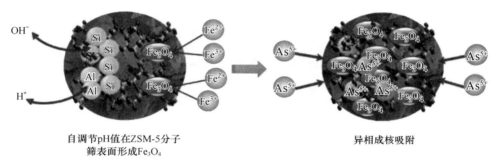

自调节pH值在ZSM-5分子　　　　　　　　异相成核吸附
筛表面形成Fe₃O₄

图 5-6　ZSM-5/Fe 吸附剂的吸附机理

5.2　载钴树脂高效吸附废水中的砷

5.2.1　载钴树脂合成及间歇吸附实验

5.2.1.1　载钴树脂的合成

在 500 mL 四颈烧瓶中，在氮气保护下添加 6.1 g $Et_3N \cdot HCl$ 和 11.9 g $AlCl_3$，然后搅拌直到 $AlCl_3$ 完全溶解。为了形成季铵离子液体，添加 1.5 g 大孔苯乙烯-二乙烯基苯共聚物白色球体和 25 mL 硝基苯；然后逐渐添加 6 g 1,3-2-酮在 130 ℃ 下反应 48 h，最后将溶液冷却至室温，洗涤和干燥后得到含有伯胺的树脂。

将 1.5 g 伯胺树脂和 50 mL 无水乙醇添加到 500 mL 四颈烧瓶中，通过漏斗向四颈烧瓶中加入 10 mL 37%甲醛，整个过程中压力恒定。将甲酸混合物回流 8 h 后用无水乙醇收集树脂 4 h 并干燥，以获得叔胺化树脂。接下来将 1.5 g 叔胺化树脂、15 mL 氯乙烷和 0.5 g $Co(NO_3)_2 \cdot 6H_2O$ 放入聚四氟乙烯内衬的压力反应釜中，密封后，将内容物保存在 80 ℃ 的空气浴中持续 24 h，然后移除树脂并用无水乙醇萃取 6 h；最后用蒸馏水清洗提取的树脂，直到没有游离氯离子残留（在

dHNO₃-AgNO₃ 试验中未检测到浊度），以获得载钴树脂。

5.2.1.2　间歇吸附实验

分批实验在 200 mL 的锥形瓶中进行，并取 100 mL As⁵⁺ 溶液研究了可能影响吸附的一些因素，包括吸附剂用量、反应时间和 pH 值。然后在恒温振荡箱中以 150 r/min 的速度在 25 ℃ 下摇动密封的烧瓶持续 6 h，以确保反应可以进行完全。在 25 ℃ 的温度下，用不同浓度的 As⁵⁺ 溶液进行吸附等温测定[10]，通过添加 1~1.5 mol/L NaOH 和 HCl 调整溶液 pH 值。在所有实验中，每组实验重复 3 次，以确保实验结果可重复。反应溶液通过 0.475 μm 滤膜过滤。

As⁵⁺ 的去除效率计算如下：

$$去除效率 = \frac{c_0 - c_t}{c_0} \times 100\%$$

式中，c_0 为废水中 As⁵⁺ 的初始浓度；c_t 为去除废水中 As⁵⁺ 的最终浓度。

As⁵⁺ 的吸附量计算如下：

$$q = \frac{(c_0 - c_e) \times V}{m}$$

式中，q 为 As⁵⁺ 的吸附量，mg/g；c_0 为 As⁵⁺ 的初始浓度，mg/L；c_e 为废水中 As⁵⁺ 的平衡浓度，mg/L；V 为废水量，L；m 为共载树脂量，g。

5.2.2　载钴树脂对废水中砷的吸附性能分析

5.2.2.1　载钴树脂材料的表征

树脂是一种不溶性高分子化合物，具有活性官能团和网络结构，通常由球形颗粒组成[11-12]。如图 5-7（a）和（b）所示，树脂表面分布着大量的小孔隙，这种结构有利于溶液中的 As⁵⁺ 进入树脂，并发生离子交换反应，通过 R—N⁺(CH₃)₂R′基团与 As⁵⁺ 之间的静电作用，促进 As⁵⁺ 的吸附和固定。如图 5-7（c）所示，载钴树脂的表面颜色由原来的乳白色变为绿色。从图 5-7（d）可以看出，Co 共载树脂出现了 Co 纳米颗粒的峰，说明树脂中含有 Co 纳米颗粒。从表 5-2 可以看出，载钴树脂的比表面积和平均孔径树脂显著减少，这可以表明 Co 纳米颗粒已经负载在树脂上。

表 5-2　树脂与载钴树脂的比表面积

物质	树脂	载钴树脂
比表面积/m² · g⁻¹	18.36	10.45
平均孔径/nm	35.43	27.26

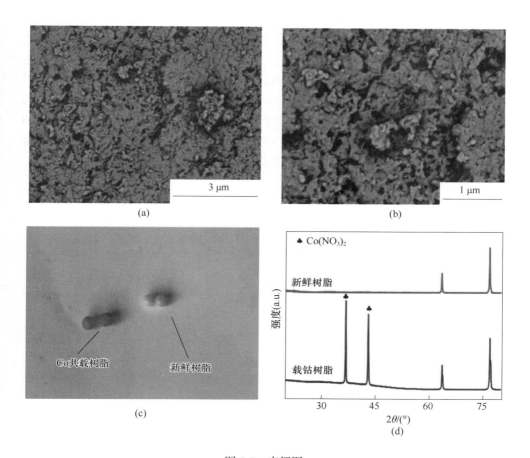

图 5-7 表征图

(a)(b)新鲜树脂的 SEM 图;(c)载钴树脂和新鲜树脂的光学图像;(d)树脂的 XRD 图谱

载钴树脂最常见的化学成分是 C、N、Co 和 H。这些元素之所以常见,是因为载钴树脂中含有大量的季铵盐基团和 $Co(NO_3)_2$ 纳米颗粒（季铵盐基团主要由 N 和 H 元素组成）,而季铵盐基团是共载树脂去除 As^{5+} 的主要官能团。

5.2.2.2 载钴树脂剂量的影响

随着载钴树脂量的增加,载钴树脂对 As^{5+} 的去除率首先增加,然后趋于稳定（见图 5-8（a））。当载钴树脂用量大于 0.05 g 时,As^{5+} 去除率随载钴树脂用量的增加而线性增加;当载钴树脂用量为 2 g 时,As^{5+} 去除率可达 99.943%,同时,As^{5+} 离子浓度从 100 mg/L 降至 0.057 mg/L,低于中国工业废水排放标准（0.5 mg/L）。载钴树脂的化学组成特性决定了载钴树脂可以通过离子交换吸附和化学共沉淀去除废水中的 As^{5+}[13]。随着载钴树脂量的增加,溶液中 As^{5+} 与季胺基团的反应接触面积增加,提供了更多的有用吸附位点,有利于 As^{5+} 和 Co 的完全反应，形成稳定的活性基团。同时，Co 纳米颗粒对 As^{5+} 具有很强的亲和力，它们可以在弱酸条件下与 As^{5+} 生成稳定的化合物，从而实现 As^{5+} 的去除。因此，随着载钴树脂量的增加，Co 含量越多，As^{5+} 去除效果越好。当载钴树脂的量达到较高水平时，溶液中 As^{5+} 与载钴树脂的反应趋于饱和，导致 As^{5+} 浓度变化不大。随着树脂剂量的增加，载钴树脂的吸附能力逐渐降低（见图 5-8 (b)）。pH 值对吸附容量的影响可以用 pH_{ZPC} 值来解释[14]。当 pH 值大于 pH_{ZPC} 值时，载钴树脂的表面电荷为负，削弱了对 As^{5+} 的吸附，带负电荷的基团和 As^{5+} 之间的静电排斥进一步降低了吸附容量。pH 值与 pH_{ZPC} 值相差较大，表明吸附能力较低[15]。

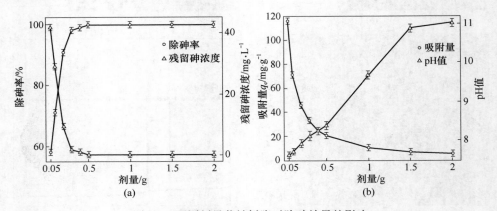

图 5-8 不同剂量载钴树脂对除砷效果的影响

(a) 载钴树脂剂量对除砷率和残留砷浓度的影响；(b) 载钴树脂剂量对吸附量和 pH 值的影响

5.2.2.3 反应时间的影响

如图 5-9 (a) 所示，整个反应过程可分为三个阶段。在吸附的早期阶段（0~60 min），As^{5+} 被迅速去除，As^{5+} 去除率随时间迅速增加，曲线斜率较大。换言之，这一时期的 As^{5+} 去除率很快，30 min 时，As^{5+} 去除率达到 83.63%。在吸附的中间阶段（60~90 min），除砷效率达到缓慢平衡。当反应时间达到 1.5 h 时，As^{5+} 去除率可高达 98%，并有趋于饱和的趋势。在吸附后期（90~480 min），As^{5+} 去除率稳定，吸附达到平衡。如图 5-9 (b) 所示，As^{5+} 浓度在 60 min 内从 100 mg/L 下降到 3.71 mg/L；As^{5+} 浓度在 90 min 内从 100 mg/L 下降到 1.91 mg/L，As^{5+} 去除效果显著。以前的研究表明，载钴树脂去除 As^{5+} 是通过离子交换吸附和化学共沉淀[16]。最初，R—N+(CH3)2R′基团与 As^{5+} 之间是静电相互作用，Co 纳米粒子和 As^{5+} 发生化学反应形成沉淀，因此，As^{5+} 与活性基团结合，迅速达到平衡。随着反应时间的增加，吸附位点减少，As^{5+} 与活性基团的作用逐渐减弱，吸附慢慢达到平衡[17]。

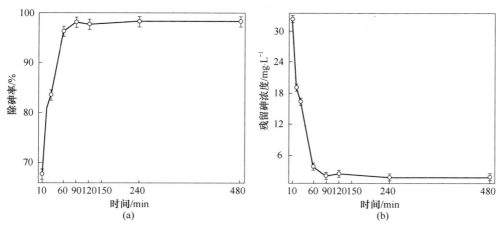

图 5-9　不同反应时间对除砷效率（a）和残留砷浓度（b）的影响

（T = 298 K、pH 值为 8、初始 As^{5+} 浓度为 100 mg/L、废水量为 100 mL、树脂剂量为 0.3 g）

5.2.2.4　溶液 pH 值的影响

如图 5-10（a）所示，当 pH 值为 1~5 时，As^{5+} 的吸附量显著增加，pH 值为 8 时吸附量最大。实验结果表明，As^{5+} 在载钴树脂上的吸附受酸碱度影响。因为水溶液中的 As^{5+} 物质在不同的 pH 值下以不同的形式存在，并且载钴树脂内的活性基团受 pH 值的影响。当溶液的 pH 值为 1~2.5 时，As^{5+} 主要以 H$_3$AsO$_4$ 的形式存在，使季铵基团难以通过非特异性静电相互作用形成[19]；当 pH 值为 2.5~6.7 时，H$_2$AsO$_4^-$ 是 As^{5+} 的主要存在形式，季铵基团可以通过非特异性静电相互作用形成，使 As^{5+} 吸附效果显著增强；当 pH 值为 6.7~12 时，As^{5+} 主要以 H$_2$AsO$_4^-$ 和 HAsO$_4^{2-}$ 的形式存在，这也改变了 As^{5+} 的吸附效果[20]。对于 Co（NO$_3$）$_2$ 纳米粒子，酸性和中性 pH 值会促进其质子化，使纳米离子具有更多的正电荷位点，有利于 As^{5+} 的吸附。如图 5-10（b）所示，载钴树脂在 1~12 的 pH 值范围内表现出优异的稳定性，其中溶液中检测到的 Co 元素可忽略不计。因此，载钴树脂具有重复使用的前景和优异的 As^{5+} 去除效果。

5.2.2.5　吸附动力学分析

吸附动力学的研究可以增强对吸附速率的理解，并有助于阐明其潜在的化学吸附机制[21]。此外，研究反应条件可以深入探究反应的预期速率和反应方向。动力学研究中常用准一级动力学和准二级动力学模型来拟合吸附动力学的相关数据[22]。

准一级动力学方程如下：

$$\ln(q_e - q_t) = \ln q_e - \frac{K_1}{2.303}t$$

式中，K_1 为准一级反应常数；q_e 为平衡时的载钴树脂吸附量，mg/g；q_t 为 t 时的载钴树脂吸附容量，mg/g。

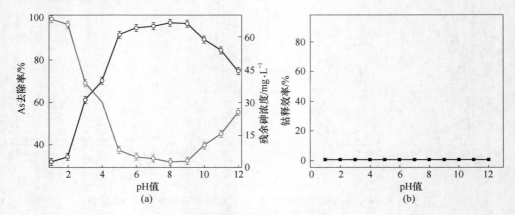

图 5-10 不同 pH 值的影响变化

（T = 298 K、初始 As^{5+} 浓度为 100 mg/L、废水量为 100 mL、树脂剂量为 0.3 g、反应时间为 2 h）

（a）不同 pH 值对 As^{5+} 的去除的影响；（b）不同 pH 值对载钴树脂释放钴能力的影响

准二级动力学方程如下：

$$\frac{t}{q_t} = \frac{1}{K_1 q_e^2} + \frac{1}{q_e} t$$

式中，K_1 为准二级反应常数（即表观吸附速率常数）；q_e 和 q_t 分别为平衡时刻和 t 时的树脂吸附容量，mg/g。

如图 5-11 所示，载钴树脂吸附过程准一级动力学吸附模型的相关结果呈线性关系，准一级动力学吸附模型拟合结果显示相关系数为 0.9164，吸附速率常数为 0.053；载钴树脂吸附过程准二级动力学吸附模型的相关结果显示出很强的线性关系，相关系数为 0.996，吸附速率常数为 0.007。由于准一级动力学吸附模型相关结果中的相关系数低于准二级动力学吸附模型相关系数，因此准二级动力学模型较好地反映了树脂吸附 As^{5+} 的吸附行为。

由于阴离子交换载钴树脂上的离子交换基团均匀且不规则地排列在载钴树脂三维网络骨架上，因此反应可以同时发生在载钴树脂颗粒表面和颗粒内部。离子交换步骤如下：交换离子通过树脂颗粒周围滞留液膜中的扩散运动和载钴树脂颗粒中的扩散运动到达载钴树脂的内外表面后，与载钴树脂碱性基团上的可交换离子以化学计量关系发生化学反应，然后进行交换。该过程涉及离子在载钴树脂颗粒中向反方向的扩散，离子通过液膜，最后扩散到水溶液中。

不同的扩散机制导致不同的实验数据结果，可以通过处理实验数据来进行评估。具体来说，可以根据不同的模型对实验数据进行处理，得到相对应的扩散规

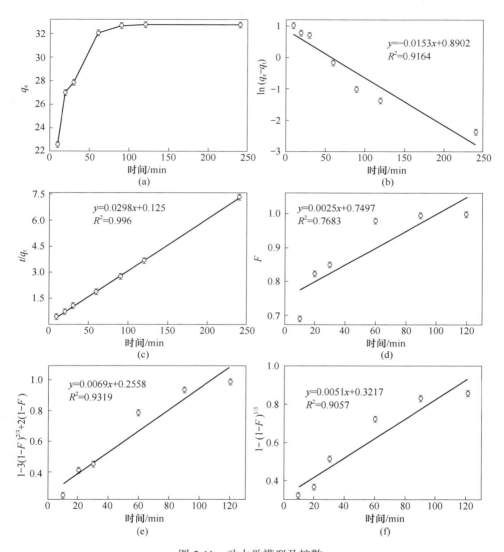

图 5-11 动力学模型及扩散

（a）As^{5+}在树脂上的吸附；（b）树脂吸附 As^{5+} 的准一级吸附动力学；（c）树脂吸附 As^{5+} 的准二级吸附动力学；
（d）液膜扩散步骤拟合；（e）颗粒内扩散步骤拟合；（f）化学反应控制步骤拟合

律。此外，吸附速率（F）与时间（t）的关系可以根据动力学实验数据得到。如果吸附速率与时间的关系是线性的，那么液膜扩散就是分布机制；如果实验数据的 $1-3(1-F)^{2/3}+2(1-F)$-t 关系是线性的，那么粒子的扩散机制属于内扩散；如果实验数据的 $1-(1-F)^{1/3}$-t 关系是线性的，那么扩散机制对应于化学反应控制。线性相关系数越高证明相应扩散机制的一致性越高[23]。

$$F = \frac{q_e}{q_t}$$

式中，q_e 为平衡时的载钴树脂吸附容量；q_t 为 t 时刻的载钴树脂吸附容量。

在图 5-11（d）（e）和（f）中，R^2 分别为 0.7683、0.9319 和 0.9057，$F\text{-}t$ 呈弱线性相关关系，$1-3(1-F)^{2/3}+2(1-F)\text{-}t$ 呈强线性关系。因此，在载钴树脂吸附过程中，颗粒内扩散是一个速率控制步骤。

如图 5-12（a）和（b）所示，在 298 K、308 K 和 318 K 条件下进行了载钴树脂去除 As^{5+} 的吸附等温线实验，以评估其吸附能力。可以看出，载钴树脂对 As^{5+} 有明显的去除效果。随着平衡溶解度的增加，As^{5+} 的吸附容量也显著增加。在整个吸附过程中，季铵盐基团与 As^{5+} 之间的静电相互作用是吸附量增加的主要原因。

采用 Langmuir 和 Freundlich 方程描述吸附等温线可以确定最大吸附量[24]。

Langmuir 方程：

$$\frac{c_e}{q_e} = \frac{1}{Kq_m} + \frac{c_e}{q_m}$$

Freundlich 方程：

$$\lg q_e = \lg K_f + \frac{1}{n}\lg c_e$$

式中，q_m 为最大吸附容量；q_e 为平衡吸附容量；K 为结合常数；K_f 为分配系数；n 为常数。

如图 5-12（c）和（d）所示，Freundlich 模型能够更好地描述载钴树脂对 As^{5+} 的吸附，相关系数较高（$R^2 = 0.986$），表明载钴树脂对 As^{5+} 的吸附是多层吸附。以往的研究表明，传统吸附剂的 As^{5+} 吸附量较低，不利于高砷水溶液的处理[25]。而载钴树脂具有丰富的孔径，钴离子对 As^{5+} 有很强的亲和力。因此，载钴树脂具有显著的 As^{5+} 去除效果。

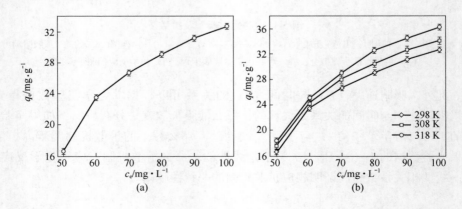

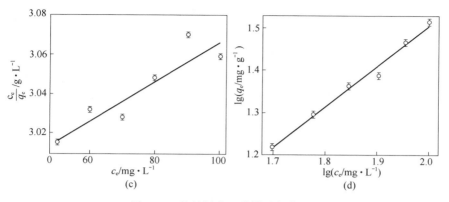

图 5-12 载钴树脂吸附模型拟合图

（a）As^{5+} 在 298 K 下在树脂上的吸附；（b）As^{5+} 在不同温度下的树脂吸附；（c）树脂的线性 Langmuir 模型；
（d）树脂的线性 Freundlich 模型

5.2.2.6 吸附机理分析

为揭示载钴树脂在含 As 废水中的 As 去除机理，采用 SEM、FTIR 和 XPS 研究了 As^{5+} 处理后载钴树脂的微观形貌和元素组成，并探索了 As^{5+} 的去除机理。图 5-13

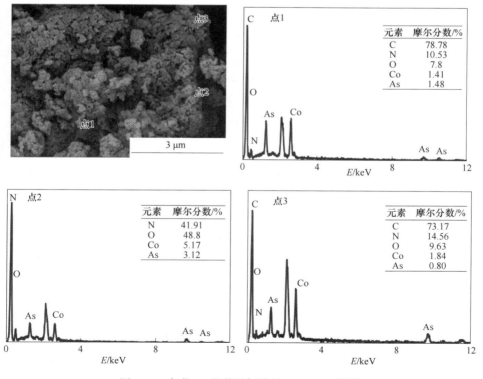

图 5-13 负载 As 的载钴树脂的 TEM-EDS 图像

所示为负载 As 的载钴去除含 As^{5+} 废水的 SEM-EDS 光谱，EDS 图表明，亮点聚集体（点 2）的原子组成为 N（41.91%）、O（48.8%）、Co（5.17%）和 As（3.12%），该聚集体由季铵基团和 As 组成，表明 As 吸附在季铵基团和 Co 纳米颗粒上。小颗粒团聚点 3 的原子组成为 C（73.13%）、N（14.56%）、O（9.63%）、Co（1.84%）、As（0.80%），相组成的计算和分析表明，该团聚体由季铵基团和 Co、As 沉积物组成。

如图 5-14 所示，706 cm^{-1} 处的弱光谱带源于 C—H 伸缩振动[26]，峰值波数为 870 cm^{-1} 的特征带对应于 As—O 的不对称伸缩振动[27]，由此可以得出 As 吸附在载钴树脂上。N—H 峰在 973~976 cm^{-1} 的偏移可能是由 As 存在引起的，1026 cm^{-1} 处的峰为 C—N 拉伸，1488 cm^{-1} 处的峰为 C—H 拉伸，1632 cm^{-1} 处的峰为 O—H 拉伸[28]。

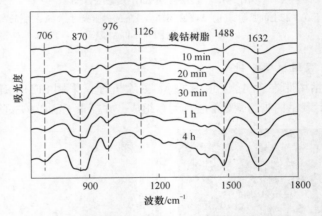

图 5-14　载钴树脂和负载 As 的载钴树脂的 FTIR 图

(初始 As 浓度为 100 mg/L、废水为 100 mL、树脂剂量为 0.3 g、反应时间为 2 h、pH 值为 8)

为了进一步阐明去除 As 的机制，进行了 XPS 实验。载钴树脂与含 As 废水在室温下反应 2 h 得到负载 As 的载钴树脂。为了进一步表征其结构，分析了特殊的 As 3d 和 N 1s 光谱[29]。图 5-15（a）所示为吸附 As 前后树脂的 N 1s 光谱。载钴树脂的 N 1s 能带位于 401.9 eV，对于 As 吸附树脂，N 1s 光谱的相应结合能偏移到 402.1 eV，偏移约为 0.2 eV。能带结合能的增加源于相关原子中电子密度的降低[29]。如图 5-15（b）所示，在载钴树脂中未观察到 As 3d 峰，然而，在吸附 As 后树脂中有一个 As 3d 峰，这是由于 As—O 带与 AsO$_4$ 四面体配位，因此在 45.0 eV 处有一个强 As 3d 峰[30]。

由于废水中通常含有许多不同种类的阴离子（Cl$^-$、SO$_4^{2-}$、PO$_4^{3-}$），它们可能会与 As^{5+} 竞争载钴树脂上的吸附位置，使载钴树脂可以达到最大吸附容量。但在 Cl$^-$、SO$_4^{2-}$、PO$_4^{3-}$ 等阴离子存在情况下，载钴树脂对 As 的吸附量急剧下降，如图 5-16（a）所示，Cl$^-$ 和 SO$_4^{2-}$ 对载钴树脂吸附 As 的影响不大，而 PO$_4^{3-}$ 对载

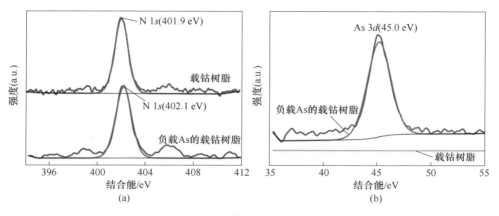

图 5-15 吸附前后 XPS 表征图

钴树脂吸附 As 的影响更为显著。这是因为 PO_4^{3-} 具有与 As^{5+} 相似的化学性质，因此具有很强的竞争力。

从图 5-16（b）可以看出，载钴树脂经过反复使用，对 As 的去除效果较好，主要是因为 Co 相对稳定，不易泄漏。

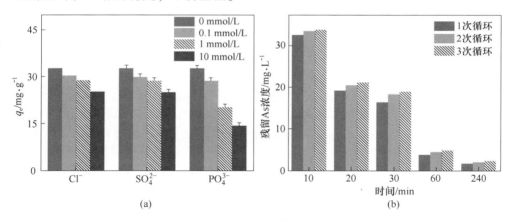

图 5-16 不同条件下吸附 As 的影像

（a）竞争阴离子对载钴树脂吸附 As 效率的影响；（b）循环次数对载钴树脂吸附 As 的影响

为考虑净化高 As 废水，载钴树脂与废水发生固液反应后，残留废水中浓度约为 1 mg/L 的痕量 As 必须进一步去除并降低至 10 μg/L 或更低。由于载钴树脂具有超强的 As 去除能力，载钴树脂可用于残留废水的高效净化，对反应 2 h 后的滤液进一步纯化，如图 5-17 所示。加入 0.5 g 载钴树脂反应 2 h 后，水溶液中 As^{5+} 浓度降至 10 μg/L 以下，达到饮用水标准（目前推荐的 As^{5+} WHO 饮用水中的含量为 10 μg/L）。之后将去除 As^{5+} 后的载钴树脂放入氢氧化钠溶液中进行解

析再生，再生载钴树脂可再次用于废水处理，且再生后的载钴树脂仍具有优异的
As 去除效果。

载钴树脂废酸处理流程如图 5-17 所示。

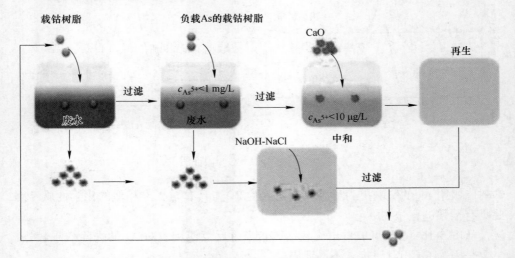

图 5-17　载钴树脂废酸处理流程

参 考 文 献

[1] LONG R Q, YANG R T. Catalytic performance of Fe-ZSM-5 catalysts for selective catalytic
reduction of nitric oxide by ammonia [J]. Journal of Catalysis, 1999, 188 (2)：332-339.

[2] RAHMAN M A, LAMB D, RAHMAN M M, et al. Removal of arsenate from contaminated waters
by novel zirconium and zirconium-iron modified biochar [J]. Journal of Hazardous Materials,
2021, 409：124488.

[3] WEN Z, XI J, LU J, et al. Porous biochar-supported $MnFe_2O_4$ magnetic nanocomposite as an
excellent adsorbent for simultaneous and effective removal of organic/inorganic arsenic from water
[J]. Journal of Hazardous Materials, 2021, 411：124909.

[4] MUKHERJEE S, THAKUR A K, GOSWAMI R, et al. Efficacy of agricultural waste derived
biochar for arsenic removal：Tackling water quality in the Indo-Gangetic plain [J]. Journal of
Environmental Management, 2021, 281：111814.

[5] CHENAR, MAHDI, POURAFSHARI, et al. Experimental investigation of arsenic（Ⅲ, Ⅴ）
removal from aqueous solution using synthesized alpHa-Fe_2O_3/MCM-41 nanocomposite adsorbent
[J]. Water Air and Soil Pollution, 2016, 227（8）：290-306.

[6] ADIO S O, OMAR M H, ASIF M, et al. Arsenic and selenium removal from water using
biosynthesized nanoscale zero-valent iron：A factorial design analysis [J]. Process Safety and
Environmental Protection, 2017, 107：518-527.

[7] WANG Y, WANG S, WANG X, et al. Adsorption behavior and removal mechanism of arsenic

from water by Fe（Ⅲ）-modified 13X Molecular Sieves［J］. Water Air and Soil Pollution, 2016, 227（8）: 1-10.

［8］ PAVEZ O, PALACIOS J M, AGUILAR C. Arsenic removal by using colloidal adsorption flotation utilizing Fe(OH)$_3$ floc in a dissolved air flotation system［J］. Revista De Metalurgia, 2009, 45 （2）: 85-91.

［9］ SADEGHI H, MOHAMMADPOUR A, SAMAEI M R, et al. Application of sono-electrocoagulation in arsenic removal from aqueous solutions and the related human health risk assessment［J］. Environmental Research, 2022, 212: 113147.

［10］ ZANG Y, YUE Q, KAN Y, et al. Research on adsorption of Cr(Ⅵ) by Poly-epichlorohydrin-dimethylamine （EPIDMA） modified weakly basic anion exchange resin D301［J］. Ecotoxicology and Environmental Safety, 2018, 161: 467-473.

［11］ ALTARAWNEH M, WATERS D, GOH B M, et al. Adsorptive interactions between metaldehyde and sulfonic functional group in ion exchange resin［J］. Journal of Molecular Liquids, 2020, 313: 113555.

［12］ MILLAR G J, OUTRAM J G, COUPERTHWAITE S J, et al. Methodology of isotherm generation: Multicomponent K$^+$ and H$^+$ ion exchange with strong acid cation resin［J］. Separation and Purification Technology, 2020, 251: 117360.

［13］ ATIA A A. Synthesis of a quaternary amine anion exchange resin and study its adsorption behaviour for chromate oxyanions［J］. Journal of Hazardous Materials, 2006, 137（2）: 1049-1055.

［14］ MA J, SHEN J, WANG C, et al. Preparation of dual-function chelating resin with high capacity and adjustable adsorption selectivity to variety of heavy metal ions［J］. Journal of the Taiwan Institute of Chemical Engineers, 2018, 91: 532-538.

［15］ BUI T H, HONG S P, YOON J. Enhanced selective removal of arsenic （Ⅴ） using a hybrid nanoscale zirconium molybdate embedded anion exchange resin［J］. Environmental Science and Pollution Research, 2019, 26（36）: 37046-37053.

［16］ HUI K S, CHAO C Y H, KOT S C. Removal of mixed heavy metal ions in wastewater by zeolite 4A and residual products from recycled coal fly ash［J］. Journal of Hazardous Materials, 2005, 127（1）: 89-101.

［17］ ÇERMIKLI E, ŞEN F, ALTOK E, et al. Performances of novel chelating ion exchange resins for boron and arsenic removal from saline geothermal water using adsorption-membrane filtration hybrid process［J］. Desalination, 2020, 491: 114504.

［18］ LAL S, SINGHAL A, KUMARI P. Exploring carbonaceous nanomaterials for arsenic and chromium removal from wastewater［J］. Journal of Water Process Engineering, 2020, 36: 101276.

［19］ DU P, ZHANG L R, MA Y T, et al. Occurrence and fate of heavy metals in municipal wastewater in heilongjiang province, China: A monthly reconnaissance from 2015 to 2017［J］. WATER, 2020, 12（3）: 728.

［20］ YAN X P, KERRICH R, HENDRY M J. Distribution of arsenic（Ⅲ）, arsenic（Ⅴ）and total inorganic arsenic in porewaters from a thick till and clay-rich aquitard sequence, Saskatchewan, Canada [J]. Geochimica et Cosmochimica Acta, 2000, 64 (15): 2637-2648.

[21] LIU R, CHI L, WANG X, et al. Review of metal (hydr) oxide and other adsorptive materials for phosphate removal from water [J]. Journal of Environmental Chemical Engineering, 2018, 6 (4): 5269-5286.

[22] LU H T, LIU S X, ZHANG H, et al. Decontamination of arsenic in actual water samples by calcium containing layered double hydroxides from a convenient synthesis method [J]. WATER, 2018, 10 (9): 31-37.

[23] ELIAS G, DíEZ S, ZHANG H, et al. Development of a new binding phase for the diffusive gradients in thin films technique based on an ionic liquid for mercury determination [J]. Chemosp Here, 2020, 245: 125671.

[24] LI S, ONDON B S, HO S H, et al. Antibiotic resistant bacteria and genes in wastewater treatment plants: From occurrence to treatment strategies [J]. Science of The Total Environment, 2022, 838: 156544.

[25] IMRAN M, IQBAL M M, IQBAL J, et al. Synthesis, characterization and application of novel MnO and CuO impregnated biochar composites to sequester arsenic (As) from water: Modeling, thermodynamics and reusability [J]. Journal of Hazardous Materials, 2021, 401: 123338.

[26] WANG Z, LV P, HU Y, et al. Thermal degradation study of intumescent flame retardants by TG and FTIR: Melamine phosphate and its mixture with pentaerythritol [J]. Journal of Analytical and Applied Pyrolysis, 2009, 86 (1): 207-214.

[27] LI X, CHEN L, DAI X, et al. Thermogravimetry-Fourier transform infrared spectrometry-mass spectrometry technique to evaluate the effect of anaerobic digestion on gaseous products of sewage sludge sequential pyrolysis [J]. Journal of Analytical and Applied Pyrolysis, 2017, 126: 288-297.

[28] NIE G, WU L, DU Y, et al. Efficient removal of phosphate by a millimeter-sized nanocomposite of titanium oxides encapsulated in positively charged polymer [J]. Chemical Engineering Journal, 2019, 360: 1128-1136.

[29] LI Y, ZHU X, QI X, et al. Removal and immobilization of arsenic from copper smelting wastewater using copper slag by in situ encapsulation with silica gel [J]. Chemical Engineering Journal, 2020, 394: 124833.

[30] Çiftçi T D, Henden E. Nickel/nickel boride nanoparticles coated resin: A novel adsorbent for arsenic (Ⅲ) and arsenic (Ⅴ) removal [J]. Powder Technology, 2015, 269: 470-480.

6 含砷废渣资源化/稳定化

6.1 硅凝胶固砷

6.1.1 硅凝胶的合成

实验所使用的含砷污泥来自我国西南地区某铜冶炼厂（见图 6-1），该含砷污泥是通过石灰铁盐法对污酸进行处理后得到的高含砷石膏尾渣。通过 XRF 对含砷污泥中各个元素及其对应含量进行检测，结果见表 6-1。通过 XRF 结果可以清楚地看出，含砷污泥中 As 含量（质量分数）占 11.2%，除 As 以外，污泥的主要组成元素为 Ca、S 和 Fe，分别占总质量的 37.6%、9.3% 和 3.6%。

图 6-1 含砷污泥

表 6-1 污泥的化学组成 （%）

元素	As	Ca	S	Fe	F	Zn	Si
含量（质量分数）	11.2	37.6	9.3	3.6	1.8	1.2	1.1
元素	Al	Cu	Cl	Pb	Bi	Sb	O
含量（质量分数）	0.9	0.4	0.3	0.3	0.3	0.1	平衡态

为确定污泥的毒性，采用毒性浸出的方法对其进行实验，测得含砷污泥的砷

浸出量为 800 mg/L（见表 6-2），远高于《危险废物鉴别标准 腐蚀性鉴别》（GB 5085.1—2007）规定的 5 mg/L，属于危险固体废物。同时污泥中还含有一部分重金属离子，其毒性浸出情况也较高，如 Pb、Sb、Bi、Ti 等重金属离子的毒性浸出分别为 0.2 mg/L、6.8 mg/L、1.6 mg/L、1.1 mg/L，通过固化实验，这些重金属离子的毒性浸出也将会大大减少。

表 6-2　污泥中主要重金属离子的浸出情况　　　　　　　（mg/L）

元素	As	Ca	Si	Sb	S	Bi	Ti
浓度	800	97.1	26.3	6.8	1.7	1.6	1.1
元素	Pb	Zn	Fe	Al	Cu	Cl	F
浓度	0.2	0.2	0.2	0.1	0.1	0.1	0.1

之后还对污泥进行了 XRD 分析表征，如图 6-2 所示。根据图 6-2 可以看出，含砷污泥主要由 $CaSO_4 \cdot H_2O$ 组成。通过 XRD 检测不到 As 的存在，这是因为在污泥中 As 的化合物晶型不好或 As 以无定型的形态存在，而 $CaSO_4 \cdot 2H_2O$ 的结晶状态良好，更容易被检测到。

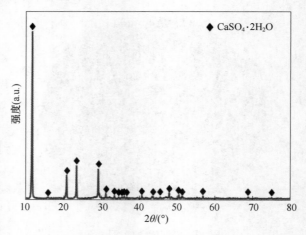

图 6-2　含砷污泥的 XRD 图谱

实验所使用的铜渣取自我国西南地区某铜冶炼厂，该铜渣为转炉产生的水淬渣，颜色呈灰黑色，如图 6-3 所示。将取回的铜渣样品经自然干燥和研磨后，再仔细筛分至 0.074 mm（200 目）以上备用。为了解铜渣中具体的物质组成，对其进行了 XRF 表征，通过对样品成分进行定量分析，最终确定了样品成分含量。XRF 测试结果见表 6-3。根据表 6-3 可以看出，铜渣中主要成分为 Fe 和 Si，分别占总质量分数的 36.0% 和 13.1%。由 SiO_2 凝胶复合 $FeSO_4$ 实验的探究可知，铜渣中多 Fe、多 Si 的特性有利于含砷固废的固化。

图 6-3　铜渣

表 6-3　铜渣的化学组成 （%）

元素	Fe	Si	Ca	Al	Zn	Mg	Na
含量（质量分数）	36.0	13.1	2.6	2.6	1.3	0.8	0.7
元素	K	Pb	Ti	S	Cu	Mn	O
含量（质量分数）	0.7	0.6	0.2	0.2	0.2	0.1	平衡态

同时还整理出了铜渣氧化物的化学组成（见表 6-4）。由表 6-4 可知，铜渣由 Fe、Si、O 等元素组成，主要成分为 Fe 和 Si 的氧化物，占铜渣总量的 93.58%，还有含量少于 6% 的 MgO、CaO 和 K_2O 碱性氧化物。为了确定铜渣的毒性迁移能力与腐蚀性，还探究了铜渣的毒性浸出实验与腐蚀性实验。由表 6-5 可知，铜渣中 Cu、As、Zn、Pb 和 Cr 的浸出浓度均低于美国环保局规定的极限值，属于一般固体废物。按照《危险废物鉴别标准 腐蚀性鉴别》（GB 5085.1—2007）对铜渣腐蚀性进行测试，其浸出液 pH 值为 9.11，偏碱性。

表 6-4　铜渣氧化物的化学组成

元素	Fe_xO_y	SiO_2	Al_2O_3	MgO	ZnO	CaO	SO_3	K_2O	CuO	其他
质量分数/%	66.26	27.32	3.74	2.62	2.38	1.96	2.28	0.68	0.69	2.19

表 6-5　铜渣物理特性

元素	Cu	As	Zn	Pb	Cr
渗滤液浓度/mg·L^{-1}	<0.1	<0.1	<0.1	<0.1	<0.1
鉴定标准/mg·L^{-1}	16	6	26	6	0.6

除此之外，还对铜渣进行了 XRD 表征，如图 6-4 所示。根据图 6-4 可以看

出，铜渣中含有 Fe_2SiO_4、Fe_3O_4 和 Ca-Mg-Fe-Si 的氧化物。其中 Fe_2SiO_4 相的衍射峰位于 26.29°、31.63°、36.09°、36.02° 及 61.66°处，为铜渣的主要衍射峰，强度较高；Fe_3O_4 相的衍射峰位于 30.62°、43.18°、62.69°处，强度相对较弱，部分衍射峰与 Fe_2SiO_4 相重叠；$(CaMg_{0.7}Fe_{0.25})Si_2O_6$ 的衍射峰位于 30.14°处，且部分衍射峰与 Fe_3O_4 相重合。在固化含砷污泥过程中，起主要作用的是 Fe_2SiO_4 凝胶。

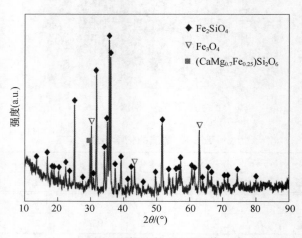

图 6-4　铜渣的 XRD 图谱

为了进一步获得铜渣的形貌特征，还对铜渣进行了 SEM 表征，如图 6-5 所示，根据图 6-5（a）可以看出铜渣呈现碎颗粒状，大小不一，碎块表面富集着一些小颗粒，小颗粒形状不一；图 6-5（b）（c）可以看出铜渣颗粒表面光滑平整，大多数以玻璃相的形式存在，玻璃相不规则并且有明显的分界线，大多为菱角块状，表面光泽，质地紧密，这些玻璃相的物质为 Fe_2SiO_4 凝胶，由此推断铜渣颗粒主要为 Fe_2SiO_4 相。铜渣富含铁氧化物，并且含有少量磁性铁，具有潜在的除砷固砷能力，而碱性氧化物也同样具备一定的化学沉淀和物理吸附能力。

(a)　　　　　　　　　(b)　　　　　　　　　(c)

图 6-5　铜渣的 SEM 图

6.1.2 硅凝胶固砷的特性

6.1.2.1 凝胶复合 $FeSO_4$ 固化/稳定化含砷固废

首先选取 $FeSO_4$ 和 SiO_2 凝胶为固化原料，对含砷污泥进行固化处理。通过将 $FeSO_4$ 和 SiO_2 凝胶溶解为一定浓度的液体之后，将其进行不同比例的混合，将混合好后的凝胶溶液对含砷污泥进行固化混合处理，待干燥研磨之后进行毒性浸出测试，最后再用 ICP 测量毒性浸出液中的关键离子浓度，检验固化效果。具体实验步骤如下。

（1）实验预处理。首先称取 10 g 左右的 $FeSO_4$ 固体试剂，将其放置在提前准备好的 2000 mL 蒸馏水中缓慢搅拌直至溶解，由于 Fe^{2+} 是淡绿色的（见图 6-6（a）），故溶解后的 $FeSO_4$ 水溶液也呈现淡绿色，如图 6-6（b）所示。之后用 ICP 测量溶液中的 Fe 离子浓度，为了避免固化含砷污泥过程中溶液总体积过高，尽量控制 $FeSO_4$ 溶液中 Fe 离子浓度高一些，最好将其控制在 4000~6000 mg/L，在调配过程中如果浓度过高可再加入蒸馏水稀释，如果浓度过低，可再加入 $FeSO_4$ 固体继续溶解，如此反复，最终制成实验所用的 $FeSO_4$ 水溶液，浓度为 4600 mg/L。实验所需 SiO_2 原始凝胶为购买所得，由于购买的 SiO_2 凝胶高度浓缩，浓度过高，呈白色黏稠状（见图 6-6（c）），故将原始 SiO_2 凝胶稀释使用，与制备 $FeSO_4$ 溶液步骤一样，同样使用蒸馏水稀释部分 SiO_2 凝胶，边稀释边使用 ICP 仪器测量溶液中 Si 离子浓度，最终配制成实验所用 SiO_2 凝胶（见图 6-6（d）），浓度为 8900 mg/L。

含砷污泥在实验前进行细化处理。由于从冶炼厂拿回来的污泥是块状的，因此要进行磨筛处理。实验所用的污泥均为 0.074 mm（200 目）以上的细度，同时准备好蒸馏水备用。准备好以上基础材料后可以进行下述的配比实验。

（2）Si/As 摩尔比的影响。根据控制变量实验原理，实验过程中保持其余实验条件一致，只改变 Si 和 As 的摩尔比。由于 SiO_2 凝胶本身 pH 值为 6.7 左右，

(a)　　　　　　　　　　　　　　　(b)

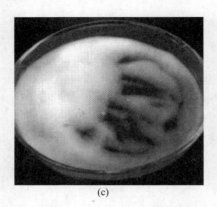

（c）　　　　　　　　　　　　　　（d）

图 6-6　实验用品图

（a）FeSO$_4$ 固体粉末；（b）FeSO$_4$ 溶液；（c）SiO$_2$ 凝胶；（d）稀释后的 SiO$_2$ 凝胶

接近中性，所以无需调节凝胶 pH 值。根据前期试探性实验的范围约束，实验过程中将 Si/As 摩尔比分别设置为 0.5∶1、1∶1、1.5∶1 和 2∶1 四种比例，将污泥与对应用量的 SiO$_2$ 凝胶分别置于烧杯中搅拌均匀，同时根据试探性实验结果设置这四种比例中的 Si/Fe 摩尔比均为 1∶4；之后将 FeSO$_4$ 溶液也分别置于四种比例的烧杯中搅拌均匀，再将四种比例的烧杯放置到温度为 60 ℃ 的干燥箱中干燥 20 h，取出后可以观察到溶液状的混合物已经变成了固体，再将固体研磨至无颗粒感后装入样品袋中备用。为减少实验误差，所有实验均设定 3 组平行实验。

（3）Si/Fe 摩尔比的影响。同样，通过控制变量法保持实验过程中其余条件一致，只改变 Si/Fe 摩尔比。根据前期试探性实验的范围约束，实验过程中将 Si/Fe 摩尔比分别设置为 1∶2、1∶3、1∶4 和 1∶6 四种比例，将 SiO$_2$ 凝胶与对应用量的 FeSO$_4$ 溶液分别置于烧杯中搅拌均匀，同时根据试探性实验结果设置这四种比例中的 Si/As 摩尔比均为 1∶1；之后将固定量的污泥也分别置于四种比例的烧杯中搅拌均匀，再将四种比例的烧杯放置到温度为 60 ℃ 的干燥箱中干燥 20 h，取出后将固体研磨至无颗粒感后装入样品袋中备用。为减少误差的影响，所有实验均设定 3 组平行实验。

（4）封装不同含砷固废的影响。为探究 Fe—Si 凝胶固化含砷固废的广谱性，分别对砷酸钠（Na$_3$AsO$_4$）、砷酸钙（Ca$_3$(AsO$_4$)$_2$）、砷酸铝（AlAsO$_4$）和臭葱石（FeAsO$_4$·2H$_2$O）进行固化实验。通过控制变量法，保持其余实验条件不变，控制含砷固废种类变化。根据前面两组实验探究，可以得出最佳的 Si/As/Fe 摩尔比为 1∶1∶4，即实验过程中先将 1 份 SiO$_2$ 凝胶与 4 份 FeSO$_4$ 溶液置于烧杯中混合均匀，再分别加入 1 份含砷固废，再次混合均匀；然后将 5 种含有不同含砷固废的烧杯放置到温度为 60 ℃ 的干燥箱中干燥 20 h，取出后将固体研磨至无颗粒感后装入样品袋中备用。为减少误差的影响，所有实验均设定 3 组平行实验。

（5）长期环境稳定性测试实验。为探究固化产物的长期稳定性，对上述实验所得不同固体废物的固体粉末进行了为期 30 天的环境稳定性测试。根据实验要求，将浸出液 pH 值设定为 8.0，使用 NaOH 将蒸馏水调配至 pH 值为 8.0；然后按照固液比 1∶20 的比例分别加入步骤（4）中得到的 5 种含砷固废的粉末 1 g，再加入制备好的浸提液 20 mL，将固液均置于三角烧瓶中混合均匀，塞好瓶塞放入振荡箱中振荡 30 天。设定振荡箱的温度为 2 ℃±1 ℃，转速为 160 r/min。每天检测溶液 pH 值，一旦溶液中 pH 值大于或小于 8.0，立即使用蒸馏水或 NaOH 将 pH 值调节至 8.0。同时每天取样置于样品瓶中待测，30 天后，使用 ICP 测量所有样品的 As 离子浓度。为减少误差的影响，所有实验均设定 3 组平行实验。

为了更加直观地了解实验步骤，绘制了实验具体流程图，如图 6-7 所示。

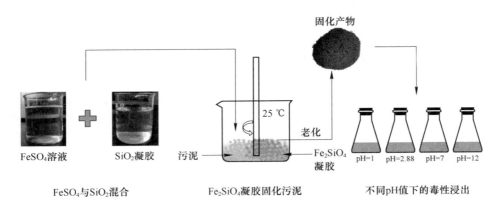

图 6-7 Fe$_2$SiO$_4$ 凝胶固化含砷污泥流程

6.1.2.2 铜凝胶包裹含砷污泥

铜凝胶包裹含砷污泥的实验步骤如下。

（1）实验预处理。在实验开始之前，首先对铜渣进行处理。将浓硫酸稀释至浓度为 0.6 mg/L，取 400 mL 稀释后的硫酸置于 1000 mL 的烧杯中，再称取 60 g 左右 0.074 mm（200 目）以上的铜渣置于稀释好的硫酸中均匀溶解，使铜渣中的硅、铁离子充分溶解出来。充分混匀后将混合溶液置于电动搅拌机上常温搅拌 2 h，之后取出过滤，收集滤液至三角瓶中。将收集好的滤液置于 90 ℃ 的恒温水浴锅中水浴加热蒸发 3 h 左右，直至溶液呈淡绿色的果冻胶体状后取出冷却备用。最后用 ICP-OES 测定凝胶中的硅和铁含量。为避免实验误差，每组实验进行 3 组平行实验。

（2）凝胶 pH 值的影响。将上述制备好的淡绿色果冻状凝胶冷却至室温左右，之后取出 4 份等量的凝胶分别置于烧杯中，分别设置凝胶 pH 值为 1、2.88、7 和 12，使用 NaOH 溶液调节凝胶 pH 值。根据 ICP 测量结果计算出铜渣凝胶与含砷污泥的 Si/As 摩尔比，并控制 Si/As = 0.6。将污泥分别放入 4 种不同 pH 值的凝胶中搅拌均匀，之后将混合物放入温度为 60 ℃ 的烘箱中干燥 20 h，取出后将老化好的固体研磨至无颗粒感后装入样品袋中备用。为减少误差的影响，所有实验设定 3 组平行实验。

（3）Si/As 摩尔比的影响。同样通过控制变量法，保持实验过程中其余条件一致，只改变 Si/As 摩尔比。根据前期试探性实验的范围约束，实验过程中将 Si/As 摩尔比分别设置为 0.1∶1、0.3∶1、0.6∶1、1∶1 和 2∶1，将 pH 值为 7 的铜渣凝胶与对应用量的污泥分别置于烧杯中搅拌均匀。再将 5 种比例的烧杯放置到温度为 60 ℃ 的干燥箱中干燥 20 h，取出后将固体研磨至无颗粒感后装入样品袋中备用。为减少误差的影响，所有实验均设定 3 组平行实验。

（4）老化时间的影响。实验中将时间变量设置为 10 h、20 h、30 h 和 60 h，同时控制其他条件不变，按照 Si/As = 0.6 的比例将铜渣凝胶（pH = 7）和污泥混合均匀放置到温度为 60 ℃ 的干燥箱中分别老化 10 h、20 h、30 h 和 60 h，取出后将固体研磨至无颗粒感后装入样品袋中备用。为减少误差的影响，所有实验均设定 3 组平行实验。

（5）老化温度的影响。实验中将温度设置为 26 ℃、60 ℃、100 ℃ 和 160 ℃，同时控制其余实验条件不变，按照 Si/As = 0.6 的比例将铜渣凝胶（pH = 7）和污泥混合均匀，分别放置到温度为 26 ℃、60 ℃、100 ℃ 和 160 ℃ 的干燥箱中干燥 20 h，取出后将固体研磨至无颗粒感后装入样品袋中备用。为减少误差的影响，所有实验均设定 3 组平行实验。

为了更加直观地了解实验步骤，绘制了实验流程图，如图 6-8 所示。

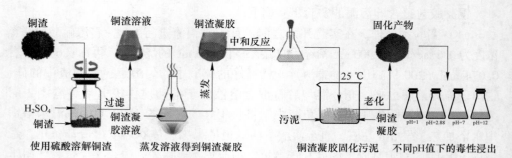

图 6-8　铜渣凝胶固化含砷污泥流程

6.1.2.3 毒性浸出实验

除按照国际标准制定的环境条件浸出实验样品外，分别在 pH 值为 1、2.88、7 和 12 四种不同毒性浸出液的条件下进行了毒性浸出实验，以评估 Fe—Si 凝胶对含砷污泥及不同含砷固废固化/稳定化的环境适用性。浸出液配制的方法为：用冰醋酸和去离子水配制 pH 值为 1 的浸出液，在制备过程中，使用电子 pH 值计测量混合溶液的 pH 值，反复测量直到 pH 值为 1。同样，用 NaOH 和去离子水制备 pH 值为 12 的浸出液。pH 值为 7 的浸出液为去离子水。后续浸出步骤按照美国环保署概述的毒性浸出实验方法进行即可，具体毒性浸出步骤见表 6-6 和表 6-7。

表 6-6　Fe_2SiO_4凝胶固化污泥的详细步骤

实验步骤	实验变量	离子浓度/mg·L^{-1}				实验条件（大气压下）
		浸出液 pH 值为 1	浸出液 pH 值为 2.88	浸出液 pH 值为 7	浸出液 pH 值为 12	
		As	Fe	Si	Ca	
探索最佳 Si/As 摩尔比	0.5:1					Si/Fe=4、26 ℃、20 h
	1:1					
	1.5:1					
	2:1					
探索最佳 Si/Fe 摩尔比	1:1					Si/As=1、26 ℃、20 h
	1:2					
	1:3					
	1:4					
探索不同含砷固废	砷酸钠					Si/As=1、Si/Fe=4、20 h、26 ℃
	污泥					
	砷酸钙					
	砷酸铝					
	臭葱石					
长期环境稳定性测试	砷酸钠	维持 pH=8.0				Si/As=1、Si/Fe=4、20 h、26 ℃
	污泥					
	砷酸钙					
	砷酸铝					
	臭葱石					

表 6-7　铜渣凝胶固化污泥的详细步骤

实验步骤	实验变量	离子浓度/mg·L⁻¹				实验条件（大气压下）
		浸出液 pH 值为 1	浸出液 pH 值为 2.88	浸出液 pH 值为 7	浸出液 pH 值为 12	
		As	Fe	Si	Ca	
探索最佳凝胶 pH 值	初始					Si/As＝0.6、26 ℃、20 h
	1					
	7					
	12					
探索最佳 Si/As 摩尔比	0.1					pH铜渣凝胶＝7、26 ℃、20 h
	0.3					
	0.6					
	1					
	2					
探索最佳老化时间	10 h					pH铜渣凝胶＝7、Si/As＝0.6、26 ℃
	20 h					
	30 h					
	60 h					
探索最佳老化温度	26 ℃					pH铜渣凝胶＝7、Si/As＝0.6、20 h
	60 ℃					
	100 ℃					
	160 ℃					

6.1.3　Fe_2SiO_4 凝胶固化污泥技术

6.1.3.1　Si/As 摩尔比的分析

图 6-9 所示为 Si 的用量对 Fe_2SiO_4 凝胶固化含砷污泥的影响，通过图 6-9 可以得出 Fe_2SiO_4 凝胶固化/稳定化含砷污泥的大致离子走向。图 6-9（a）清楚地显示出不同 Si/As 摩尔比下的固化产物毒性浸出达标情况。当 Si/As 摩尔比为 0.5∶1 时，固化产物浸出液中残留的 As 浓度为 142.7 mg/L，浸出液中 As 离子浓度高于 5 mg/L，所以较低的 Si/As 摩尔比不符合国家标准。当扩大 Si/As 摩尔比至 1∶1、1.5∶1、2∶1 时，浸出液中 As 离子的残留浓度分别为 4.98 mg/L、4.68 mg/L、3.46 mg/L，均符合标准规定。同时考虑到资源节约与有效利用这一原则，将 Si/As＝1∶1 设置为最佳比例并用于后续实验条件的探究。

图 6-9（b）~（d）所示为固化产物在不同 pH 值溶液（pH=1、2.88、7、12）

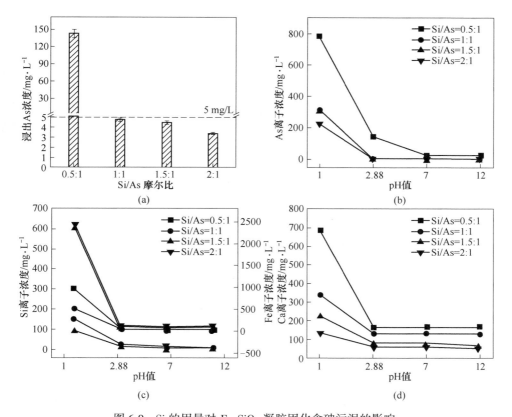

图 6-9　Si 的用量对 Fe₂SiO₄ 凝胶固化含砷污泥的影响

（实验条件：Si/Fe = 1∶4、老化温度 60 ℃、老化时间 20 h）

（a）不同 Si/As 摩尔比的毒性浸出情况；（b）不同 pH 值下浸出液中的 As；

（c）Si 和 Fe 离子浓度变化；（d）Ca 离子浓度变化

中进行毒性浸出后，经过滤得到的浸出液中 As、Fe、Si 和 Ca 离子的浓度变化曲线。从图中不难发现，这 4 种离子大致的变化规律是一致的，但是它们的变化原因并不相同。As 离子浓度的降低更多归因于 Fe₂SiO₄ 凝胶对污泥中 As 的固化作用，通过 Fe₂SiO₄ 凝胶将含砷污泥包裹在里面使 As 无法浸出。但是这种解释只适用于弱酸到强碱性的浸出溶液。强酸条件下，Fe₂SiO₄ 凝胶无法对含砷污泥进行完全包裹，推测这种现象主要是由于过强的酸性会破坏 Fe—Si 化学键的结合。图 6-9（c）显示 Fe 和 Si 的离子走向大体一致，原因是 SiO₂ 凝胶会与 FeSO₄·2H₂O 结合生成 Fe₂SiO₄ 凝胶，在强酸条件下，Fe₂SiO₄ 凝胶并不稳定。只有在弱酸到强碱性条件下 Fe₂SiO₄ 凝胶才能稳定存在并起到对 As 的固化/稳定化作用。如图 6-9（d）所示，浸出液中的 Ca 离子浓度很高，这些 Ca 离子主要来自污泥，污泥的主要成分是 CaSO₄·2H₂O 和 Ca₃(AsO₄)₂。在强酸性条件下，CaSO₄·2H₂O 和

$Ca_3(AsO_4)_2$ 中的 Ca 离子都不稳定,从而溶解在浸出液中。但是在弱酸到强碱性条件下,Ca 离子的化合物会相对稳定,Fe_2SiO_4 凝胶对污泥的固化也相对稳定,所以 Ca 离子的浸出会减少。

6.1.3.2　Si/Fe 摩尔比的分析

图 6-10 所示为 Fe 的用量对 Fe_2SiO_4 凝胶固化污泥的影响。从图 6-10(a)可以明显看出,Fe 的用量对污泥的固化具有较大影响,当 Si/Fe 摩尔比为 1:2 和 1:3 时,固化产物的毒性浸出分别为 132.2 mg/L、46.9 mg/L,未达到国家规定的标准。提高 Fe 的用量,污泥中 As 的毒性浸出可以达到 4.7 mg/L 和 4.4 mg/L。因此最终设定 Si/Fe 摩尔比为 1:4,并将其用于后续研究。图 6-10(b)~(d)分别为以不同 pH 值的溶液为浸出液的条件下离子浓度的变化曲线。可以清楚地看到这 4 种离子的走向大致相同,都是逐渐减少,最后趋于平衡。从弱酸(pH 值为 2.88)到强碱(pH 值 12)的条件下,4 种离子在溶液中都可以稳定存在,浓

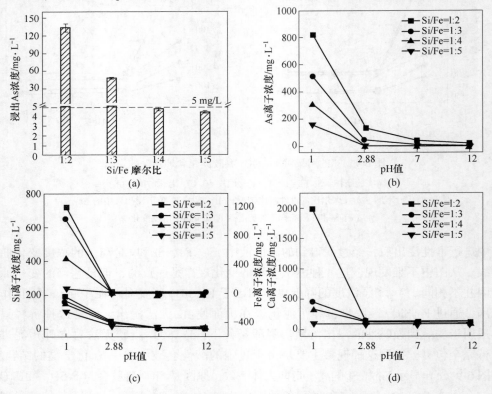

图 6-10　Fe 的用量对 Fe_2SiO_4 凝胶固化污泥的影响

(实验条件:Si/As=1:1、老化温度 60 ℃、老化时间 20 h)

(a)不同 Si/Fe 摩尔比的毒性浸出情况;(b)不同 pH 值下浸出液中的 As 离子浓度;

(c)Si 和 Fe 离子浓度变化;(d)Ca 离子浓度变化

度差异变化不大。As 离子浓度的减少主要归因于 Fe$_2$SiO$_4$ 凝胶的固化作用。Fe 和 Si 离子的浓度趋势变化表明，Fe—Si 在中性条件下结合形成的 Fe$_2$SiO$_4$ 凝胶可在弱酸到强碱条件下稳定存在，而在强酸条件下，H$^+$ 会破坏 Fe—Si 凝胶的稳定性，从而使凝胶无法包裹污泥。Ca 离子浓度的减少主要也归因于 Fe$_2$SiO$_4$ 凝胶的包裹作用，因为污泥中的 As 是以 Ca$_3$(AsO$_4$)$_2$ 的形式存在的，所以 As 和 Ca 的离子走向会基本同步。

6.1.3.3 封装不同含砷固废的分析

根据上述结果，以污泥为初始研究对象，探究出了最佳的 Si/As 摩尔比和 Si/Fe 摩尔比。为了进一步探究 Fe$_2$SiO$_4$ 凝胶的广泛适用性，将其应用于不同含砷固废的固化。根据含砷固废的常见情况，挑选了以下 4 种含砷固废，分别为砷酸钠（Na$_3$AsO$_4$）、砷酸钙（Ca$_3$(AsO$_4$)$_2$）、砷酸铝（AlAsO$_4$）和臭葱石（FeAsO$_4$·2H$_2$O），这 4 种含砷固废中砷的初始浸出浓度分别为 3000 mg/L、37.3 mg/L、11.9 mg/L、4.9 mg/L。

图 6-11 所示为 4 种含砷固废在不同 pH 值浸出液下的毒性浸出情况。由图 6-11（a）可以看出，Na$_3$AsO$_4$ 中 As 离子浓度从强酸到强碱性浸出液中的浸出值分别为 76.7 mg/L、3.6 mg/L、2.3 mg/L、1.2 mg/L。根据实验结果可以看出 Fe$_2$SiO$_4$ 凝胶对 Na$_3$AsO$_4$ 的包裹同样是在弱酸到强碱条件下稳定，这与之前实验探究出的 Fe$_2$SiO$_4$ 凝胶包裹污泥的规律一致。图中 Fe 离子浓度在强酸条件下为 1460 mg/L，而在弱酸到强碱环境下降低至 86 mg/L 左右，并趋于稳定。这一现象同样证明了在弱酸到强碱条件下 Fe—Si 键的稳定性良好，但强酸条件会促使 Fe—Si 键的断裂。图 6-11（d）显示出同样的规律。图 6-11（d）包裹的含砷固废为臭葱石，由于臭葱石本身性质就十分稳定，其本身的毒性浸出仅为 4.9 mg/L。因此包裹臭葱石的目的是希望通过 Fe$_2$SiO$_4$ 凝胶的包裹作用将臭葱石的毒性浸出降低一个数量级。实验结果清晰显示，在弱酸到强碱性环境下，臭葱石的毒性浸出均小于 1 mg/L，达到期望的实验结果。但在强酸性环境下，臭葱石的毒性浸出

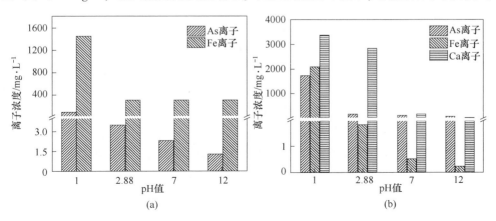

(a)   (b)

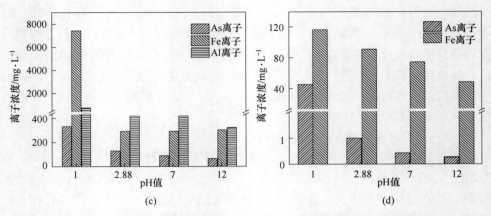

图 6-11　Fe₂SiO₄ 凝胶封装不同含砷固废在不同 pH 值浸出液下的浸出情况

(实验条件：Si/As=1∶1、Si/Fe=1∶4、老化温度 60 ℃、老化时间 20 h)

(a) Na₃AsO₄ 浸出液；(b) Ca₃(AsO₄)₂ 浸出液；(c) AlAsO₄ 浸出液；(d) FeAsO₄·2H₂O 浸出液

不仅没有降低，反而升高到 44.8 mg/L，这一现象归因于强酸环境能够破坏 As—Fe 键，从而使 As 从臭葱石中释放出来，导致强酸条件下的毒性浸出不减反增。Fe 离子浓度在弱酸到强碱条件下的变化趋势始终不大，这归因于臭葱石的稳定性，弱酸到强碱性环境下的浸出液并未破坏臭葱石中 As—Fe 键[1]。

　　与图 6-11 (a) 和 (d) 不同，图 6-11 (b) 和 (c) 在同样的固化条件下毒性浸出并未达标。Ca₃(AsO₄)₂ 的初始 As 浸出量为 37.3 mg/L，AlAsO₄ 的初始 As 浸出量为 11.9 mg/L。但经 Fe₂SiO₄ 凝胶包裹后，Ca₃(AsO₄)₂ 在 4 种不同 pH 值的浸出液中 As 离子的浸出量分别为 1738 mg/L、149 mg/L、68.46 mg/L、33.43 mg/L；AlAsO₄ 在 4 种不同 pH 值的浸出液中 As 离子的浸出量分别为 331.7 mg/L、127.3 mg/L、88.39 mg/L、63.08 mg/L。根据上述数值规律显示，经 Fe₂SiO₄ 凝胶包裹后的 Ca₃(AsO₄)₂ 和 AlAsO₄ 的毒性浸出远高于未包裹的情况。同时，还监测了体系中 Fe 离子和原始离子的动态变化 (Ca₃(AsO₄)₂ 中监测 Ca 离子，AlAsO₄ 中监测 Al 离子)，监测结果显示，Ca₃(AsO₄)₂ 和 AlAsO₄ 中的 Fe 离子变化与图 6-11 (a) 和 (d) 相同，都是强碱作用下 Fe 离子浸出较多，弱酸到强碱条件下浸出减少且浸出量稳定，说明 Fe₂SiO₄ 凝胶在弱酸到强碱作用下稳定性较强。但 Ca₃(AsO₄)₂ 中 Ca 离子浸出量较大，说明强酸性环境可以破坏 Ca—As 的结合。同样，AlAsO₄ 中 Al 离子的浸出较为均衡，说明强酸到强碱环境下都对 Al—As 键有很强的破坏作用[2]。

　　由此将 Fe₂SiO₄ 凝胶包裹含砷污泥和包裹 Ca₃(AsO₄)₂、AlAsO₄ 进行了对比。原始污泥中的 Ca 含量很高，而 Ca₃(AsO₄)₂ 中 Ca 含量很少，AlAsO₄ 中几乎没有 Ca。同时对比体系中 Si 含量的变化发现，在反应过程中原始的 Fe₂SiO₄ 凝胶也存在溶解再生成的情况，所以推测在 Ca—Si—H$_2$O 体系中有 C—S—H 凝胶的形成，从而对含砷污泥的包裹起到了促进作用。

为了强化 Fe$_2$SO$_4$ 凝胶对 Ca$_3$(AsO$_4$)$_2$ 和 AlAsO$_4$ 的包裹，根据推测在强化实验中添加 CaO 来促进包裹过程。图 6-12（a）和（b）分别为添加质量分数 10% 的 CaO 强化 Ca$_3$(AsO$_4$)$_2$ 和 AlAsO$_4$ 的效果图。根据图中数据显示，强化后的 Ca$_3$(AsO$_4$)$_2$ 在 4 种不同 pH 值的浸出液中 As 离子的浸出量分别为 389.7 mg/L、0.68 mg/L、0.76 mg/L、0.36 mg/L；AlAsO$_4$ 在 4 种不同 pH 值的浸出液中 As 离子的浸出量分别为 26.8 mg/L、0.18 mg/L、0.18 mg/L、0.17 mg/L。强化后的 Ca$_3$(AsO$_4$)$_2$ 和 AlAsO$_4$ 的毒性浸出都达到了极低的水平，说明在上文的推测是正确的，在 Ca-Si-H$_2$O 体系中确实有 C—S—H 凝胶的生成，最终形成以 Fe$_2$SiO$_4$ 凝胶包裹为主，C—S—H 凝胶包裹为辅的固化/稳定化形式，使含砷固废达到国家规定的堆存水平。

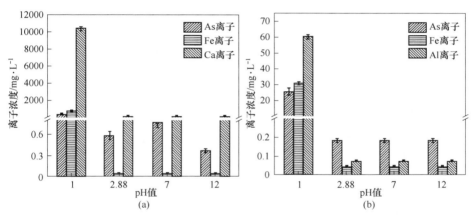

图 6-12　经 CaO 强化后的离子浓度变化
（a）Ca$_3$(AsO$_4$)$_2$；（b）AlAsO$_4$

6.1.3.4　长期环境稳定性测试

为探究 Fe$_2$SiO$_4$ 凝胶对不同含砷固废的固化性能，对其进行了为期 1 个月的环境稳定性测试。将 5 种含砷固废（砷酸钠、污泥、砷酸钙、砷酸铝、臭葱石）分别置于 pH 值为 8.0 的浸出液中进行毒性浸出，时间设定为 1 个月，每天定期取样并使用 ICP 测定其 As 离子浓度，从而得出动力学曲线图。根据曲线走势可以看出 5 种含砷固废的变化规律几乎一致，都是缓慢升高再趋于稳定。砷酸钠、污泥、砷酸钙、砷酸铝、臭葱石这 5 种含砷固废稳定时的 As 浸出浓度分别为 0.36 mg/L、0.34 mg/L、3.3 mg/L、1.3 mg/L、0.26 mg/L，均小于 5 mg/L。说明 Si—Fe 凝胶对于含砷固废的固化/稳定化具有长期环境良好型效益。

6.1.4　Fe₂SiO₄ 凝胶稳定化污泥技术

6.1.4.1　实验设计理念

根据上述实验的结果，对 Fe—Si 凝胶处理 5 种含砷固废（砷酸钠、污泥、砷酸钙、砷酸铝、臭葱石）的过程进行了绘制。

由图 6-13 可以看出，浸出 As 浓度箭头表示毒性浸出由低到高的情况，越靠近箭头的位置毒性浸出越高。根据图 6-13 可以清晰发现 5 种含砷固废初始的 As 浓度都非常高，经凝胶固化封装以后均达到了国家规定的标准（5 mg/L）。这种变化与实验前所预期的一致。同时推测，经封装固化后的含砷固废最终产物应与图中所示产物形貌相似，即生成以 Fe₂SiO₄ 凝胶为壳、含砷固废为核的核壳结构。但最终产物形貌还需进一步探讨。

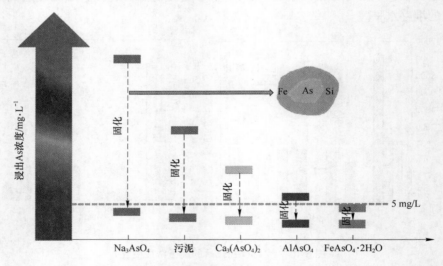

图 6-13　Fe—Si 凝胶包裹含砷固废示意图

6.1.4.2　透射电镜分析

为进一步研究 Fe₂SiO₄ 凝胶固化含砷固废的机理，对 5 种固化产物分别进行了透射电镜及点扫描分析，如图 6-14 所示。首先通过宏观分析，可以看出这 5 种含砷固废都呈现一种包裹状态。图 6-14（a）所示为 Na₃AsO₄ 的透射电镜图像，可以观察到固化产物为不规则的团聚物形态，且颜色呈现中间深四周浅的现象。通过对这两种不同区域进行点扫描可知，中间深色区域的 As 和 Na 元素占比较高，说明中间部分多为 Na₃AsO₄，四周的 Fe 和 Si 离子含量较高，说明外层为 Fe₂SiO₄ 凝胶。通过透射电镜的图像可知，Fe—Si 凝胶固化 Na₃AsO₄ 后形成了一种以 Na₃AsO₄ 为核、Fe₂SiO₄ 凝胶为壳的核壳结构。同时，可以从点 1 中看出，中间部分含有 Fe、Si 元素；点 2 中外壳部分同样有少量 As 存在，说明反应体系中存在化学沉淀，从而推测在固化过程中不仅仅是物理包裹的作用，化学沉淀同样起到了至关重要的作用。

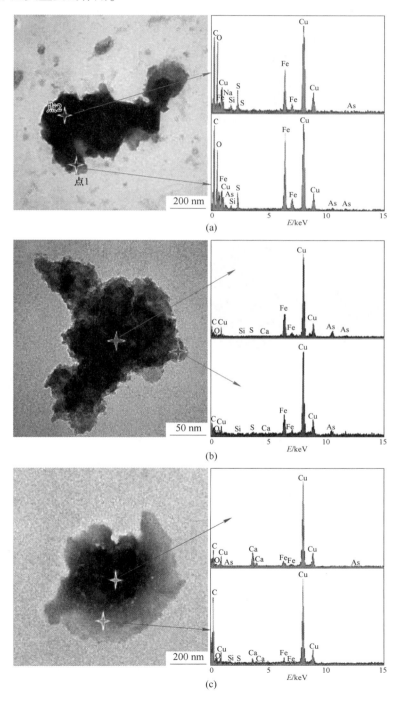

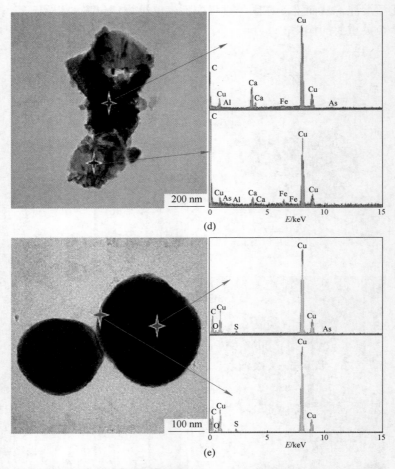

图 6-14 Fe—Si 凝胶固化不同含砷固废的透射电镜图像及点扫描分析图
(a) Na₃AsO₄；(b) 污泥；(c) Ca₃(AsO₄)₂；(d) AlAsO₄；(e) FeAsO₄·2H₂O

图 6-14 (b) 所示为 Fe_2SiO_4 凝胶固化含砷污泥的透射电镜图。Fe_2SiO_4 凝胶对于污泥的固化呈现出与包裹 Na_3AsO_4 同样的效果，虽然也是整体形态不规则，且核的部分大多数为含砷化合物，壳的部分大多数为 Fe_2SiO_4 凝胶，但也有 As 离子渗透在外侧壳的位置，同样也有 Fe_2SiO_4 凝胶进入内侧核的位置。同时对外壳部位打点显示有 Ca 离子的存在，由此推测在溶液体系的环境下，有 C—S—H 凝胶的形成。综上所述，Fe_2SiO_4 凝胶固化含砷污泥的方法同样也是物理包裹与化学沉淀相结合，但是外壳部分除了有 Fe_2SiO_4 凝胶外，还存在一部分的 C—S—H 凝胶。

图 6-14 (c) 和 (d) 为 Fe_2SiO_4 凝胶固化 $Ca_3(AsO_4)_2$ 和 $AlAsO_4$ 的透射电镜图像。由于 $Ca_3(AsO_4)_2$ 和 $AlAsO_4$ 在上述实验中已经被强化包裹，所以 As 离子

基本无外渗情况，所有的 As 离子几乎都集中在固化产物的中间位置，固化产物的外侧是以 Fe_2SiO_4 凝胶为主的壳。由于强化部分采用的物质是 CaO，因此固化产物内外侧都会存在 Ca 离子，外壳部分的 Ca 同样形成了 C—S—H 凝胶，对含砷废物的固化起到了促进作用。所以 $Ca_3(AsO_4)_2$ 和 $AlAsO_4$ 产物的稳定存在主要归因于物理包裹作用。

图 6-14（e）为 Fe_2SiO_4 凝胶固化臭葱石的透射电镜图像。与前 4 种含砷固废不一样，臭葱石的固化产物为规则的圆球形状，同时它具有明显的核壳结构，且只在核的位置能够监测到 As 的存在，壳的部分并没有 As 存在。出现这种现象的原因是臭葱石这种晶体本身稳定性极高，在 Fe_2SiO_4 凝胶对其进行包裹时，臭葱石晶体本身不会因为不稳定而释放出 As，所以 Fe_2SiO_4 凝胶固化臭葱石主要体现了物理包裹的原理。

6.1.4.3 红外光谱分析

为了解固化产物的化学键成键和断键情况，对 5 种固化产物（砷酸钠、污泥、砷酸钙、砷酸铝、臭葱石）进行了红外光谱测量。5 种含砷固废通过 Fe_2SiO_4 凝胶在最佳条件下固化 20 h 所得到的固化产物的红外光谱如图 6-15 所示。

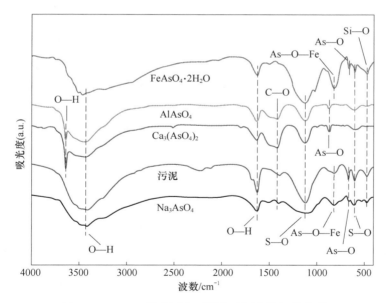

图 6-15 Fe—Si 凝胶固化不同含砷固废的红外光谱

5 种样品在 3420 cm^{-1} 和 1632 cm^{-1} 处出现了一致的峰，这分别归因于 O—H 的对称拉伸和弯曲振动。同时，$AlAsO_4$ 和 $Ca_3(AsO_4)_2$ 在 3620 cm^{-1} 处还出现了游离—OH，在 1433 cm^{-1} 处，除了 $FeSO_4 \cdot 2H_2O$，其余 4 种固化产物都出现了C—O

的拉伸振动，说明在样品制备和水合过程中几乎所有样品中都存在 CO_3^{2-}。在 1120 cm^{-1} 和 619 cm^{-1} 处 5 种固化产物都出现了 S—O 键的不对称拉伸振动。S—O 键的出现是由于固化含砷固废的原料是 $FeSO_4$，体系中存在 SO_4^{2-}，所以 S—O 键来自 SO_4^{2-} 的不对称拉伸振动。在 860 cm^{-1} 处 $FeSO_4 \cdot 2H_2O$、污泥、Na_3AsO_4 这 3 种固化产物出现了 As—O—Fe 的对称拉伸。866 cm^{-1} 处 $AlAsO_4$ 和 $Ca_3(AsO_4)_2$ 出现了 As—O 键的对称拉伸，同时，$FeSO_4 \cdot 2H_2O$、污泥、Na_3AsO_4 在 660 cm^{-1} 处也出现了 As—O 键的拉伸振动。说明这 5 种固化产物中的 As 都以氧化物的形式存在。污泥和 Na_3AsO_4 中的 As—O 化合物还有 Fe 共沉淀生成了砷酸铁化合物，而 $FeSO_4 \cdot 2H_2O$ 中本身就存在 As—O—Fe 键，$AlAsO_4$ 和 $Ca_3(AsO_4)_2$ 固化后的 As—O 键也未发生变化。这一现象同样也说明污泥和 Na_3AsO_4 的固化主要是化学沉淀和物理包裹的共同作用，而 $AlAsO_4$、$Ca_3(AsO_4)_2$ 和 $FeSO_4 \cdot 2H_2O$ 的固化主要归因于物理包裹作用。5 种固化产物在 472 cm^{-1} 处都有一个 Si—O 键的弯曲振动，这主要归因于 Fe_2SiO_4 凝胶的生成。

6.2　铜渣凝胶固化/稳定化污泥技术

根据上述研究结果，已经证明了 Fe—Si 凝胶对不同含砷固废的良好固化效果，但 Fe—Si 凝胶在大规模应用方面存在一定的弊端，最主要问题就是作为固砷基础原料的 $FeSO_4$ 和 SiO_2 凝胶成本较高，虽然 Fe—Si 凝胶的成本已经明显低于水泥固化的成本，但是在工业大规模应用上仍然是一笔不小的花销[3]。所以为了节约成本，寻找出一种富 Fe 和 Si 的固体废物——铜渣。

铜渣中含有丰富的铁、硅氧化物和少量的碱性氧化物。铁、硅氧化物有望成为有效的固砷原料。使用铜渣作为实验原料，能够达到以废治废的环保理念。同时实验原料由两种变为一种，提高了实验的可操作性。铜渣内部溶解出来的 Fe 和 Si 可以实现自反应，生成 Fe_2SiO_4 凝胶，达到固砷的目的。因此，有必要开展铜渣与污泥反应行为及固砷机理的研究。

本节开展了铜渣凝胶固砷技术研究，将为含砷固废无害化提供一种高效的、以废治废的低成本处置方法。实验使用铜渣作为基础原料，研究了铜渣凝胶 pH 值、Si/As 摩尔比、老化时间和老化温度对铜渣凝胶固砷行为的影响。基于控制变量实验的探究，解析了铜渣凝胶固砷的反应行为。同时还利用 XRD、SEM-EDS、TEM-EDS、EPMA 和 FTIR 对固砷产物的微观形貌和表面信息进行分析，从而提出了铜渣凝胶固砷的反应机理。

6.2.1　铜渣凝胶的物理化学性质

在正式实验进行之前，首先对原始的铜渣凝胶进行一系列的表征，包括 XRF

和 SEM 表征。根据表 6-8 可以清晰地了解铜渣凝胶的化学成分，经硫酸酸化后的铜渣凝胶中 Si 含量为 2000 mg/L、Fe 含量为 3887 mg/L，其余还有少量的 Ca、Al、Zn 及极少量的 Mg、Na、Pb、Ti 等。

表 6-8　铜渣凝胶的化学组成　　　（mg/L）

元素	Fe	Si	Ca	Al	Zn	Mg	Na
含量	3887	2000	334	240	120	79	60
元素	K	Pb	Ti	S	Cu	Mn	
含量	47	49	40	36	30	17	

铜渣是铜冶炼厂转炉铜渣浮选过程中产生的废弃物，由无黏性的黑色颗粒组成[5]。通过对原始铜渣的微观形貌进行分析，发现它的颗粒由玻璃状和菱形块状组成，表面光滑的亮面为硅酸盐玻璃相（见图 6-16（a））[6]。铜渣凝胶的微观结构如图 6-16（b）所示，经硫酸酸化后的铜渣截面变得比以前粗糙[7]，截面的另一部分仍然呈光滑的玻璃状，表明凝胶中的硅酸盐玻璃相仍然存在。根据 BET 分析可知，未经处理的铜渣的比表面积为 1.128 m^2/g，铜渣凝胶的比表面积为 3.601 m^2/g，因此，与原始铜渣相比，铜渣凝胶在后续的污泥固化和共沉淀中可以发挥更大的作用。

根据图 6-16（c）（d）中的 XRD 图谱可以得出，原始铜渣主要由 Fe_2SiO_4、Fe_3O_4 和（$CaMg_{0.7}Fe_{0.25}$）Si_2O_6 组成，而铜渣凝胶主要由 Fe_2SiO_4、Fe_3O_4 和 $FeSO_4 \cdot H_2O$ 组成，铜渣凝胶保留了原始铜渣物相的 70%，与原始铜渣的物相组成基本一致。对这一现象有两种解释，一种是铜渣在硫酸酸化过程中没有完全溶解，只是部分溶解，因此图 6-16（d）中 Fe_2SiO_4 的峰位对应于原始铜渣的 Fe_2SiO_4 物相；另一种是在铜渣凝胶中重新再形成硅酸盐玻璃相。在铜渣中加入 H_2SO_4 后，可能会发生 $H_2SO_4 + Fe_2SiO_4 \rightarrow H_2SiO_3 + FeSO_4$ 的反应。为了确定 Fe_2SiO_4

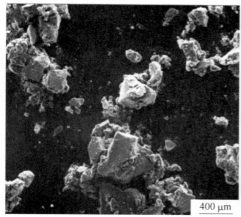

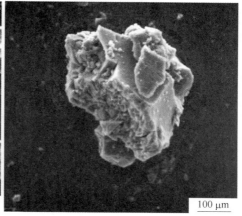

(a)　　　　　　　　　　　　　　　　(b)

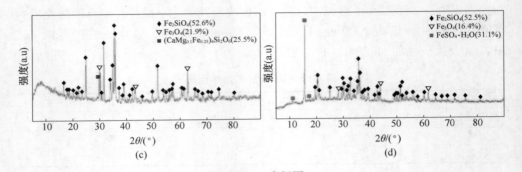

图 6-16　表征图

（a）原始铜渣；（b）铜渣凝胶的 SEM 图像；（c）原始铜渣的 XRD 图谱；（d）铜渣凝胶的 XRD 谱图

的来源，对原始铜渣和铜渣凝胶进行了定量 XRD 分析。铜渣凝胶中 Fe_2SiO_4 和 Fe_3O_4 的含量分别为 52.5% 和 16.4%，原始铜渣中 Fe_2SiO_4 和 Fe_3O_4 的含量分别为 52.6% 和 21.9%，铜渣凝胶中 Fe_2SiO_4 的含量略高于原始铜渣。因此，铜渣凝胶中的 Fe_2SiO_4 一部分来源于铜渣中残留的 Fe_2SiO_4，另一部分来自硅酸盐玻璃相在凝胶中重新生成，但是无法确定溶解再形成的 Fe_2SiO_4 的具体含量。SEM 和 BET 分析表明，铜渣凝胶的比表面积是原始铜渣的 3.1 倍，大的比表面积更有利于污泥的固化[8]。

6.2.2　凝胶 pH 值分析

通过试探性实验了解到 pH 值对离子的运动方向影响较大，因此考察了铜渣凝胶初始 pH 值对固化含砷污泥的影响。凝胶的初始 pH 值为强酸性（约 0.6），通过 NaOH 溶液调节凝胶 pH 值，使其 pH 值保持在 1、7、12，同时将 Si/As 摩尔比固定在 0.6，验证铜渣凝胶从强酸到强碱条件下的固化情况。如图 6-17（a）所示，当铜渣凝胶初始 pH 值为 0.6 时，其毒性浸出高达 416.7 mg/L；当调整凝胶 pH 值为 1 和 12 时，毒性浸出分别为 102.9 mg/L 和 61.6 mg/L；只有当凝胶 pH 值为 7 左右时，才能达到良好的固化效果，毒性浸出为 2.1 mg/L。通过实验可以得出凝胶初始条件过酸或过碱都不利于 As 的固化。这些结果表明，含砷污泥适合用中性的凝胶材料进行固化。这一发现与 Leetmaa 等人[9]的研究结果一致。与纯 Fe—Si 凝胶固化相比，使用铜渣固化含砷污泥效果更好，原因是在纯 Fe—Si 凝胶固砷的作用中，起作用的离子只有 Fe 离子和 Si 离子，而铜渣作为一种固体废物，其本身元素种类繁多，包括 Fe、Si、Ca、Al、Zn、Mg、Na 等，其中 Ca 离子和 Al 离子都能够与 Si 生成凝胶，对污泥的固化起到强化作用。

从图 6-17（b）可以明显看出 4 种 pH 值中，强酸性条件下（即 pH = 1 时）不同 Si/As 摩尔比均呈现出 As 毒性浸出最大的特点；未调节 pH 值的铜渣凝胶在所有情况下的毒性浸出都高于其余 3 种情况。同时也可以看出将铜渣凝胶初始

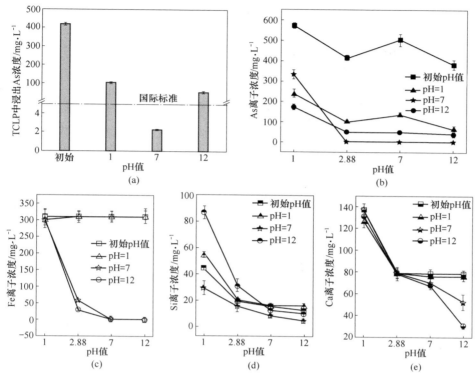

图 6-17 不同凝胶 pH 值毒性浸出液中离子浓度变化

（实验条件：Si/As=0.6，老化时间 20 h，温度 25 ℃）

（a）毒性浸出；（b）As 离子浓度；（c）Fe 离子浓度；（d）Si 离子浓度；（e）Ca 离子浓度

pH 值调节为 7 时，As 离子从弱酸性到碱性条件下毒性浸出最稳定，且稳定性趋势一致。根据图 6-17 （c）~（e）还可以看出 Fe、Si、Ca 离子的大致走向，可以推断这 3 种离子可能有意在含砷污泥上形成凝胶，通过包裹的形式对含砷污泥进行固化。当凝胶 pH 值为 7 和 12 时，浸出液中 Fe 离子浓度随着浸出液 pH 值的增加而迅速下降，因此，在高 pH 值条件下 Fe 离子可能与 OH^- 结合形成 $Fe(OH)_3$ 凝胶，$Fe(OH)_3$ 凝胶进而包裹在含砷污泥表面。然而，在 pH 值不大于 1 时，Fe 离子并没有下降，因为初始酸性环境所携带的 H^+ 足以中和碱性条件下的 OH^-，所以，在酸性条件下 Fe 离子以离子状态稳定存在于体系中，使体系浓度保持恒定。Si 和 Ca 离子浓度的变化大致相同，因此推测 Si 和 Ca 很可能结合成 Si—Ca 凝胶，并在污泥封装中发挥了主要作用。综上所述，Si 和 Ca 可以产生一些有助于含砷污泥固化的化合物，$Fe(OH)_3$ 凝胶对含砷污泥的固化也有一定的作用。

6.2.3 Si/As 摩尔比的分析

当铜渣凝胶的初始 pH 值为 7 时，对含砷污泥的固化效果是最佳的。与此同时，还发现 Si/As 摩尔比对含砷污泥的固化有重要影响。通过控制变量实验，固定铜渣凝胶的初始 pH 值为 7、老化时间为 20 h、温度为 25 ℃，研究了 Si/As 摩尔比分别为 0.1、0.3、0.5、1.0 和 2.0 时含砷污泥的浸出情况。

由图 6-18（a）可以清楚地看出，当 Si/As 摩尔比不小于 0.6 时，毒性浸出均达到国家规定的标准；当 Si/As 摩尔比小于 0.6 时，溶液中 As 的浸出量分别为 143.7 mg/L 和 14.2 mg/L，都远高于国家标准。图 6-18（b）表明，Si/As 摩尔比不小于 0.6 的固化产物在弱酸到强碱环境中均低于国家标准。因此，Si/As 摩尔比为 0.6 是铜渣凝胶固化含砷污泥的最佳 Si/As 摩尔比条件。如图 6-18（c）所示，Fe 离子的毒性浸出在不同 pH 值下均呈现出下降趋势，但随着 Si/As 摩尔比的增加，Fe 离子的毒性浸出浓度也随之增加。这归因于铜渣凝胶中，Fe 含量较高，增加其用量，体系中 Fe 含量自然增加。Fe 离子浓度的下降归因于 Fe 在碱性条件下水解生成 $Fe(OH)_3$ 凝胶，$Fe(OH)_3$ 凝胶为一种沉淀物，致使溶液中的 Fe 离子减少，同时 $Fe(OH)_3$ 凝胶的形成有利于含砷污泥的固化[10]。如图 6-18（d）（e）所示，Si 和 Ca 离子的下降趋势相似，也表明这两种离子可能参与同一

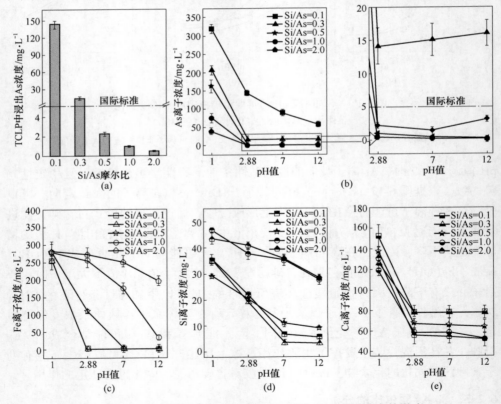

图 6-18 不同 pH 值毒性浸出液中 Si/As 摩尔比对离子浓度的影响

(a) 毒性浸出；(b) As 离子浓度；(c) Fe 离子浓度；(d) Si 离子浓度；(e) Ca 离子浓度

反应，即 Si 和 Ca 形成 C—S—H 凝胶的反应。这一发现与 Adelman 等人[4] 的发现不同，后者使用硅胶固化臭葱石。Adelman 等人得出的结论是当活性 Si^{4+} 与臭葱石晶体表面反应时会释放出大量的 As，然而并没有观察到任何 As 的释放。根据之前收集的数据，$CaSO_4 \cdot 2H_2O$ 和 $Ca_3(AsO_3)_2$ 是含砷污泥的主要成分，污泥中 $CaSO_4 \cdot 2H_2O$ 的比例远高于 $Ca_3(AsO_3)_2$，但 $CaSO_4 \cdot 2H_2O$ 的稳定性低于 $Ca_3(AsO_3)_2$，因此，铜渣凝胶中的 Si 首先与 $CaSO_4 \cdot 2H_2O$ 中的 Ca 结合，其次再结合 $Ca_3(AsO_3)_2$ 中的 Ca。同时，$Ca_3(AsO_3)_2$ 中的砷酸根离子也会有一部分溶解到溶液体系中，而体系中的 Fe 离子又比 Ca 离子活跃，由此有理由推测，体系中游离的砷酸根离子可能与 Fe 离子再结合，形成了一定量的 $FeAsO_4$。$FeAsO_4$ 的形成也能抑制 As 的释放。

6.2.4 老化时间的分析

在上述实验中已经大致了解到铜渣凝胶固化含砷污泥的基本条件，通过保持上述最佳实验条件，采用控制变量法探讨老化时间对含砷污泥的影响。实验中，将时间变量设置为 10 h、20 h、30 h 和 50 h，为减少实验误差的影响，每组实验重复 3 次。除老化时间外，其余实验条件分别为：铜渣凝胶初始 pH 值为 7、Si/As = 0.6、老化温度为 25 ℃，实验结果如图 6-19 所示。

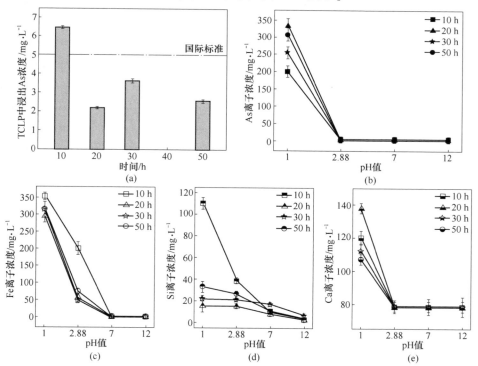

图 6-19 不同 pH 值毒性浸出液中老化时间对离子浓度的影响

（a）毒性浸出；（b）As 离子浓度；（c）Fe 离子浓度；（d）Si 离子浓度；（e）Ca 离子浓度

由图 6-19（a）可以看出，除老化时间为 10 h 的浸出毒性（6.46 mg/L）不符合要求外，其余老化时间所得固化产物的毒性浸出均符合国家标准，分别为 2.19 mg/L、3.64 mg/L、2.66 mg/L。相较于其余 3 种老化时间，老化时间为 10 h 的固化产物毒性浸出不达标主要归因于活性位点的不完全覆盖。根据反应过程可以推断，Fe—Si 凝胶是逐步包裹在含砷污泥的外层，期间还伴随着 Ca、As、Fe、Si 等离子的溶解-再结合。所以如果老化时间过短，铜渣中的 Fe 离子还不能完全水解，Si 离子也没有足够的时间与 Fe 离子结合完全，致使凝胶还没有完全包裹在含砷污泥表面，将此时形成的固化产物去进行毒性浸出实验会出现溶液中 As 含量不达标的情况。将老化时间为 20~60 h 的固化产物进行对比发现，当反应时间大于 10 h 时，老化时间对固化含砷污泥的影响非常小，As 浸出浓度为 2~4 mg/L，属于正常范围内的波动，因此选择老化时间 20 h 为接下来的最佳实验时间。同时，可以推测老化时间几乎对整体实验结果没有影响。图 6-19（b）为不同 pH 值浸出液中 As 离子的宏观变化趋势。根据实验数据可以看出，不同老化时间中 As 的变化趋势基本一致，均在 pH 值为 1 的浸出液中浸出量高达 200 mg/L 以上，说明不同老化时间的固化产物在强酸性环境中依然不稳定。当浸出液 pH 值分别为 2.88、7 和 12 时，As 浸出量很低，且趋于稳定。图 6-19（c）（d）为铜渣中 Fe 和 Si 离子的变化趋势。在强酸性浸出液（pH 值为 1）中，溶液中可检测到的 Fe 离子含量高达 360 mg/L，可检测到的 Si 离子含量为 20~110 mg/L，相比于其余 pH 值的浸出液条件，强酸条件下进行毒性浸出检测到的 Fe 和 Si 离子含量要更大，这是由于强酸环境会破坏铜渣凝胶对含砷污泥的包裹，使本身的 Fe—Si 凝胶外壳都从污泥表面剥离出来游离在溶液中，因此这也从侧面验证了在强酸条件下 As 的浸出要远高于其他环境。但 pH 值大于 1 时的浸出液中 Fe 和 Si 离子的浓度有所下降并趋于稳定，这说明 Fe—Si 凝胶在弱酸到强碱性环境下很稳定，对污泥的包裹很牢固，大多数 Fe、Si 离子都附着在污泥表面，所以溶液中才检测不到这些离子的浓度。图 6-19（e）所示为溶液中 Ca 离子的浓度。同样地，Ca 离子的浓度也呈现与 Fe、Si 离子同样的趋势，在 pH 值为 1 的浸出液中，溶液中的 Ca 离子多为污泥中 $CaSO_4$ 溶解得到的，但 Ca 离子的浓度变化与 Si 离子的浓度变化趋势有相似之处，所以推测除了 Fe—Si 凝胶外，在溶液环境下也可能生成 Si—Ca 凝胶，也就是 C—S—H 凝胶，对于此说法会进一步验证。

6.2.5 老化温度的分析

在探究完上述条件之后，又探究了老化温度对铜渣凝胶固化含砷污泥的影响。实验条件：铜渣凝胶 pH 值为 7、Si/As=0.6、老化时间为 20 h，温度区间设置为 25 ℃、60 ℃、100 ℃ 和 150 ℃，控制变量，每组实验重复 3 次。

图 6-20（a）所示为不同老化温度下 As 的毒性浸出情况。4 种温度下 As 的

浸出浓度分别为 2.9 mg/L、2.2 mg/L、2.8 mg/L 和 2.7 mg/L，均符合国家标准，而且数值相差不大，由此可以推断，老化温度对铜渣凝胶固化污泥也没有影响。图 6-20（b）所示为浸出液中 As 离子的浓度变化情况，可以看出，不同温度下 As 的浸出变化也符合上述规律，即在 pH 值为 1 的浸出液中，无论哪种温度下的固化产物都不能稳定存在，此时 As 的浸出浓度分别为 260.9 mg/L、333.2 mg/L、336.3 mg/L、311.6 mg/L，都远高于毒性浸出标准。反观 pH 值为 2.88、7 和 12 的 As 浸出浓度，均在 3 mg/L 以下，且趋于平缓，满足国家要求。但是 4 种温度下 As 的浸出浓度变化趋势基本一致，这也从侧面说明了老化温度对含砷污泥的固化几乎没有影响。图 6-20（c）（d）所示为溶液中 Fe 和 Si 离子的浓度，Fe 离子的浓度变化趋势为：碱性越强下降越快，这是因为碱性溶液中 OH^- 增多，Fe 离子会与 OH^- 结合生成不溶性的 $Fe(OH)_3$ 凝胶，$Fe(OH)_3$ 凝胶对于污泥的固化有积极作用，它也会以壳的形式包裹在污泥外围，减少 As 的浸出。Si 离子的变化为：在酸性条件下，Fe—Si 凝胶不稳定，会发生分解游离在溶液中，但在中性到碱性环境中，Fe—Si 凝胶比较稳定，从而包裹在污泥表面。从上述结论中可以发现一个有趣的现象，即在 pH 值为 2.88 的浸出液中虽然 Si 离子在溶液中的浓度依然很高，但是相同条件下的 As 离子和 Fe 离子的浓度却很低，这说明体系中对 As 起到包裹作用的不是 Fe_2SiO_4 凝胶，应该是 $Fe(OH)_3$ 凝胶。同时了解到污泥中含有大量的 $CaSO_4$，$CaSO_4$ 在溶液中会溶解释放出 SO_4^{2-}，SO_4^{2-} 也会与 Fe 发生反应生成 $FeSO_4$ 絮状物。$FeSO_4$ 絮状物的形成也会对污泥的包裹产生作用[11]。所以，在 pH 值为 2.88 的浸出液中，对污泥固化起主要作用的应该是 $Fe(OH)_3$ 凝胶和 $FeSO_4$ 絮状物。由图 6-20（e）可以看出，Ca 离子的浓度与 Fe 离子浓度趋势一致，Fe 主要与 Si 结合，由此推测 Ca 也可能与 Si 结合生成 C—S—H 凝胶，这一结论会在后续讨论中进一步证明。所以在 pH 值为 7 和 12 的浸出液中，Fe_2SiO_4 凝胶、C—S—H 凝胶、$Fe(OH)_3$ 凝胶和 $FeSO_4$ 絮状物共同对污泥的固化起作用。

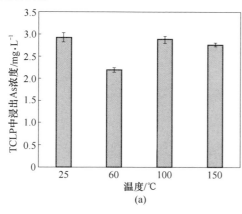

(a)

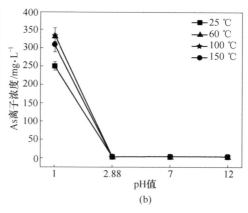

(b)

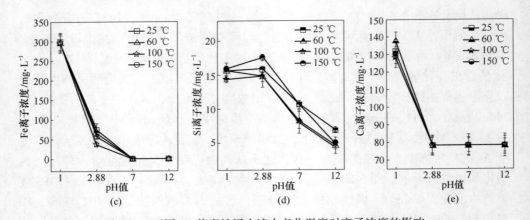

图 6-20 不同 pH 值毒性浸出液中老化温度对离子浓度的影响
（a）毒性浸出；（b）As 离子浓度；（c）Fe 离子浓度；（d）Si 离子浓度；（e）Ca 离子浓度

6.2.6 表征分析

在钢渣凝胶 pH 值为 7、老化时间为 20 h、老化温度为 25 ℃的条件下进行固化产物的表征。

6.2.6.1 X 射线衍射分析

图 6-21 所示为 Si/As 摩尔比为 0.1、0.5 和 2.0 三种条件下所得固化产物的 XRD 图谱。从图中可以看出，固化后产物中出现的物相主要为 CaSO$_4$ 和 C—S—H 相，同时在 Si/As 摩尔比为 2.0 的条件下出现了少量的 Fe$_2$O$_3$ 物相，这说明在凝胶固化含砷污泥的过程中生成了 C—S—H 凝胶。随着铜渣剂量的增加，C—S—H

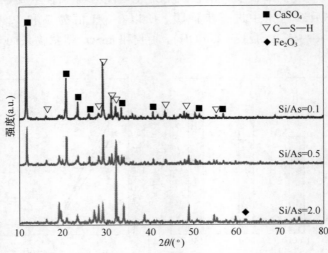

图 6-21 不同摩尔比所得固化产物的 XRD 图谱

相的衍射峰强度相对增大，说明硅含量越高，结晶度越高。C—S—H 凝胶形成的化学式为 $x\mathrm{Ca(OH)_2}+\mathrm{SiO_2}+y\mathrm{H_2O}\rightarrow\mathrm{CaO}_x\cdot\mathrm{SiO_2}\cdot\mathrm{(H_2O)}_y$，说明 Ca 和 Si 离子的存在可以在反应体系中形成 C—S—H 凝胶，对污泥的固化起到了重要作用。

6.2.6.2 扫描电镜分析

不同 Si/As 摩尔比条件下的固化产物形貌变化过程如图 6-22 所示。当 Si/As 摩尔比为 0.1 时，可以明显观察到一些细小颗粒开始团聚，并形成不规则的絮体结构（见图 6-22（a）），这些絮状颗粒主要由 O、Ca 和少量 S、Fe、Si、As 等元素组成。它们的存在有两个原因。首先，铜渣是在酸性（稀硫酸）环境下溶解的，所以铜渣凝胶中存在部分 $\mathrm{SO_4^{2-}}$ 是合理的；其次，污泥本身含有大量的硫酸钙，硫酸钙在系统中溶解也会释放出部分 $\mathrm{SO_4^{2-}}$，所以体系中的主要组成元素中有 S。同时对图 6-22（a）进行 EDS 打点（点 1~点 3）可以观察到，在 Si/As = 0.1 的条件下，体系中 As 含量很高，平均占比在 6%左右，而此时 Si 和 Fe 的摩尔比较低，平均占比分别在 2.6%和 11%左右。推测这种情况下 As 含量高是由于 Si/As 摩尔比过小，系统中的 Si 和 Fe 凝胶不足以将污泥完全固化，而未完全固化的污泥暴露在絮凝物表面，从而造成 As 含量较高的现象。同时可以发现，在 Si/As = 0.1 的条件下，体系中的 Ca 含量较高。这是因为当 Fe—Si 凝胶过少时，体系中污泥的占比较大，而污泥中 $\mathrm{CaSO_4}$ 的占比高达 90%，所以当大量污泥存在于体系中时，体系中自然就会存在大量的 Ca 离子。S 离子的存在主要是由于铜渣溶解时带入的 $\mathrm{SO_4^{2-}}$ 和污泥本身中存在的 $\mathrm{CaSO_4}$ 中的 $\mathrm{SO_4^{2-}}$[12]。

如图 6-22（b）所示，随着凝胶含量的增加（Si/As = 0.6），絮状物变得更加紧密，形成了带有棱角的致密结构，这些致密结构颗粒主要由 O、Fe、Si 和少量 S、Ca、As 等元素组成。可以观察到在 Si/As = 0.6 的条件下，根据点 4~点 6 的结果显示，As 含量明显降低，为 2%左右，同时 Fe 和 Si 的含量明显升高，最大值分别达到了 41.57%和 11.72%。根据上文提到的该条件下 As 的毒性浸出为 1.4 mg/L，说明该条件下体系中存在足够的 Fe—Si 凝胶对污泥中的 As 进行包裹。同时通过颗粒形貌也可以观察到，致密的结构能够防止 As 的渗出，这与 Si/As = 0.6 条件下蓬松结构的絮状物不同。图 6-22（c）所示为添加过量 Si 凝胶的情况，可以看出固化产物呈现出致密的近球形颗粒状，颗粒表面光滑但不均匀，存在凹槽状的褶皱，同时，大的颗粒表面还附着细小的颗粒，这使球形颗粒变得更大。图 6-22（c）的元素组成与图 6-22（b）一致。EDS 能谱表明，Si 和 Fe 的离子浓度急剧增加。根据点 7~点 9 可以看出，As 的含量降低到 0.3%左右，说明过量的铜渣凝胶包裹使 As 的浸出率更低。但是图 6-22（b）（c）中 Ca 离子的浓度均呈现降低的趋势。Ca 离子的减少可能是因为铜渣凝胶过量，由于铜渣凝胶的主要成分是 $\mathrm{Fe_2SiO_4}$，因此，绝大多数 $\mathrm{CaSO_4}$ 和 $\mathrm{Ca(AsO_4)_2}$ 被包裹在 Fe—Si 凝胶中形成了核，因而暴露在表面的 Ca 自然就会减少。除此之外，还可以发现，即使是使用

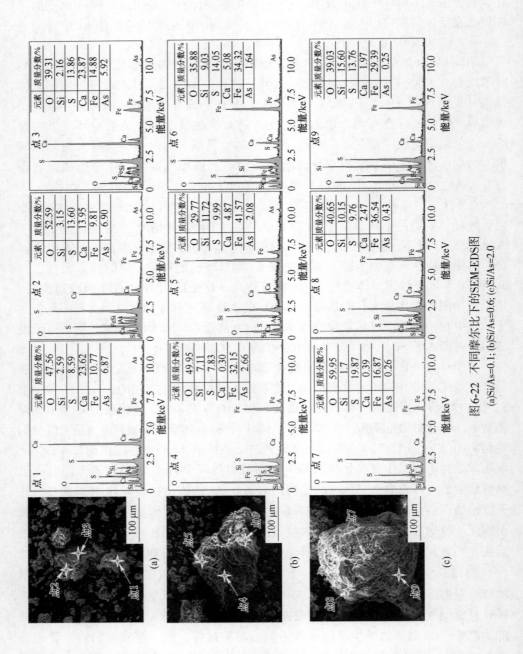

图6-22 不同摩尔比下的SEM-EDS图

(a)Si/As=0.1; (b)Si/As=0.6; (c)Si/As=2.0

过量的铜渣凝胶，体系外仍然可以检测到小部分的 Ca，所以有理由推测，在固化产物还未完全成型之前，一部分溶解的 Ca 与铜渣凝胶中的 Si 结合形成了 C—S—H 凝胶，同样构成了固化产物的外壳之一。比较图 6-22 中所有 EDS 图像可以发现这样一个现象，即 9 个点的 S 衍射峰强度一直很高，表明壳-核结构表面存在大量的含 S 化合物。由于体系中含有大量的游离 Fe 离子和 SO_4^{2-}，推测该化合物可能是 $FeAsO_4$ 化合物。Li 等人[13] 的实验结果表明，$FeAsO_4$ 在 As 的固化中起到了有益的作用，可以使铜渣凝胶的包裹更加牢固。

为进一步证实上述观点，选取了固化产物的平滑表面进行面扫，结果如图 6-23 所示。图 6-23 （a） 为固化产物的 SEM 图像，图 6-23 （b） 为所有元素面扫描的整合图像，图 6-23 （c）~（h） 分别显示了 O、Si、S、Ca、Fe 和 As 元素的分布情况。通过不同颜色的区分可以清楚地了解元素在不同区域的分布。从图 6-23 （c）（g） 和 （h） 可以观察到，在 Fe 存在的区域，O 和 As 的含量也很高，这说明体系中很可能通过 Fe-As 共沉淀的形式形成了非晶态的 $FeAsO_4$，$FeAsO_4$ 的形成对 As 的浸出也有很好的抑制作用。从图中元素的分布及含量多少可以看出，Fe、Si 和 Ca 是固化产物中的主要成分，从而推测污泥主要是被 Fe_2SiO_4 凝胶和 C—S—H 凝胶固化的，这两种凝胶以 "壳" 的形式存在于含砷污泥表面。同时，观察图 6-23 （e） 和 （g） 发现，Fe 元素与 S 元素存在大面积重合区域，说明除了 Fe_2SiO_4 凝胶和 C—S—H 凝胶之外，$FeSO_4$ 絮状物也存在于体系中，$FeSO_4$ 的絮凝作用同样有利于污泥的固化。综上所述，推测铜渣凝胶固化含砷污泥的过程形成了以 $CaSO_4$、$Ca_3(AsO_4)_2$ 和 $FeAsO_4$ 为核，以 C—S—H 凝胶、Fe_2SiO_4 凝胶、$Fe(OH)_3$ 凝胶和 $FeSO_4$ 絮凝剂为壳的核-壳结构。

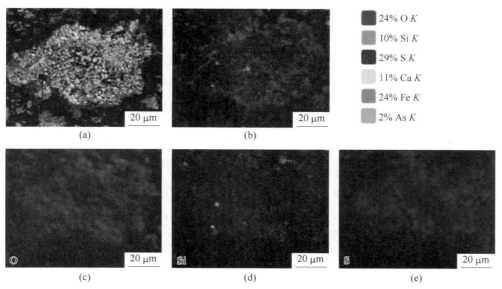

24% O K
10% Si K
29% S K
11% Ca K
24% Fe K
2% As K

（a）　　（b）

（c）　　（d）　　（e）

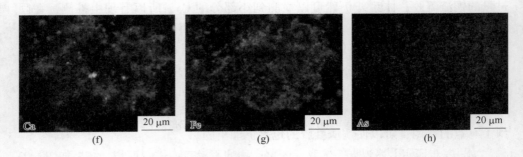

图 6-23   固化产物的 SEM 图像及对应的映射图像

6. 2. 6. 3   电子探针分析

图 6-24 所示为固化产物的 SEM、EMPA 及 EDS 图。图 6-24（a）为固化产物的背散射扫描电镜图像，该图像是通过将固化产物镶嵌在树脂中并抛磨至光滑表面得到的，通过对截面的观察可以更深入地看到其内部微观结构。由图 6-24（a）可以看出，富 As 区域的周围是包裹含砷污泥的凝胶层。为进一步验证该想法，对固化产物进行面扫描得到了如图 6-24（b）~（f）的图像。图 6-24（b）为 As 元素的位置分布，从图中可以看出 As 富集区域集中在固化产物中间区域，即图 6-24（a）椭圆形位置处，四周几乎观察不到 As 的存在，这说明 As 元素被很好地固定在里面。图 6-24（c）~（e）分别为 Fe、Si、Ca 元素的分布图，三者为固化 As 元素的主要成分。可以观察到 Fe 的含量在整个区域都很高，Si 的含量分布是中间少、四周高，而 Ca 也是整个区域含量都很高，中间部分区域比四周还要高。这种现象说明 Si 和 Fe 主要在表面结合生成 Fe—Si 凝胶对污泥起到固化作用，而中间部分的 Fe 含量较高主要归因于 Fe 和 AsO_4^{3-} 结合形成了无定型的 $FeAsO_4$。因此，在体系中，除了存在物理包裹外，还存在 Fe-As 共沉淀的化学反应。在形成 $FeAsO_4$ 后，$FeAsO_4$ 同样被包裹在铜渣凝胶中。此外，除 $FeAsO_4$ 外，核中还存在 $Ca_3(AsO_4)_2$ 和 $CaSO_4$，这也就能够解释 Ca 在中间区域含量很高的问题了。因为污泥中大部分 Ca 还是未溶解状态，被铜渣凝胶包裹在了中心部位。同时，部分溶解出来的 Ca 在水环境下与 Si 结合形成 C—S—H 凝胶包裹在污泥的四周，所以 Ca 在四周的含量也相对较高。图 6-24（f）为 S 元素的分布情况，可以发现中间部位几乎不存在 S，所有的 S 都存在于固化产物四周的位置，说明原始污泥中 $CaSO_4$ 几乎大部分溶解，溶解后的 SO_4^{2-} 再与 Fe 结合生成 Fe_2SiO_4 凝胶对污泥进行固化。

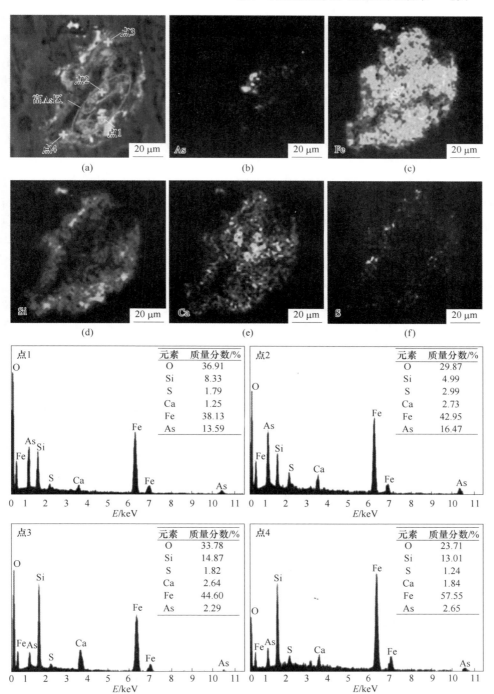

图 6-24 固化产物的 SEM、EPMA 及 EDS 图

在富 As 区域及富 As 区域以外的位置分别打点得到点 1~点 4。根据打点数据显示，点 2 中富 As 区域的 As 含量占比高达 16.47%，点 1 中 As 含量占比也达到了 13.59%，而点 3 和点 4 的 As 含量仅为 2.29% 和 2.65%，这一现象同样证实了上文的说法。其他元素含量与在元素分布图上呈现的趋势一致。Fe 元素始终处于比较高的含量，Si 元素四周的含量略高于中心部位的含量，但 S 和 Ca 元素在含量分析上并未显示很大的波动，这归因于打点位置的影响，如在某一部位打点不确定性很高，很可能打点的位置正好 S 和 Ca 的元素含量很少，所以打点存在一定程度上的误差。

综上所述，认为铜渣凝胶固化含砷污泥最终形成了一个近似圆形的以 $Ca_3(AsO_4)_2$、$CaSO_4$ 和 $FeAsO_4$ 为核，C—S—H 凝胶、Fe_2SiO_4 凝胶、$FeSO_4$ 絮凝剂和 $Fe(OH)_3$ 凝胶为壳的颗粒。

6.2.6.4 透射电镜分析

为了进一步证实这一反应机理，对 Si/As = 0.6 时的固化产物进行了 TEM 分析和点扫描，如图 6-25 所示。图 6-26 为实际固化产物的照片，呈褐色粉末颗粒。从 TEM 图像可以清晰地看出固化产物的形状不规则，但具有透明的轮廓。颗粒大小为 800 nm 左右，同时固化产物具有高度的紧密性，并且都是呈现出中间颜色深，周围颜色浅的核-壳结构。根据这一特性，分别对固化产物的中心部位和四周进行了打点处理（点 1~点 4）。根据右侧的 EDS 图谱分析，点 3 和点 4 所示的壳层中含有 Si、Ca、Fe、S 等多种元素，且这些元素在壳中的含量大于在核中的含量。点 1 和点 2 为颗粒的"核"部分，从图谱中可以观察到，核中的元素与壳中元素组成一致，但 Fe、Si 和 Ca 的元素含量要略低于壳。这是因为 Fe、Si、Ca 这些元素会结合生成 Fe_2SiO_4 凝胶、C—S—H 凝胶等物质包裹在污泥四周，所

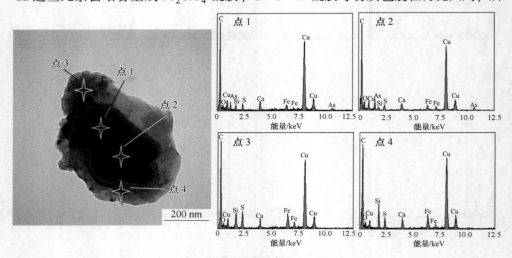

图 6-25 固化产物的 TEM-EDS 图

图 6-26 固化产物的实物图

以外壳中的含量会高于核心部分。同时发现核中具有 As 元素，而壳中几乎没有 As。这是由于污泥中的 As 几乎全部被包裹在凝胶里面，所以内部有 As，四周没有 As。同时还可以发现 EDS 图谱中 Cu 的含量最高，但是铜渣凝胶和污泥中本身的 Cu 含量极少，所以说这些 Cu 并不是来自原材料，而是几乎全部来自进行透射电镜检测时添加的铜网。

6.2.6.5 红外光谱分析

在铜渣凝胶 pH 值为 7、老化时间为 20 h、温度为 25 ℃的条件下，分别测定了 Si/As 摩尔比为 0.1、0.5、2.0 时获得的固化产物和原始污泥的红外光谱信息，如图 6-27 所示。所有样品在 3420 cm^{-1} 和 1632 cm^{-1} 处都出现了 O—H 键的对称拉伸和弯曲振动[14]，说明体系中有水存在，这些键的出现也表明了 C—S—H 凝胶需要在水体系中存在，进一步说明 C—S—H 凝胶的存在。1433 cm^{-1} 和 1390 cm^{-1} 处的峰表明所有样品中都存在不对称的 O—C—O 键的振动[15]，因为 CO_3^{2-} 会存在于样品的制备和水合过程中，所以说几乎所有的样品中都出现了 O—C—O 键的振动[15]。1433 cm^{-1} 处的峰只存在于原始污泥和 Si/As 摩尔比为 0.1 的固化产物中，继续增加 Si 的含量后并未发现 1433 cm^{-1} 处的峰值变化。这种现象是由于 Si/As 摩尔比为 0.5 和 2.0 的情况下有 C—S—H 凝胶的形成，凝胶的形成需要消耗体系中的水，所以说体系中的 CO_3^{2-} 就检测不到了。1049 cm^{-1} 和 619 cm^{-1} 处的谱带对应于 S—O 键的不对称振动[16]，且所有样品都有这一峰值，说明所有样品中都存在 SO_4^{2-}，这一现象进一步证实了壳中含有 FeSO$_4$ 的这种说法。之后发现在 855 cm^{-1} 处出现了一个峰谱，随着 Si/As 摩尔比的增加，峰谱逐渐消失。该振动带与文献报道的在 Fe(OH)$_3$ 上吸附 As^{5+} 的峰位一致，说明在 855 cm^{-1} 处出现峰谱归因于 As—O—Fe 中 As—O 键的对称拉伸[17]。峰谱逐渐消失的原因可能是 Si/As 摩尔比增加以后，体系中形成的 C—S—H 凝胶增多，从而将 Fe(OH)$_3$ 凝胶包裹在里面，使其不能被检测到。660 cm^{-1} 处的峰值是 As—O 键的拉伸振动。位于 472 cm^{-1} 处的强峰是 O—Si—O 键的不对称拉伸振动[1]，这个峰是硅酸盐的特征峰，表明体系中存在 C—S—H 相。

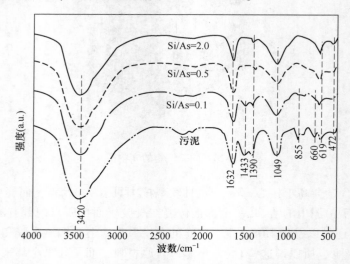

图 6-27　不同 Si/As 摩尔比和原始污泥得到的 FTIR 光谱图

6.3　钢渣协同硅灰固砷性能研究

在钢渣改性活化处理含砷污酸实验中证明钢渣经过活化处理后，能有效地对污酸中的砷进行去除。钢渣中富含钙铁氧化物，经过活化改性处理后，使大量的钙、铁离子暴露，在氧化剂的作用下起到强化除砷效果的作用。同时，也验证了钢渣对于含砷物质反应吸收的亲和性，为下一步使用固化法研究钢渣对于砷离子的实验提供了可行性指导与理论支撑。本节主要探讨作为完全替代水泥的钢渣-硅灰固化新体系，在碱激发剂的作用下生成的水化产物具有凝胶特性和水化特性。同时，选择最佳的钢渣和硅粉混合比进行砷固化实验，研究了钢渣/硅灰比和砷添加量对钢渣/硅灰固化块机械强度的影响。通过毒性浸出试验和形态分析获得了钢渣/硅灰固化块中的砷固定率和砷的存在形式；通过 XRD、SEM 和 FTIR 分析，阐明了碱激发钢渣-硅灰凝胶材料与潜在有毒重金属元素之间的物理和化学相互作用。

6.3.1　钢渣-硅灰比的分析

为了提高钢渣对砷的固定性能并使固化块的物理性能和化学固定能力最大

化，有必要对钢渣基凝胶材料的掺比进行验证，制备相应的钢渣-硅灰复合凝胶材料。通过调节钢渣与硅灰的掺入比，并对固化块进行抗压强度测试，选择最佳物理性能的配比条件用于之后的砷固化实验。

图 6-28 所示为不同固化年龄下钢渣和硅灰组合样品的抗压强度。随着钢渣掺入量和养护龄期的增加，钢渣基凝胶材料的抗压强度增加。当钢渣与硅灰的配比为 8：2 时，观察到样品具有最大的物理强度，而对于 3 天、7 天和 28 天的养护年龄，它们的抗压强度的值分别为 62.07 MPa、68.66 MPa 和 76.97 MPa。同时制作了一个对照实验，将钢渣与水泥以 8：2 的比例混合，并以相同的实验步骤制备凝胶材料。结果表明，钢渣-硅灰基凝胶材料在 3 天、7 天和 28 天的抗压强度分别比钢渣水泥基凝胶材料高 76.23%、74.67% 和 71.61%。从结果来看，钢渣-硅灰的组合显著改善了材料的早期和晚期强度。与水泥基材料相比，不仅物理性能得到显著提升，而且减少了原料成本。由于其优异的物理性能，因此选择掺比为 8：2 的钢渣和硅灰组合用于随后的砷固化实验。

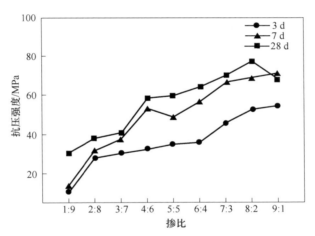

图 6-28　不同比例的凝胶材料对抗压强度的影响

6.3.2　水灰比的分析

为了确定水灰比对钢渣基凝胶材料的工作性能及其对砷固化效果的影响，对实验最佳水灰比进行验证。设置水灰比为 0.15、0.25、0.35，通过对凝胶材料进行抗压强度测试，选择最佳的水灰比用于接下来的验证性实验。

图 6-29 所示为不同水灰比条件下钢渣基凝胶材料的抗压强度。由图可知，水灰比过高和过低都会影响其凝胶材料的物理性能。当水灰比为 0.25 时，钢渣基凝胶材料具有最大的抗压强度。固化 3 天、7 天、28 天后的抗压强度分别为 62.63 MPa、64.31 MPa、78.94 MPa。水灰比应控制在合适的范围内（0.2～

0.3），否则固化产物的抗压强度将降低。较低的水灰比会导致搅拌困难，反应不充分，并且不能形成足够的水合产物以保持较高的抗压强度，随着固化时间的延长，固化体发生明显的开裂、脱落现象，这正是水灰比过低导致凝胶材料的水合反应不充分而形成的。过高的水灰比会使材料均匀混合，使固化体浆液具有流动性，最大的问题是增加了结构的间隙，导致抗压强度受到影响，也不利于固化材料的抗压强度发展。由此，确定了以水灰比为 0.25 作为最佳水灰比用于随后的实验。

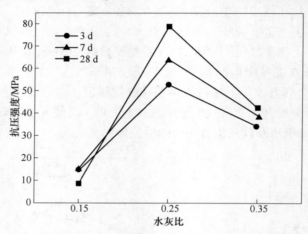

图 6-29　不同水灰比下钢渣基凝胶材料的抗压强度

6.3.3　碱激发剂的分析

为了确定碱激发剂的掺入量对钢渣基凝胶材料物理性能的影响，对实验的碱激发剂掺量进行探讨，分别制备碱激发剂掺量 0、10% 和 20% 的钢渣-硅灰基凝胶材料，通过对凝胶材料进行抗压强度测试，选择最佳的碱激发剂掺量用于接下来的实验。

图 6-30 所示为不同碱激发剂掺量的钢渣基凝胶材料的抗压强度。当不添加碱激发剂时，固化 3 天、7 天、28 天后的凝胶材料抗压强度分别为 24.19 MPa、26.83 MPa、29.76 MPa，抗压强度较低，且随着固化时间的延长其物理强度增长速率较慢。当添加 10% 的碱激发剂（碱激发剂由 70% 的硅酸钠和 30% 的氢氧化钠组成）固化 3 天、7 天、28 天后的凝胶材料抗压强度分别为 49.23 MPa、67.84 MPa、67.66 MPa。合适的碱激发剂用量可促进硅酸铝玻璃相的解聚，加速胶体沉淀相的形成，并改善固化体的力学性能。同时，碱活化剂中的 Na_2SiO_3 可以提供大量的 SiO_4^{4-}，起到快速反应和高强度的作用[18]。碱激发剂中的 NaOH 也可以显著提高固化体的早期强度。继续提高碱激发剂的掺量至 20% 时，其抗压强度的增加不明显，因此综合考虑其成本与物理性能，选取 10% 的碱激发剂掺量为最佳值。

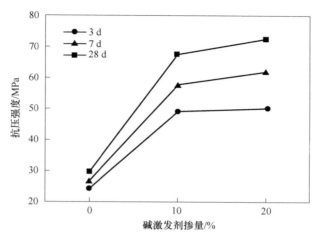

图 6-30 不同碱激发剂掺量下钢渣基凝胶材料的抗压强度

6.3.4 固化产物的物理性能

通过上述对钢渣基凝胶材料制备实验参数的验证，最终选择钢渣-硅灰凝胶材料的最佳参数为：钢渣硅灰的比例为 8:2、水灰比为 0.25，碱激发剂的掺比为 10%。然后用不同的砷溶液代替去离子水进行砷固化实验。在钢渣基凝胶材料固砷实验结束时，进行抗压强度测试、毒性浸出测试和相关表征分析，以探讨其固化机理。

由图 6-31 可以看出，随着砷浓度的增加，抗压强度呈下降趋势，这证明添加砷会破坏材料的微观结构并分解 C—S—H 的凝胶体系，显著影响材料的物理性

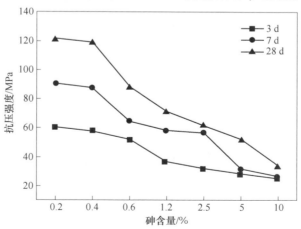

图 6-31 添加不同含量的砷离子对抗压强度的影响

质。当砷添加量为 0.2% 时，固化 3 天、7 天和 28 天的抗压强度分别为 60.1 MPa、90.8 MPa 和 121.6 MPa；当砷添加量为 10% 时，不同天的固化压缩强度分别为 24.6 MPa、26.7 MPa、34.1 MPa，在不改变其他条件的前提下，与砷添加量为 0.2% 的样品相比，抗压强度分别下降了 69.07%、70.69% 和 71.93%。

随着砷浓度的增加，固化体的抗压强度逐渐降低。但与水泥基材料的固化相比，仍然具有较高的抗压强度。研究表明，重金属的添加会影响整个系统的电荷平衡，导致材料表现出不同的 pH 值环境。在该系统中，过量添加砷会降低系统的 pH 值。而水合产物的 C—S—H、Al_2O_3-Fe_2O_3-Tri(AFt) 和 Al_2O_3-Fe_2O_3-Mono (AFm) 主要由 Ca 组成，随着 pH 值的降低，会出现 C—S—H 凝胶的脱钙和水合产物溶解的现象，从而导致材料的微观结构受损和抗压强度降低[6]。同时，在固化基质中增加重金属的含量会严重影响凝胶材料的孔隙率。孔隙率的增加不仅降低了固化块的抗压强度，也增加了重金属离子通过率，最终使凝胶材料的固化性能大大降低。

6.3.5　固化产物的环境稳定性

为了评估固化后的钢渣硅灰基固化块成型产品的长期环境稳定性，对固化 3 天、7 天和 28 天的产品进行了毒性浸出测试，计算出固化 28 天后固化块的砷固定率，如图 6-32 所示。可以看出，砷含量低于 6% 的固化产物中砷的浸出浓度均低于国家标准，符合国家安全堆存标准。固化 28 天后，含有 6% 和 10% 砷的样品浸出浓度分别为 24.66 mg/L 和 67.62 mg/L，尽管其浸出量超过了毒性浸出的安全标准线，但浸出量仅占所添加的高砷含量的一小部分，所有样品的固砷率均高于 98%，表明钢渣-硅灰基凝胶材料具有较高的砷固定能力。由图 6-32 可知，

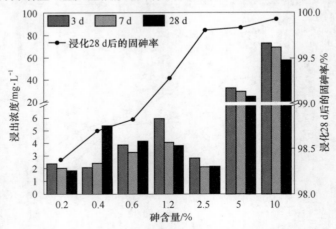

图 6-32　固化不同时间样片的毒性浸出

随着砷含量的增加，固砷率没有降低，反而会继续增加，这也表明钢渣-硅灰基凝胶材料的固砷能力上限有很大的提升空间，这些现象在一定程度上可归因于硅灰的微骨料填充作用和较高的水合活性作用。钢渣与硅灰反应形成稠密的 C—S—H 凝胶结构，该结构捕获了大量的重金属离子，同时，从固化块中浸出重金属离子通常是扩散控制的过程，这种致密的结构可提供更高的抗压强度，并在一定程度上抑制了砷的浸出。

土壤中的重金属可能通过物质循环转移到植物或动物中，最终影响人类健康。通常通过测量这些重金属的总含量来评估重金属对环境的潜在影响。为了获得砷在固化凝胶材料中的迁移率和生物利用度，采用目前欧洲标准社区参考委员会支持的 BCR 顺序提取法[19]来对实验中的含砷污泥和固化产物进行了重金属形态分析，见表 6-9，在 BCR 顺序提取法中，重金属成分的评估可分为 4 种形式：弱酸态（可交换态和碳酸盐结合态）、还原态（Fe-Mn 氧化物缔合态）、氧化态（有机缔合态和硫化物结合态）和残余态。其中，弱酸态是在植物营养和毒性中起关键作用的形态，它具有很强的迁移能力，可以被微生物直接利用。而还原态易受 pH 值和氧化还原条件的影响，并且可以被生物间接利用。形态为氧化态的金属更稳定，但是土壤 pH 值或有机物的降解和转化也可能导致其形态发生变化，从而暴露于环境中。残余态是指石英、黏土矿物等的存在。晶格中的重金属通常不会移动。从表 6-9 中可以看出，含砷土壤中的砷主要为弱酸态，并且容易转移到环境中，这是非常危险的。总的形态分布以弱酸态>残余态>还原态>氧化态的顺序分布。经过钢渣-硅灰凝胶材料固化后，砷主要以残余态的形式存在，形态分布以残余态>弱酸态>还原态>氧化态的顺序分布。这意味着砷可以有效地固定在钢渣基凝胶材料中，并与硅酸盐和矿物相结合嵌入内部晶格结构中以形成稳定的体系。

表 6-9 固化产物的形态分析

形态	含砷污泥		固砷产物	
	As 含量/mg · kg^{-1}	R_{As}/%	As 含量/mg · kg^{-1}	R_{As}/%
弱酸态 F1	49264	65.89	9350	14.44
还原态 F2	9726	13.01	7442	11.49
氧化态 F3	2487	3.33	4876	7.53
残余态 F4	13285	17.77	43084	66.54
总量	74762		64752	

6.3.6 砷的固定机理

6.3.6.1 C—S—H 凝胶的形成和钙矾石的转变

图 6-33 所示为固化处理后获得的产物 XRD 图谱。可以看出所有样品中的主要矿物相为钙铁氧化物（$Ca_2Fe_2O_5$）、FeO 固溶体、C_2S、C_3S。在添加 0.4% 的砷样品固化 28 天后的 XRD 衍射峰确认有 $CaFe_3Si_2O_8OH$ 的形成。黑柱石是钢渣和硅灰与水反应后生成的主要产物。如图 6-33（b）所示，砷含量为 2.6% 的固化块的主晶相与低浓度固化产物一致；而在添加砷的含量为 6%、10% 的样品中，钙铁氧化物与高浓度的砷溶液（砷含量为 6% 和 10%）反应后发生了分解，形成

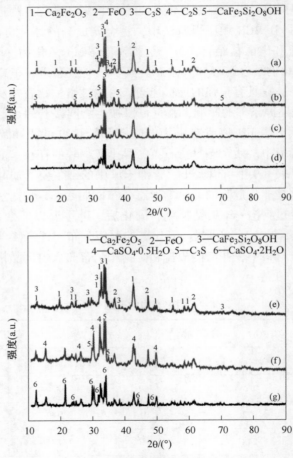

图 6-33 不同砷含量的固化产物 XRD 图谱

（a）球磨后钢渣和硅灰的混合物；（b）钢渣和硅灰与水反应形成的凝胶材料；（c）砷含量为 0.4% 的固化产物；
（d）砷含量为 1.2% 的固化产物；（e）砷含量为 2.6% 的固化产物；（f）砷含量为 6% 的固化产物；
（g）砷含量为 10% 的固化产物

两种新的矿物相，即半水合硫酸钙（$CaSO_4 \cdot 0.5H_2O$）和石膏（$CaSO_4 \cdot 2H_2O$）。之所以会出现带有硫酸根的产物，是因为为了保持高浓度的砷溶液不引起砷酸钠晶体结晶化而人工添加了一部分硫酸。石膏不是增加固体抗压强度的有益成分，这就解释了为什么含砷固化块的抗压强度会随着砷浓度的增加而降低。另外，相关研究表明，当 Ca_3SiO_6 和 Ca_2SiO_4 与水反应时，会形成无定型硅酸钙水合物[20]。水合硅酸钙是一种刚性凝胶，化学成分为 $(CaO)_{1.66}(SiO_2)(H_2O)_{1.76}$，其分子结构仍在争论中。但从 XRD 的图谱中，未能发现水合硅酸钙的特征谱线，这意味着形成的是一些以非晶相形式存在的水合硅酸钙[21]。

当有硫酸盐存在时，钙矾石矿物常存在于混凝土和钢渣/硅灰胶结体系中，如石灰处理过的土壤。当体系 pH 值为 11~13，并且孔隙溶液中有钙和铝的存在时，这样的体系为钙矾石的形成提供了有利的环境。然而，在 XRD 分析中未检测到钙矾石晶体的存在，这可能是由于非晶相的形成，或者归因于钙矾石晶体通过溶解转化为石膏，这也在图6-33（b）的 XRD 分析中得到证实。这种转化是由于暴露在孔隙溶液中的钙矾石通过缓慢溶解过程易于碳化形成的。石膏比钙矾石具有更稳定的结构，在该体系中，钙矾石优先转化为石膏，将此现象归因于水泥水化过程中的非平衡条件，以及动力学抑制了单硫酸盐转化为钙矾石的过程。研究者还研究了钙矾石中铬酸盐和钼酸盐对硫酸盐的取代，他们认为孔溶液是敏感的，并且钙矾石在 0.6~1 h 后很容易转化为单硫酸盐沉淀。大量研究表明，钙矾石通过取代内部的氧阴离子实现了重金属的固定化[22]，同时，钙矾石中的硫酸根离子很容易被具有相似几何形状和电荷的阴离子所替代，因为它们可以沿着钙矾石针状结构的轴容纳在通道中。

6.3.6.2 水化反应和结晶生长

图 6-34 所示为钢渣和硅灰与水反应后生成的水化产物微观结构。可以看出，钢渣的表面和内部充满未反应的硅灰颗粒，未反应的硅灰起到填充钢渣间隙的作用，以改善孔结构和致密性。水化产物随着钢渣和硅灰的水合而结晶并生成骨架结构。如图 6-34（b）所示，水合产物的代表性断裂表面微观结构主要由 3 种形式组成，即针状晶体、箔状的微结构和蜂窝状结构，这是由于水化反应不均匀造成的。C_3S 的水合反应在大量消耗水的系统中进行。为了确保固化材料的物理强度，对体系的液固比进行限制，导致钢渣-硅灰基固化材料在不充分的水环境中整体水合，但有一部分优先结合水形成了更好的针状晶体结构；结合了一小部分水的区域形成了网状结构，甚至形成了箔状结构；未结合水的一部分以未水合的颗粒状 C_3S、C_2S 的形式存在。另外，形成不同形貌产物的原因也可以通过生长空间的差异来解释。如果有足够的生长空间，C—S—H 会变成纤维/针状[23]，而如果空间受到限制，则会形成蜂窝或箔状的微结构[24]。众所周知，钙矾石（三硫酸铝钙水合物）表现为细长的针状或纤维状。实验中可能会形成少量的钙

矾石。从图 6-34 可以看出，针状结构嵌入网络结构中，这很可能是由于凝胶封装作用引起的，随着水化反应时间的增加，封装后的沉淀物表面形成均匀的片状结构，这种片状结构说明了 C—S—H 凝胶的存在[25]。在整个过程中，箔状和纤维状颗粒转变为板状结构，最终形成致密的块状凝胶结构。这些转化是通过填充水合产物而产生的。

图 6-34　钢渣与硅灰水化产物的 SEM 图

图 6-35 所示为固化天数为 28 天时不同砷含量的钢渣/硅灰固体微观结构。图 6-35（a）和（b）的结果表明，添加少量的砷反应产物的微观结构基本上与原材料一致，唯一的区别是前者的表面形成了一层薄膜，这可能是由于"晶须生长"现象的作用。C—S—H 凝胶最初是由纤维状晶体形成，随着水化反应的进行，水的蒸发在晶须底部积累的离子只能沿着根部生长，使纤维之间的间隙越来越小，然后在毛细作用下被孔隙溶液填充。随着反应的进行，所有间隙都被固体填充，形成了一层膜，最终成为烧结状的表面。对于掺有 10%砷的样品，其微观结构发生了与低砷含量样品明显不同的变化，固化块形成了薄板状的微结构和被砷蚀刻的孔。高浓度的砷会导致水合产物分布更加不均一，并导致致密的 C—S—H 内部产物的形成。

(c) (d)

图 6-35 钢渣/硅灰固体的 SEM 图

（a）（b）添加 2.6% 砷；（c）（d）添加 10% 砷

6.3.6.3 砷的进入途径和分布

为了观察样品的化学组成和砷的分布，在 28 天的固化龄期下，对含 10% 砷的钢渣/硅灰固体进行了 EPMA 分析。由图 6-36 可以看出，产物主要由 Ca 和 Si 组成，其中含有少量的 Fe，这些元素在整个区域内均匀分布。与 Si 相比，Ca 处于相对集中的区域。这是因为钢渣体积大，在产品中起骨架作用，并且硅灰颗粒粒径较细，起到填充水合产品的作用，这与在 SEM 中观察到的形态一致。同时，As 也均匀地分散在产品中，并与 Ca 和 Si 的分布重叠。这表明 As 与 Ca 和 Si 很好地结合，也就是说，它在 C—S—H 凝胶体系中固定效果良好。但是，根据 EPMA 映射的结果，观察到的 As 含量比实际添加的 As 含量小得多，这是由于大量的硅灰被包裹在 C—S—H 凝胶材料的基体表面附近，导致砷的检测受到影响，

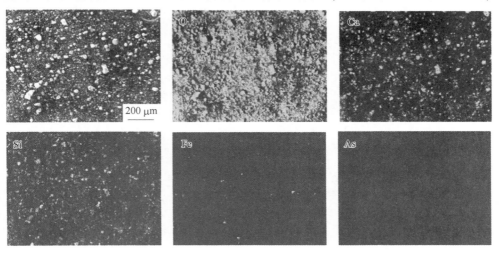

图 6-36 含 10% 砷的钢渣/硅灰固体的 EPMA 映射图

从而使砷的含量降低。同时，现有的电子显微镜检查通常对物体的表面结构分析有很好的效果，但是对于固定重金属包裹方式的确定、内部砷的分布和含量无法准确确定，导致了砷的检测受限。

图6-37所示为含砷2.6%的钢渣/硅灰固体在固化28天时的FTIR曲线。为了解样品表面的红外特性，制备了在充分水环境下的固化产物及经过高温焙烧后的固化产物用于红外表征。C—S—H凝胶和钙矾石中结晶水的O—H键特征峰分别为3439.96 cm^{-1}和1629.59 cm^{-1}[3]，含砷胶凝材料在1458.90 cm^{-1}处具有明显的Ca—O弯曲振动。在骨架硅酸盐中，Si—O四面体基团的振动可能在1116.89 cm^{-1}附近出现；在高水灰比条件下，含2.6%砷的钢渣/硅灰固体中还可以看到As—O在877.57 cm^{-1}处的非复合/非质子化的拉伸振动，而且由于其含砷量较低，使得As—O振动峰较弱，峰型不明显。经过高温焙烧后，固化块中未发现As—O的特征峰，这可能是由于高温导致砷的升华，无法检测到其存在。高水灰比样品中SO$_4^{2-}$的拉伸振动被分配到616.26 cm^{-1}的较低频带。如图6-37所示，在2924.20 cm^{-1}和2854.04 cm^{-1}的峰是与C—H的特征峰。在高水灰比的固化样品中出现的C—H峰可能是由于碳酸化的影响[26]，这与在XRD检测中观察到的样品结果一致，其中钙矾石通过碳化作用溶解而形成石膏。同时，随着水含量的增加，C—H峰的强度更加明显。研究表明，在充足的水环境中很容易引起碳酸化反应的形成。在固化实验样品中，较高的水灰比会导致样品具有较高的水合度，

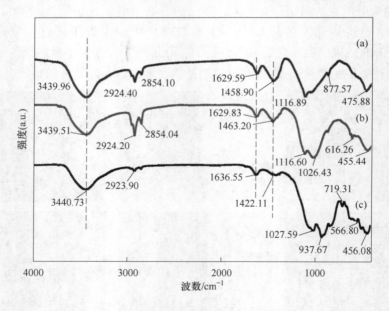

图6-37 固化块在28天时的FTIR图

(a) 含2.6%砷的钢渣/硅灰固体；(b) 在充分水环境中固化的固化产物；(c) 经过高温焙烧后的固化产物

并且更容易在空气中吸附 CO_2 以形成碳酸化反应。这就解释了为什么图 6-37 (b) 中出现的 C—H 特征峰强度要高于图 6-37 (a) 中的特征峰强度。

经过高温焙烧后，样品显示在 937.67 cm^{-1}、719.31 cm^{-1}、566.80 cm^{-1} 和 456.08 cm^{-1} 附近存在硅带，937.67 cm^{-1} 附近的峰对应于非桥接氧的 Si—O 拉伸模式，Si—O—Si 对称拉伸振动和 Si—O—Si 弯曲振动是由于 719.31 cm^{-1} 和 456.08 cm^{-1} 附近的小峰，566.80 cm^{-1} 附近的峰属于 O—Si—O 弯曲振动。没有观察到 Si—O 四面体基团的振动可能是因为高温导致硅酸盐分解。

6.3.6.4 砷的稳定化分析

通过多种机制可以实现钢渣-硅粉凝胶材料中砷的固定和稳定化，其固化机理如图 6-38 所示。它主要通过钙矾石的离子置换、C—S—H 凝胶的吸附及材料的物理固化来实现。图 6-39 (a) 所示为钙矾石与砷接触后的 TEM 图像。结合能谱分析可知，钙矾石主要由 Ca、Si 和 As 等元素组成，这验证了系统中钙矾石的形成。钙矾石对 AsO_4^{3-} 的固定化是由于用柱间含氧阴离子（SO_4^{2-}）取代或形成了具有通道边缘官能团（X—OH 和 X—OH$_2$）的络合物。如图 6-39 (b) 所示，将六面体钙矾石包埋并堆叠在 C—S—H 凝胶中，证实了钙矾石在 C—S—H 凝胶中的包封。根据能谱分析可知，砷在其内部均匀分布。C—S—H 相在带正电的钙离子上提供非特异性的吸附位点，同时，C—S—H 凝胶具有层状结构，As 可以掺入 C—S—H 的中间层，也可以通过 As—O—Si 键与 C—S—H 的硅酸盐四面体链连接。砷的进入对凝固体形成低渗透性的屏障，这将限制重金属的迁移。同时，固体的机械强度也可以显示物理包封能力，这代表了其完整性，并且不会轻易将材料内部的砷暴露于环境中。如图 6-39 (c) 所示，透射电子显微镜的微观形貌和能谱分析表明，钢渣基凝胶材料是钢渣和硅灰固化砷，这与扫描电子显微镜的结果一致。通常，通过物理封装和化学稳定作用可以减少砷的潜在迁移。

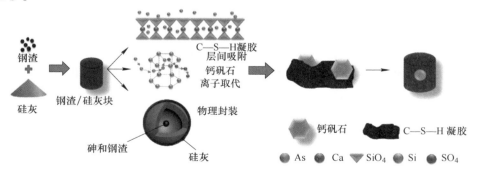

图 6-38　钢渣基凝胶材料的固化机理

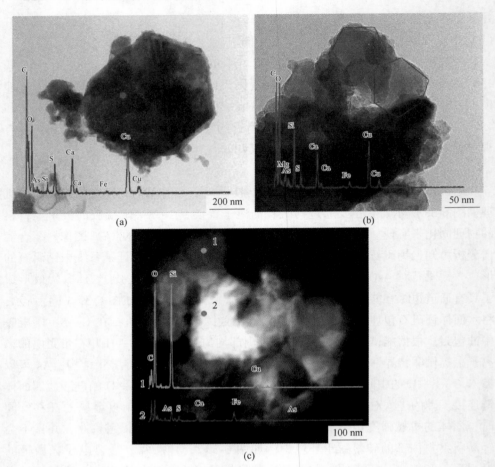

图 6-39 钙矾石结构及嵌入、封装图

(a) 钙矾石结构；(b) 钙矾石在 C—S—H 凝胶上的嵌入；(c) 硅灰对于含砷钙矾石的封装

　　结果表明，利用钢渣-硅灰凝胶材料作为固化/稳定化的整体黏结体系具有较大的潜力。采用钢渣-硅灰凝胶材料固化/稳定化可以使渗滤液中砷的浓度降至 5 mg/L，砷的固定化率达 98% 以上，符合国家安全标准。钢渣-硅灰凝胶材料经钢渣/硅灰处理后，大部分砷的化学形态由可浸出组分转变为难浸出或不可浸出组分。同时，所有的固化产品都达到了矿用填料的抗压强度指标。砷的固定主要通过物理封装和化学稳定来实现。物理封装主要通过钢渣和硅灰的水化作用形成致密的凝胶产物，进而阻碍砷的迁移。化学稳定主要是钢渣与硅灰反应形成的水化产物增强了钢渣/硅灰固体的结构稳定性，提高了砷在水化产物结构中的固定效率。

6.4 钢渣-赤泥-水泥协同固化含砷污泥

协同硅灰对离子形态的砷进行固化/稳定化处理实验证明，钢渣在碱激发条件下能有效地将砷离子进行固定，且固化材料兼具较好的物理性能，具有较高的抗压强度。对其进行毒性浸出与形态分析测试，固化体中的砷以较为稳定的形态存在。通过实验分析与表征手段对钢渣固化砷的机理进行解构，初步掌握了钢渣基凝胶材料固化砷的机理，包括 C—S—H 凝胶的层间固定、钙矾石柱间结构的离子置换与钢渣-硅灰凝胶材料的物理固封，为下一步固化成分较为复杂的含砷污泥提供了实验参考与理论支撑。本节主要探讨钢渣-赤泥-水泥三元协同体系对含砷污泥固化实验参数调控与固化性能分析，探究钢渣、赤泥、水泥这三种固化基质对固化产物的物化性能的影响与协同作用。通过毒性浸出实验获取钢渣/硅灰固化块中的砷稳定性，阐明钢渣-赤泥-水泥三元协同体系各因素影响作用。

6.4.1 物料配比对固砷性能的分析

对钢渣与赤泥的掺入比进行验证，通过抗压强度与固砷能力的测定，选取最佳配比进行下一步实验。钢渣作为整个实验体系的核心，对含砷物质的固化能力具有决定性作用，同时，赤泥作为一种富含钙、铁、铝的物质，其关键元素的协同联合加强了对砷的吸引力，起到强化固砷效果的作用。钢渣与赤泥的联合固砷在整个三元体系中起着至关重要的作用，因此，实验先对钢渣与赤泥的掺入比进行验证。根据表6-10的物料配比进行实验，制备了不同砷含量的固化产物。

表 6-10   不同砷含量的固化产物   （％）

编号	钢渣与硅灰比	碱激发剂	水灰比	As
A1	8：2	10	0.25	0.2
A2	8：2	10	0.25	0.4
A3	8：2	10	0.25	0.6
A4	8：2	10	0.25	1.2
A5	8：2	10	0.25	2.5
A6	8：2	10	0.25	5
A7	8：2	10	0.25	10

对不同钢渣赤泥掺入比的实验样品在 3 天、7 天、28 天下的抗压强度与毒性浸出进行测试，结果如图 6-40 所示。由图 6-40（a）可知，随着赤泥掺量的增加，固化体的抗压强度逐渐下降，而从图 6-40（b）中的毒性浸出结果得出，赤泥掺量的增加会增加其固砷能力，减少砷的浸出，这是由赤泥的物理化学性质决

定的。赤泥的主要成分为铁和铝的氧化物，与钢渣相比水化活性较低，其主要成分会抑制其抗压强度的生长，从而导致增加赤泥掺量会减弱其物理抗压强度；而赤泥中的铁、铝等氧化物对砷具有良好的亲和性，与钢渣中的钙、硅等成分进行联合作用，通过离子吸附和生成凝胶产物等作用将砷进行去除。由此可知，钢渣与赤泥互相补充提供含砷污泥所需的必要元素，通过相互协同强化除砷。综合考虑其抗压强度与毒性浸出结果，选取钢渣与赤泥之比为 6∶2 时，固化块具有较高的抗压强度和较好的毒性浸出结果，此时固化 3 天、7 天和 28 天的抗压强度分别为 17.46 MPa、19.36 MPa、20.07 MPa，随着固化时间的增加，抗压强度逐渐提升，且固化块的早期强度与晚期强度都具有明显的提升。而毒性浸出值为 7.19 mg/L、6.47 mg/L、4.21 mg/L，基本达到了国家规定的安全排放标准，砷的浸出浓度从原来的 969.6 mg/L 经过固化处理后下降到了 5 mg/L 以下。

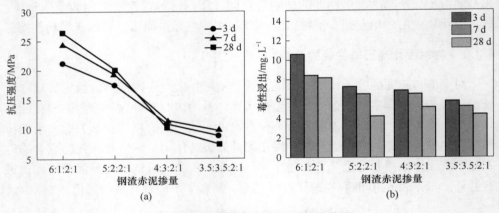

图 6-40　不同钢渣赤泥掺量影响变化图

（a）不同钢渣赤泥掺量的抗压强度；（b）毒性浸出

6.4.2　水泥掺入比分析

在对钢渣赤泥的掺入比进行确定以后，下一步开展水泥掺量对固化体系的抗压强度与固砷性能的影响。目前，普通硅酸盐水泥是固化/稳定化处置有毒重金属方法中使用最广泛的一种材料，它具有成本低、适用性广，以及良好的可加工性，可以通过物理封装和化学固定的作用将砷进行固定。水泥的加入可以起到强化固砷效果并进一步稳定危险废物的作用，但必须对水泥的掺量进行控制，过多的水泥会影响固化产物的耐久性，随着养护龄期的增加，伴随着脱钙、降解和有毒元素二次浸出的风险；而水泥掺量过少也会导致水化反应不充分，起不到强化除砷的作用。

图 6-41（a）为不同水泥掺量样品的抗压强度值。可以看到当水泥添加量为 0

时，仅在钢渣赤泥与含砷污泥的固化环境下，样品不具备较好的抗压强度，这是由于体系中缺少支撑水化反应的基质，无法生成硬质凝胶材料，只靠钢渣部分的水化作用无法达到理想的物理性能，此时的抗压强度较低；适量增加水泥的掺量，可以提升其固化产物的抗压强度。当原料配比为 5∶2∶2∶1 时，此时具有最大的抗压强度，固化 3 天、7 天、28 天的抗压强度分别为 16.74 MPa、17.62 MPa、18.77 MPa。而继续增加水泥用量，会导致固化基质结构发生变化，使抗压强度急剧下降，固化 28 天时，固化体的抗压强度进一步恶化，低于早期的抗压强度。不同水泥掺量样品的毒性浸出结果如图 6-41（b）所示，固化体的毒性浸出值越来越低，即固砷性能逐渐增强，说明水泥的加入可以显著增强其对砷的固化/稳定化能力，这是由水泥自身的物理化学特性决定的。水泥自身富含钙、硅、铝等元素，具有较强的水化活性，在固化反应中能生成 C—S—H 凝胶、钙矾石等有利于砷固定的物质，通过化学固定和物理封装的方式将砷进行去除。但考虑到水泥在该体系只起到启动反应和强化除砷效果的作用，并综合考虑到对其抗压强度的影响，因此选取水泥的掺量占总样品质量的 20% 为最佳条件。

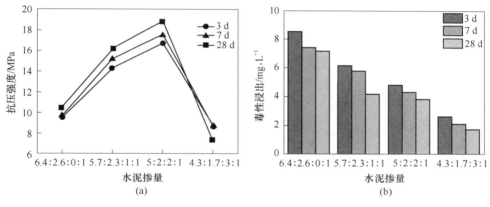

图 6-41　不同水泥掺量影响变化图
（a）不同水泥掺量的抗压强度；（b）毒性浸出

6.4.3　污泥掺入比分析

　　为了进一步探究其固砷能力的上限，同时弄清含砷污泥组分对自身固化体系抗压强度的影响，由此开展污泥掺量对其物理强度与固砷上限的实验探究。为了保证固化体具有一定的物理强度，含砷污泥的掺入量不宜过多，由此设计实验中污泥掺量的最高位为 30%。

　　不同含砷污泥掺量样品的抗压强度结果如图 6-42（a）所示，随着含砷污泥掺入量的增加，抗压强度显著降低。当原料配比为 5∶2∶2∶1 时，此时固化

3 天、7 天、28 天后的抗压强度分别为 13.18 MPa、14.16 MPa、15.27 MPa，当污泥掺量为 30%（原料配比为 3.8∶1.6∶1.6∶3）时，此时固化 3 天、7 天、28 天后的抗压强度分别为 7.67 MPa、6.78 MPa、6.35 MPa，同比下降了 41.8%、52.1%、58.4%。同时，污泥掺量过多时，加速了其对于养护龄期的恶化现象。对于污泥掺量为 30% 的样品来说，随着固化时间的延长，抗压强度逐渐降低，且固化样品发生干裂现象，含砷污泥的增加会导致起水化作用的其他组分相对含量变低，从而减少固化体的抗压强度。对其进行毒性浸出测试，结果如图 6-42（b）所示。当钢渣、赤泥、水泥与含砷污泥的配比为 5∶2∶2∶1 时，固化 3 天、7 天、28 天的固化体具有较好的毒性浸出结果，砷被很好地固定到钢渣-赤泥-水泥三元凝胶材料中。随着污泥掺量的增加，所浸出的砷含量增加，即固化效果降低。综合考虑其固砷上限与抗压强度，选取含砷污泥含量为 10%（原料配比为 5∶2∶2∶1）作为最佳条件。

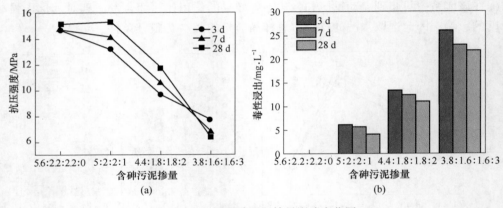

图 6-42　不同含砷污泥掺量影响变化图
(a) 不同含砷污泥掺量的抗压强度；(b) 毒性浸出

参 考 文 献

[1] ZAID O F, EL-SAID W A, YOUSIF A M, et al. Synthesis of microporous nano-composite (hollow spHeres) for fast detection and removal of As(V) from contaminated water [J]. Chemical Engineering Journal, 2020, 390: 124439.

[2] LUO H L, LIN D F, SHIEH S I, et al. Micro-observations of different types of nano-Al_2O_3 on the hydration of cement paste with sludge ash replacement [J]. Environmental Technology, 2015, 36 (23): 2967-2976.

[3] ZHANG Y, ZHANG S, NI W, et al. Immobilisation of high-arsenic-containing tailings by using metallurgical slag-cementing materials [J]. Chemosp Here, 2019, 223: 117-123.

[4] ADELMAN J G, ELOUATIK S, DEMOPOULOS G P. Investigation of sodium silicate-derived gels as encapsulants for hazardous materials—The case of scorodite [J]. Journal of Hazardous

Materials, 2015, 292: 108-117.

[5] ZHANG Q A, LUO J, WEI Y Y. A silica gel supported dual acidic ionic liquid: An efficient and recyclable heterogeneous catalyst for the one-pot synthesis of amidoalkyl napHthols [J]. Green Chemistry, 2010, 12 (12): 2246-2254.

[6] ZHANG M, YANG C, ZHAO M, et al. Immobilization potential of Cr(Ⅵ) in sodium hydroxide activated slag pastes [J]. Journal of Hazardous Materials, 2017, 321: 281-289.

[7] LI Y K, ZHU X, QI X J, et al. Efficient removal of arsenic from copper smelting wastewater in form of scorodite using copper slag [J]. Journal of Cleaner Production, 2020, 270: 122428.

[8] BIRNIN-YAURI U A, CEMENT F P. Friedel's salt, $Ca_2Al(OH)_6(Cl, OH) \cdot 2H_2O$: its solid solutions and their role in chloride binding [J]. Cement and Concrete Research, 1998, 28 (12): 1713-1723.

[9] LEETMAA K, GUO F, BEC2E L, et al. Stabilization of iron arsenate solids by encapsulation with aluminum hydroxyl gels [J]. Journal of Chemical Technology & Biotechnology, 2016, 91 (2): 408-415.

[10] DE KLERK R J, FELDMANN T, DAENZER R, et al. Continuous circuit coprecipitation of arsenic (Ⅴ) with ferric iron by lime neutralization: The effect of circuit staging, co-ions and equilibration pH on long-term arsenic retention [J]. Hydrometallurgy, 2015, 151: 42-50.

[11] ZENG L. A method for preparing silica-containing iron(Ⅲ) oxide adsorbents for arsenic removal [J]. Water Research, 2003, 37 (18): 4351-4358.

[12] PHENRAT T, MARHABA T F, RACHAKORNKIJ M. A SEM and X-ray study for investigation of solidified/stabilized arsenic-iron hydroxide sludge [J]. Journal of Hazardous Materials, 2005, 118 (1): 185-195.

[13] LI Y, WANG J, SU Y, et al. Evaluation of chemical immobilization treatments for reducing arsenic transport in red mud [J]. Environmental Earth Sciences, 2013, 70 (4): 1775-1782.

[14] LIU Z, YANG S, LI Z, et al. Three-layer core-shell magnetic $Fe_3O_4@C@Fe_2O_3$ microparticles as a high-performance sorbent for the capture of gaseous arsenic from SO_2-containing flue gas [J]. Chemical Engineering Journal, 2019, 378: 122075.

[15] LEE W K W, VAN DEVENTER J S J. The effects of inorganic salt contamination on the strength and durability of geopolymers [J]. Colloids and Surfaces A: Physicochemical and Engineering Aspects, 2002, 211 (2): 115-126.

[16] LI Y, MIN X, KE Y, et al. Immobilization potential and immobilization mechanism of arsenic in cemented paste backfill [J]. Minerals Engineering, 2019, 138: 101-107.

[17] JING C Y, KORFIATIS G P, MENG X G. Immobilization mechanisms of arsenate in iron hydroxide sludge stabilized with cement [J]. Environmental Science & Technology, 2003, 37 (21): 5050-5056.

[18] KAUR M, SINGH J, KAUR M. Synthesis of fly ash based geopolymer mortar considering different concentrations and combinations of alkaline activator solution [J]. Ceramics International, 2018, 44 (2): 1534-1537.

[19] FERNÁNDEZ-ONDOÑO E, BACCHETTA G, LALLENA A M, et al. Use of BCR sequential

extraction procedures for soils and plant metal transfer predictions in contaminated mine tailings in Sardinia [J]. Journal of Geochemical Exploration, 2017, 172: 133-141.

[20] FRANK B, GEORGE W. Analysis of C-S-H growth rates in supersaturated conditions [J]. Cement and Concrete Ressarch 2018, 103: 236-244.

[21] RIDI F, FRATINI E, BAGLIONI P. Cement: A two thousand year old nano-colloid [J]. Journal of Colloid and Interface Science, 2011, 357 (2): 255-264.

[22] GUO B, SASAKI K, HIRAJIMA T. Selenite and selenate uptaken in ettringite: Immobilization mechanisms, coordination chemistry, and insights from structure [J]. Cement and Concrete Research, 2017, 100: 166-175.

[23] JENNINGS H M. Refinements to colloid model of C-S-H in cement: CM-II [J]. Cement and Concrete Research, 2008, 38 (3): 275-289.

[24] DIEZ-GARCIA M, GAITERO J J, DOLADO J S, et al. Ultra-fast supercritical hydrothermal synthesis of tobermorite under thermodynamically metastable conditions [J]. Angewcondte Chemie International Edition, 2017, 56 (12): 3162-3167.

[25] ZHANG Z, SCHERER G W, BAUER A. Morphology of cementitious material during early hydration [J]. Cement and Concrete Research, 2018, 107: 85-100.

[26] HUIJGEN W J J, COMANS R N J. Carbonation of steel slag for CO_2 sequestration: Leaching of products and reaction mechanisms [J]. Environmental Science & Technology, 2006, 40 (8): 2790-2796.